钢铁行业建设项目水资源论证

——以包钢为例

韦　昊　宋张杨　孙照东　孙晓懿　焦瑞峰　等著

黄河水利出版社

·郑　州·

图书在版编目(CIP)数据

钢铁行业建设项目水资源论证:以包钢为例／韦昊等著.—郑州:
黄河水利出版社,2020.12
ISBN 978-7-5509-2862-6

Ⅰ.①钢⋯　Ⅱ.①韦⋯　Ⅲ.①钢铁厂-工业用水-水资源管理-研究-包头　Ⅳ.①TF085

中国版本图书馆 CIP 数据核字(2020)第 234388 号

审稿编辑:席红兵　13592608739

出　版　社:黄河水利出版社
　　　　地址:河南省郑州市顺河路黄委会综合楼 14 层　　　　邮政编码:450003
发行单位:黄河水利出版社
　　　　发行部电话:0371-66026940、66020550、66028024、66022620(传真)
　　　　E-mail:hhslcbs@ 126. com
承印单位:河南新华印刷集团有限公司
开本:787 mm×1 092 mm　1/16
印张:19.75
字数:456 千字　　　　　　　　　　　　　印数:1—1 000
版次:2020 年 12 月第 1 版　　　　　　　　印次:2020 年 12 月第 1 次印刷

定价:88.00 元

《钢铁行业建设项目水资源论证——以包钢为例》

编写人员

韦　昊　　宋张杨　　孙照东　　孙晓懿

焦瑞峰　　魏　玥　　张　波　　马红亮

张天宇　　刘玉倩　　周子俊　　邓敬一

前　言

为深入贯彻习近平新时代中国特色社会主义思想和党的十九大精神,积极践行"节水优先、空间均衡、系统治理、两手发力"的治水思路,落实"水利工程补短板、水利行业强监管"水利改革发展总基调,加强工业节约用水管理,水利部印发钢铁等十八项工业用水定额。钢铁联合企业取水定额自 2002 年制定、2012 年修订发布以来,极大地促进了钢铁行业节水及用水水平不断提高,使钢铁联合企业吨钢取水量平均水平由 2002 年的 12 m³以上,降至 2012 年直至如今的 4 m³ 以下,用水效率明显改善。2018 年我国生铁、粗钢和钢材(含重复材)产量分别为 7.71 亿 t、9.28 亿 t 和 11.06 亿 t,粗钢产量创历史新高。粗钢产量位居全球之首,占世界总量的 51.3%;全行业年取水量预计约 30 亿 m³,是高耗水工业行业之一。因此,合理确定钢铁企业用水量,促进企业积极采取节水措施,为社会节约宝贵的水资源,减少废水排放量,对于做好行业节水减排等具有重要意义。

包头钢铁(集团)有限责任公司水资源论证研究是在分析相关政策的基础上,调查取、供、用、耗、排水量,取用水计量设施、用水管理、节水措施等基本情况,依据《水利部关于开展规划和建设项目节水评价工作的指导意见》、《水利部关于印发钢铁等十八项工业用水定额的通知》、行业标准、环评批复,以钢铁工业用水定额、现状节水潜力合理核定企业用水量。在满足用水定额的基础上,进一步挖掘企业节水潜力,提出具体节水规划,促进企业节约用水、提高用水效率,合理确定企业排水规模,促进包头钢铁(集团)有限责任公司(简称包钢)深入推进节约用水工作,加强日常用水科学管理。力求给出科学、客观、公正的结论,为取水许可管理、水行政主管部门审批提供技术依据。

论证研究工作以符合相关法律法规、产业政策为根基,以节水减排、有效保护为工作目标,加快包钢建立科学的节水减排指标体系、考核体系和监测体系,把节水减排作为各项工作的重点,识别取用排水环节存在的主要问题,助推包钢加强水资源节约、保护工作,促进包钢高质量发展,将包钢建成有竞争力的节水型、环保型的企业,成为争创经济效益突出、环境清洁优美、环境与经济协调发展的钢铁企业典范。

本书撰写分工为:第一章由韦昊撰写;第二章由张波、张天宇、周子俊、邓敬一撰写;第三章由焦瑞峰撰写;第四章由韦昊、宋张杨、孙照东、孙晓懿、刘玉倩撰写;第五章由韦昊、宋张杨、孙照东、孙晓懿、刘玉倩撰写;第六章由宋张杨、马红亮撰写;第七章由韦昊、马红亮撰写;第八章由宋张杨、马红亮撰写;第九章由韦昊、魏玥撰写;第十章由韦昊撰写。全书由韦昊统稿。

由于作者水平有限,书中难免有错漏和不妥之处,请各位专家、读者批评指正。

作　者
2020 年 10 月

目 录

第 1 章　总　论

1.1　项目来源

　　包钢位于内蒙古自治区包头市,始建于 1954 年。1959 年 10 月 15 日,周恩来总理亲临包钢为 1 号高炉出铁剪彩。包钢是国家在"一五"期间建设的 156 个重点项目之一,是中国主要钢轨生产基地之一、无缝钢管生产基地之一,也是华北地区最大的板材生产基地,世界稀土工业的发端和最大的稀土科研、生产基地。经过 60 多年的发展,包钢目前已成为我国重要的钢铁工业基地和世界最大的稀土工业基地,拥有内蒙古包钢钢联股份有限公司(简称包钢股份)和中国北方稀土(集团)高科技股份有限公司(简称北方稀土)两个上市公司的跨地区、跨行业大型企业集团。

　　包钢股份是我国西部最大的钢铁上市公司,于 1999 年 6 月 29 日成立,公司股票于 2001 年 3 月 9 日在上海证券交易所正式挂牌上市交易。包钢股份目前已形成 1 650 万 t 以上铁、钢、材配套生产能力,资产总额 1 400 亿元。目前,包钢股份具备高档汽车钢、高档家电钢、高钢级管线钢、高强结构钢等生产能力,填补了内蒙古和中西部地区空白。拥有 CSP、宽厚板、硅钢、2 250 mm 热连轧及配套冷轧连退、镀锌等 10 余条国际先进水平的板材生产线,是中西部地区最大的板材生产基地;拥有国内先进的 4 条钢管生产线,是我国品种规格最为齐全的无缝钢管生产基地之一;拥有世界先进的 2 条大型万能轧机生产线和余热淬火生产线,是世界装备水平最高、能力最大的高速轨生产基地;拥有 4 条线棒材生产线,是我国西北地区高端线棒材生产基地。北方稀土前身是包钢 8861 稀土实验厂,始建于 1961 年。1997 年 9 月由包钢联合嘉鑫有限公司(香港)、包钢综企公司,以包钢稀土三厂、选矿厂稀选车间资产为基础,发起成立股份有限公司并成功上市,成为"中华稀土第一股"。

　　包钢白云鄂博矿是世界瞩目的铁、稀土等多元素共生矿,稀土储量居世界第一位,钍、铌储量居世界第二位,已发现 170 种矿物、71 种元素,是中国西北地区储量最大的铁矿。包钢白云鄂博矿铁与稀土共生的资源优势造就了包钢独有的"稀土钢"产品特色,钢中含稀土,更坚、更韧、更强,广受用户欢迎。稀土已成为国家重要的战略资源,白云鄂博铁稀土铌多金属共伴生矿床举世闻名,由于白云鄂博矿区属于多金属共伴生矿床,一直以来,白云鄂博矿资源利用采用的是"以铁为主,兼顾稀土"的开发方针,以开采和冶炼铁矿石为主,综合回收部分稀土资源。

　　2007 年 6 月国家环境保护局环审〔2007〕226 号文《关于包头钢铁(集团)有限责任公司结构调整总体发展规划本部实施项目环境影响报告书的批复》要求:全厂生产废水、生活污水应做到零排放,应建设 1 座容积为 48 000 m³ 的事故水池,防止废水事故性排放。

　　2014 年 6 月,中华人民共和国环境保护部《关于包钢结构调整总体发展规划本部实施项目第二步建设项目竣工环境保护验收合格的函》(环验〔2014〕109 号)规定:废水回用率95%,产生的浓盐水外排,COD排放量符合包头市环境保护局核定的污染物排放总量控制要求。目前包钢除浓盐水排放外,还有生产废水和生活污水经处理后排放。

2015年7月21日,黄河水利委员会以黄许可〔2015〕074号文对《包头钢铁(集团)有限责任公司"十二五"结构调整稀土钢总体发展规划建设项目水资源论证报告书》准予行政许可。准予行政许可决定书明确:现有工程外排水经处理后将全部回用于新体系,新体系生产、生活废污水经处理后大部分回用于生产补水系统,少量浓盐水用于炼铁冲渣和钢渣热焖生产线,不外排。包钢"十二五"结构调整后,全厂实现零排放。

内蒙古包钢稀土钢板材有限责任公司项目(新体系)是内蒙古自治区人民政府支持的重大项目,包钢依据国家发展和改革委员会2012年8月23日《关于包头钢铁(集团)有限责任公司"十二五"结构调整稀土钢总体规划开展前期工作的复函》(2012年8月23日,"函告你们开展该项目的前期工作")、内蒙古自治区经济和信息化委员会《关于包钢"十二五"结构调整规划配置钢铁产能的批复》(内经信原工字〔2013〕339号,"按照国家新增钢铁产能通过淘汰钢铁落后产能等量或减量置换解决的要求,自治区同意将"十一五"期间淘汰的生铁落后产能等量置换给包钢,支持包钢产品结构调整和换代升级,促进包钢健康可持续发展"),开始实施包钢"十二五"结构调整稀土钢总体规划建设项目。新体系于2012年3月开工建设,各建设项目在2013年9月到2015年10月12日间陆续投产。

2016年,依据内蒙古自治区人民政府办公厅《关于全面清理整顿环保违规建设项目的通知》(内政办字〔2014〕310号)、包头市人民政府办公厅《关于印发包头市建设项目环境保护分级管理和全面清理整顿环保违规建设项目实施意见的通知》(包府办发〔2015〕68号)、包头市人民政府办公厅《关于将未批先建项目纳入环境保护规范化管理的指导意见》(包府办发〔2015〕113号)及自治区环保厅和包头市环保局的相关文件要求,包钢制订了包钢稀土钢规划项目环保备案工作方案,组织开展项目的环保备案工作。同时,包头市环保局委派包头市环境监察支队对本项目已建成部分的生产及环保设施的建设、运行情况进行了现场监察,编制了新体系环保备案监察报告。

依据包头市环境保护局文件《关于内蒙古包钢稀土钢板材厂有限责任公司项目的环保备案意见》(包环管字〔2016〕102号),"该项目按照要求落实了污染防治措施,实现了达标排放,污染物排放满足总量控制、清洁生产与能源利用相关要求,符合必要条件要求。从环保保护角度分析,项目总体上达到了备案条件,我局同意予以环保备案。"

2018年11月12日,包头市水务局文件《关于禁止向尾闾工程排放污水的通知》要求:按照水利部黄河水利委员会《黄委关于包头市尾闾工程入河排污口设置准予许可决定书》、黄河流域水资源保护局《黄河流域水资源保护局关于包头市尾闾工程入河排污口设置整改计划方案的意见》及内蒙古包头市人民政府办公厅《包头市人民政府办公厅关于印发包头市尾闾工程入河排污口管理实施方案的通知》等文件要求,你单位目前未取得入河排污许可,请在收到本通知后立即停止通过尾闾工程向黄河排污的行为。确需排放的,按照有关规定到相关部门办理污水排入管网许可证和排污许可证后,到水利部黄河水利委员会办理入河排污口审批手续,待手续批复后,方可向尾闾工程达标排放污水。

包钢取水许可证于2020年12月31日到期,按照《取水许可和水资源费征收管理条例》第二十五条规定,有效期届满,需要延续的,取水单位或者个人应当在有效期届满 45 日前向原审批机关提出申请,原审批机关应当在有效期届满前,做出是否延续的决定。

包钢在 2012 年 7 月以前废水排至昆都仑河,经昆都仑河进入黄河;2015 年 12 月后废水改排至包头市尾闾工程,经尾闾工程进入黄河,限于经济技术条件,包钢现状不能实现零排放。依据《取水许可管理办法》第二十八条,在取水许可证有效期限内出现下列情形之一的,取水单位或者个人应当重新提出取水申请:(一)取水量或者取水用途发生改变的(因取水权转让引起的取水量改变的情形除外);(二)取水水源或者取水地点发生改变的;(三)退水地点、退水量或者退水方式发生改变的;(四)退水中所含主要污染物及污水处理措施发生变化的。

1.1.1　委托单位

内蒙古包钢钢联股份有限责任公司。

1.1.2　承担单位与工作过程

按照《建设项目水资源论证导则》《取水许可管理办法》等有关要求,2018 年 11 月,包钢股份委托黄河水资源保护科学研究院承担包钢水资源论证研究工作。

1.1.2.1　第一阶段(编制工作大纲)

接受委托后,项目组完成包钢水资源论证研究工作方案,确定包钢水资源论证研究工作方案。

工作方案涉及工作对象、等级、水平年、分析范围、水平衡测试工作计划,钢铁行业用水水平调查,取用水合理性分析,依据有关要求制订水质监测方案,确定预期成果及工作目标等内容。

1.1.2.2　第二阶段(准备工作,资料收集阶段)

(1)资料收集整理。收集包钢厂区基础资料,涉及项目可研、初设、环评、验收报告、新体系水资源论证报告书等其他批复文件。

(2)取、退水量调查。包钢取水口,取水泵站,供水泵站,给水一、二、三部,新体系新水处理站、污水处理中心,包钢污水处理中心。

(3)各分厂取用水情况调查。涉及各分厂基本情况,生产装置、规模及工艺,用水环节,排水量,用水计量器具等。

(4)根据前期准备工作初步确定现场水平衡测试工作方案,分冬、夏季水平衡测试。

1.1.2.3　第三阶段(现场实测、数据整理)

根据工作大纲、数据的收集整理情况,针对性开展包钢冬、夏季水平衡测试工作。

1.1.2.4　第四阶段(数据整理、查缺补漏)

根据水平衡测试数据、现场计量表统计数据、包钢厂区结算数据等完成包钢黄河水、澄清水、回用水等各类水源平衡图,完成包钢各分厂水平衡测试,绘制水量平衡图。其间多次与包钢相关技术人员对接,并针对水平衡存在问题的数据进行多次补充测试,最终完成全厂以及各个分厂的水量平衡图。

1.1.2.5　第五阶段(用水合理性分析,节水评价,节水规划)

依据法律法规、国家和地方产业政策、水资源管理等要求开展符合性分析。分析评价项目用水水平、用水合理性、节水潜力,合理确定包钢取用水量、排水量。分析用水及管理中存在的主要问题,提出整改建议。

1.2　水资源论证研究目的和任务

1.2.1　论证目的

包钢水资源论证研究旨在重新编制《包头钢铁(集团)有限责任公司"十二五"结构调整稀土钢总体发展规划建设项目水资源论证报告书》,在分析相关政策的基础上,调查取、供、用、产、耗、排水量,取用水计量设施、用水管理、节水措施等基本情况,依据《中华人民共和国水法》《中华人民共和国河道管理条例》《取水许可管理办法》《取水许可和水资源费征收管理条例》《水利部关于开展规划和建设项目节水评价工作的指导意见》《水利部关于开展规划和建设项目节水评价工作的指导意见》《水利部关于印发钢铁等十八项工业用水定额的通知》、行业标准、环评批复,以钢铁工业用水定额、现状节水潜力核定企业合理用水量。

在满足《水利部关于印发钢铁等十八项工业用水定额的通知》的基础上,进一步挖掘企业节水潜力,提出具体节水规划,促进企业节约用水、提高用水效率,合理确定企业用水、排水规模,促进包钢深入推进节约用水工作,加强日常用水科学管理,力求给出科学、客观、公正的结论,为取水许可管理、水行政主管部门审批提供技术依据。

论证研究工作以符合相关法律法规、产业政策为根基,以节水减排、有效保护为工作目标,加快包钢建立科学的节水减排指标体系、考核体系和监测体系,把节水减排作为各项工作的重点,将包钢建成有竞争力的节水型、环保型的企业,成为争创经济效益突出、资源合理利用、环境清洁优美、环境与经济协调发展的企业典范。

1.2.2　论证任务

(1)分析区域水资源状况及其开发利用程度,评估区域水资源供需状况,分析区域实际供、用、耗水水平及开发利用程度,提出存在的问题。

(2)分析包钢取供水系统关系,开展厂区涉水企业基本情况调查,调查各企业的基本情况、用排水情况、计量设施安装情况、废污水处理及排放情况等。

(3)开展现场水平衡测试,调查包钢厂区给排水情况,开展水平衡测试、排水水质监测,按照行业取用水定额、排放标准、尾闾工程纳污排污要求,识别用水、排水存在的问题,提出用排水整改建议。

(4)依据法律法规、国家和地方产业政策、水资源管理等要求开展符合性分析,识别存在的主要问题,提出整改建议。

(5)分析评价用水水平、用水合理性、节水潜力,合理确定包钢取用水量,依据《包头市尾闾工程入河排污口设置论证报告》《包头钢铁(集团)有限责任公司入河排污口设置论证报告》中 2020 年水平黄河包头东河饮用工业用水区 COD、氨氮入河控制总量配置预留工业废水总量和污染物总量控制指标,合理确定包钢排水总量及污染物总量以及排放控制方案排水量。

(6)基于尾闾工程入河控制总量配置情况,结合包头钢铁(集团)有限责任公司排放实际及排放控制方案,开展正常排水和风险排水黄河水环境、水生态及第三方影响分析,并根据包钢识别存在的主要问题、潜在风险等提出水资源保护措施、入河排污口管理要求。

(7)通过包钢取用水调查、节水评价,合理确定包钢取用水量,重点识别取、用、排水环节存在的主要问题,倒逼包钢加强水资源节约、保护工作,促进包钢高质量发展。

1.3 编制依据

1.3.1 法律法规

(1)《中华人民共和国水法》;
(2)《中华人民共和国环境保护法》;
(3)《中华人民共和国水污染防治法》;
(4)《中华人民共和国防洪法》;
(5)《中华人民共和国河道管理条例》;
(6)《中华人民共和国清洁生产促进法》;
(7)《取水许可管理办法》;
(8)《取水许可和水资源费征收管理条例》;
(9)《黄河取水许可管理实施细则》;
(10)《入河排污口监督管理办法》;
(11)《内蒙古自治区水功能区管理办法》;
(12)《内蒙古自治区环境保护条例》;
(13)《内蒙古自治区水污染防治条例》;
(14)《内蒙古自治区地下水管理办法》;
(15)《内蒙古自治区节约用水条例》。

1.3.2 政策文件

(1)《国务院关于实行最严格水资源管理制度的意见》(国发〔2012〕3 号);
(2)《国务院关于印发水污染防治行动计划的通知》(国发〔2015〕17 号);
(3)中共中央办公厅、国务院办公厅印发《关于全面推行河长制的意见》(2016 年 12 月 11 日);
(4)《水利部关于开展规划和建设项目节水评价工作的指导意见》(水节约〔2019〕136 号);
(5)《规划和建设项目节水评价技术要求》(办节约〔2019〕206 号);

（6）国家发展改革委 水利部关于印发《国家节水行动方案》的通知（发改环资规〔2019〕695 号）；

（7）《水利部关于印发钢铁等十八项工业用水定额的通知》（水节约〔2019〕373 号）；

（8）《中国节水技术政策大纲》（国家发展和改革委，科技部，水利部，建设部，农业部，20050421）；

（9）《水利部关于加强取用水计量监控设施建设的通知》（水资源〔2013〕408 号）；

（10）《国务院批转发展改革委、能源办关于加快关停小火电机组若干意见的通知》（国发〔2007〕2 号）；

（11）《国务院批转发展改革委等部门关于抑制部分行业产能过剩和重复建设引导产业健康发展若干意见的通知》（国发〔2009〕38 号）；

（12）《国务院关于进一步加强淘汰落后产能工作的通知》（国发〔2010〕7 号）；

（13）国家发展改革委 国家能源局关于印发能源发展“十三五”规划的通知（发改能源〔2016〕2744 号）；

（14）《国家鼓励的工业节水工艺、技术和装备目录》（2019 年，工业和信息化部、水利部）；

（15）国家鼓励的工业节水工艺技术和装备目录（第一批）（2013 年，工业和信息化部）；

（16）《火电厂污染防治技术政策》（环境保护部 20170110）；

（17）《节水型社会建设“十三五”规划》（发改环资〔2017〕128 号）；

（18）《全国重要江河湖泊水功能区划》。

1.3.3　技术标准

（1）《建设项目水资源论证导则》（GB/T 35580—2017）；

（2）《地表水环境质量标准》（GB 3838—2002）；

（3）《生活饮用水卫生标准》（GB 5749—2006）；

（4）《取水计量技术导则》（GB/T 28714—2012）；

（5）《用水单位水计量器具配备和管理通则》（GB 24789—2009）；

（6）《用能单位能源计量器具配备和管理通则》（GB 17167—2006）；

（7）《工业循环水冷却设计规范》（GB/T 50102—2014）；

（8）《节水型企业评价导则》（GB/T 7119—2018）；

（9）《企业用水统计通则》（GB/T 26719—2011）；

（10）《企业水平衡测试通则》（GB/T 12452—2008）；

（11）《污水综合排放标准》（GB 8978—1996）；

（12）《水利水电工程水文计算规范》（SL 278—2020）；

（13）《河流流量测验规范》（GB 50179—2015）；

（14）《水域纳污能力计算规程》（GB/T 25173—2010）；

（15）《地表水资源质量评价技术规程》（SL 395—2007）；

（16）《污水监测技术规范》（HJ 91.1—2019）；

（17）《石油化学工业污染物排放标准》（GB 31571—2015）；

（18）《水资源术语》（GB/T 30943—2014）；

（19）《内蒙古自治区行业用水定额》（2019 年版,内蒙古自治区水利厅,2019 年 12 月）;

（20）《钢铁企业给水排水设计规范》（GB 50721—2011）;

（21）《排污许可证申请与核发技术规范　钢铁工业》（HJ 846—2017）;

（22）《排污许可证申请与核发技术规范　炼焦化学工业》（HJ 854—2017）;

（23）《钢铁工业水污染物排放标准》（GB 13456—2012）;

（24）《炼焦化学工业污染物排放标准》（GB 16171—2012）;

（25）《铁矿采选工业污染物排放标准》（GB 28661—2012）;

（26）《钢铁企业煤气—蒸汽联合循环电厂设计规范》（YB/T 4504—2016）;

（27）《取水定额　第 32 部分:铁矿选矿》（GB/T 18916.32—2017）;

（28）《火力发电厂节水导则》（DL/T 783—2018）;

（29）《清洁生产标准　钢铁行业（中厚板轧钢）》（HJ/T 318—2006）;

（30）《清洁生产标准　铁矿采选业》（HJ/T 294—2006）;

（31）《焦化行业清洁生产水平评价标准》（YB/T 4416—2014）;

（32）《钢铁行业（烧结、球团）清洁生产评价指标体系》（国家发改委、生态环境部、工业和信息化部,2018 年 12 月 29 日）;

（33）《钢铁行业（高炉炼铁）清洁生产评价指标体系》（国家发改委、生态环境部、工业和信息化部,2018 年 12 月 29 日）;

（34）《钢铁行业（炼钢）清洁生产评价指标体系》（国家发改委、生态环境部、工业和信息化部,2018 年 12 月 29 日）;

（35）《钢铁行业（钢压延加工）清洁生产评价指标体系》（国家发改委、生态环境部、工业和信息化部,2018 年 12 月 29 日）。

1.3.4　相关依据

（1）《包头市水资源公报》《内蒙古自治区水资源公报》《黄河水资源公报》《中国水资源公报》;

（2）《包头统计年鉴》（包头市统计局、国家统计局包头调查队编）;

（3）《包头市实行最严格水资源管理制度考核工作自查报告》（包头市人民政府）;

（4）《包头市水务发展"十三五"规划》（2016—2020）（包头市水务局,2016 年 3 月）;

（5）内蒙古包头市水务局《关于禁止向尾闾工程排放污水的通知》（包头市水务局,2018 年 11 月）;

（6）内蒙古包钢钢联股份有限公司污染物排放许可证（证书编号:91150000701464975400 1P 包头市环境保护局）;

（7）国家发展和改革委《关于包头钢铁（集团）有限责任公司结构调整总体发展规划的批复》（发改工业〔2007〕1396 号）;

（8）内蒙古自治区经济和信息化委员会《关于包钢"十二五"结构调整规划配置钢铁产能的批复》（内经信原工字〔2013〕339 号）;

（9）国家环境保护总局《关于包头钢铁（集团）有限责任公司结构调整总体发展规划本部实施项目环境影响报告书的批复》（环审〔2007〕226 号）;

（10）中华人民共和国环境保护部《关于包钢结构调整总体发展规划本部实施项目第一步项目竣工环境保护验收意见的函》（环验〔2012〕108号）；

（11）中华人民共和国环境保护部《关于包钢结构调整总体发展规划本部实施项目第二步建设项目竣工环境保护验收合格的函》（环验〔2014〕109号）；

（12）水利部黄河水利委员会《关于包头钢铁（集团）有限责任公司"十二五"结构调整稀土钢总体发展规划建设项目取水许可申请准予行政许可决定书》（黄许可〔2015〕074号）；

（13）包头钢铁（集团）有限责任公司取水许可证〔取水（国黄）字〔2015〕第〔411007〕号〕；

（14）包头市环境保护局文件《关于内蒙古包钢稀土钢板材厂有限责任公司项目的环保备案意见》（包环管字〔2016〕102号）；

（15）包钢稀土钢板材有限责任公司环保备案监察报告（包头市环境监察支队，2016年3月）；

（16）包头钢铁（集团）有限责任公司"十二五"结构调整稀土钢项目可行性研究报告（冶金工业规划研究院，2011年12月）；

（17）包头钢铁（集团）有限责任公司"十二五"结构调整稀土钢总体发展规划建设项目水资源论证报告书（内蒙古自治区水文总局，2015年1月）；

（18）环保部《关于在化解产能严重过剩矛盾过程中加强环保管理的通知》（环发〔2014〕55号）；

（19）内蒙古自治区人民政府办公厅《关于全面清理整顿环保违规建设项目的通知》（内政办字〔2014〕310号）；

（20）内蒙古自治区环保厅《关于落实〈内蒙古自治区人民政府办公厅全面清理整顿环保违规建设项目的通知〉有关事项的通知》（内环办〔2015〕7号）；

（21）内蒙古自治区环保厅《关于进一步做好环保违规建设项目清理整顿工作的通知》（内环办〔2015〕89号）；

（22）包头市人民政府办公厅《关于印发包头市 建设项目环境保护分级管理和全面清理整顿环保违规建设项目实施意见的通知》（包府办发〔2015〕68号）；

（23）包头市人民政府办公厅《关于将未批先建项目纳入环境保护规范化管理的指导意见》（包府办发〔2015〕113号）；

（24）包头钢铁集团有限公司新体系黄河新水系统初步设计（最终版）（中冶东方工程技术有限公司，2012年5月）；

（25）包头钢铁集团有限公司总排水污水回用水系统初步设计（最终版）（中冶东方工程技术有限公司，2012年5月）；

（26）包头钢铁（集团）有限责任公司2×500 m³烧结工程初步设计（中冶长天国际工程有限责任公司，2012年2月）；

（27）包头钢铁（集团）有限责任公司新体系炼钢工程初步设计B版（中冶京诚工程技术有限公司，2011年12月）；

（28）包头钢铁（集团）有限责任公司新体系2 250 mm热连轧机组初步设计（北京首

钢国际工程技术有限公司,2012 年 5 月);

（29）包钢结构调整总体发展规划本部实施项目第一步项目竣工环境保护验收监测报告（中国环境监测总站,2012 年 2 月）;

（30）包钢结构调整总体发展规划本部实施项目第二步项目竣工环境保护验收监测报告（中国环境监测总站,2013 年 12 月）;

（31）包钢结构调整总体发展规划本部实施项目第二步项目竣工环境保护验收监测报告附件（中国环境监测总站,2013 年 5 月）;

（32）包钢给水厂产品产量分配明细表（2014 年至 2019 年 6 月）。

1.4　工作等级与水平年

1.4.1　工作等级

水资源论证工作等级确定为一级。

1.4.2　论证水平年

论证水平年为 2018 年,但根据最新数据发布及取用水合理性分析的实际需求情况,其中取用水合理性分析水量统计数据系列到 2019 年 6 月,部分数据系列到 2019 年 12 月。

1.5　分析范围与论证研究范围

水资源论证工作范围为内蒙古包钢稀土钢板材有限责任公司项目（与包头钢铁（集团）有限责任公司"十二五"结构调整稀土钢总体发展规划建设项目建设内容一致）,但由于包钢取用水指标涉及全厂、排污涉及全厂,用水合理性分析、节水评价涉及全厂,因此水资源论证工作范围为包钢全厂。

（1）分析范围:区域水资源及开发利用分析范围为包头市。

（2）取水水源论证范围:黄河干流三湖河口—头道拐断面。

（3）取水影响范围:黄河干流昭君坟—头道拐水文站主要取用水户。

（4）退水影响范围:黄河二道沙河入河口—头道拐水质断面,重点为包钢厂区排污企业,二道沙河入黄口—磴口水源地上游 5.91 km[根据《包头市尾闾工程入河排污口设置论证报告》（已批复）,污水与黄河汇流处到磴口净水厂取水口 19.7 km 河段长度的 70% 作为废污水排放的控制距离]。

第 2 章　建设项目概况

依据国家发展和改革委员会《关于包头钢铁(集团)有限责任公司结构调整总体发展规划的批复》(发改工业〔2007〕1396号),项目实施后,包钢将形成年产铁955万t、钢1010万t、钢材966万t的综合生产能力。

国家发展和改革委员会2012年8月23日《关于包头钢铁(集团)有限责任公司"十二五"结构调整稀土钢总体规划开展前期工作的复函》(2012年8月23日),函告开展该项目的前期工作,请据此向有关部门申办土地预审等相关手续。

依据内蒙古自治区经济和信息化委员会文件《内蒙古自治区经济和信息化委员会关于包钢"十二五"结构调整规划配置钢铁产能的批复》(内经信原工字〔2013〕339号):根据自治区钢铁工业"十二五"发展规划,结合自治区淘汰落后产能情况,现批复如下:"十二五"末,包钢(包头厂区)规划新增生铁585万t、粗钢638万t、钢坯630万t、商品钢材576万t,总量分别达到1540万t、1674万t、1640万t、1542万t。"十一五"期间,自治区淘汰炼铁落后产能906万t、炼铁55万t,按照国家新增钢铁产能通过淘汰钢铁落后产能等量或减量置换解决的要求,自治区同意将"十一五"期间淘汰的生铁落后产能等量置换给包钢,支持包钢产品结构调整和换代升级,促进包钢健康可持续发展。

2.1　建设项目概述

包钢是中华人民共和国成立后最早建设的钢铁工业基地之一,1954年开始建设,1959年投产,新体系于2012年3月开工建设,各建设项目在2013年9月到2015年10月12日间陆续投产,全厂职工人数约54 013人。

包钢位于内蒙古自治区包头市昆都仑区,东临昆都仑河,南距黄河约13 km。厂区总占地面积36 km²。

2.2　项目建设与审批情况

包钢新旧体系都属于已建项目,旧体系于1954年开始建设,包钢旧体系的发展历程,可分为创业阶段和两次跨越阶段。1954~1984年为创业阶段,是包钢在计划经济时期从无到有的阶段。1985~1997年为第一次跨越阶段,是包钢在计划经济向市场经济的过渡时期,是从小到大的阶段。1998~2003年为第二次跨越阶段,是包钢在市场经济初期由弱到强的阶段。通过大规模的技术改造,包钢设备水平在大型化、连续化、现代化方面迈出了实质性步伐;生产规模不断跃进,钢产量1985年为150多万t,1996年突破400万t,2003年包钢铁、钢、商品坯材产量均突破500万t大关,现已形成千万吨级以上钢铁生产能力,2018年钢产量突破1 500万t。拥有板、管、轨、线四大系列产品,是中国主要高速钢轨供应商之一、品种规格最齐全的无缝钢管生产基地之一。

为适应市场及企业发展需要,"十二五"期间包钢规划对现有生产设备进行结构调整,淘汰落后设备,技术改造现有部分设备、配套新增先进设备,为包钢的进一步发展提供坚实的基础。新体系于 2012 年 3 月开工建设,各建设项目在 2013 年 9 月到 2015 年 10 月 12 日间陆续投产。

包钢新、旧体系主要审批情况见表 2-1。

2.2.1　旧体系

老包钢结构调整总体发展规划(旧体系)于 2007 年取得了国家发展和改革委员会的批复,2007 年《包钢结构调整总体发展规划本部实施项目环境影响报告书》取得了原国家环境保护总局的批复。2012 年、2014 年该规划第一步项目、第二步建设项目竣工环境保护验收合格,国家环境保护部印发了《关于包钢结构调整总体发展规划本部实施项目第一步项目竣工环境保护验收意见的函》和《关于包钢结构调整总体发展规划本部实施项目第二步建设项目竣工环境保护验收合格的函》。

2.2.2　新体系

根据《包头钢铁(集团)有限责任公司"十二五"结构调整稀土钢总体规划》,在对旧体系落后产能项目实施淘汰的同时,新建钢铁联合生产项目(简称新体系)。新体系于 2012 年 3 月开工建设,依据环包管字〔2016〕102 号《关于内蒙古包钢稀土钢板材有限责任公司项目的环保备案意见》,生产设施及配套的环保设施在 2014 年 12 月 31 日前已建成。

2014 年 4 月国家环境保护部根据国务院《关于化解产能严重过剩的指导意见》下发的《关于化解产能严重过剩矛盾过程中加强环保管理的通知》(环发〔2014〕55 号)的要求,项目履行环保备案手续。根据内蒙古自治区政府办公厅、包头市人民政府办公厅以及内蒙古自治区环保厅和包头市环保局相关文件要求,2016 年新体系已建成,项目完成了环保备案。

2015 年,《包头钢铁(集团)有限责任公司"十二五"结构调整稀土钢总体发展规划建设项目水资源论证报告书》取得黄河水利委员会的批复。

2.3　主要规模及装置

依据内蒙古自治区经济和信息化委员会文件《内蒙古自治区经济和信息化委员会关于包钢"十二五"结构调整规划配置钢铁产能的批复》(内经信原工字〔2013〕339 号):根据自治区钢铁工业"十二五"发展规划,结合自治区淘汰落后产能情况,现批复如下:"十二五"末,包钢(包头厂区)规划新增生铁 585 万 t、粗钢 638 万 t、钢坯 630 万 t、商品钢材 576 万 t,总量分别达到 1 540 万 t、1 674 万 t、1 640 万 t、1 542 万 t。炼钢系统设计生产规模见表 2-2,2012~2019 年生产规模统计见表 2-3。

表2-1　包钢新、旧体系主要审批情况一览表

内容	项目名称	文件性质	文件号	批复单位	主要内容
	包钢排污口登记				2003年，包头钢铁(集团)有限责任公司按照管理规定在黄河流域水资源保护局进行了黄河入河排污口登记，废污水排放总量3 000万m³/a
	包钢发展规划总体环境影响评价大纲的技术评估意见	环评大纲技术评估意见	国环评估纳[2005]123号	国家环境保护总局环境工程评估中心	环评大纲目的明确，编制较规范，对规划项目概况叙述详细，环境状况介绍基本清楚，专题设置合理，评价等级划分基本准确，评价方法基本可行，经修改、补充后，可以作为开展环评工作的依据
	"十二五"结构调整稀土钢总体发展规划开展前期工作的函	发改委文件	—	国家发展改革委员会	现依据《国务院关于深化改革严格土地管理的规定》(国发[2004]28号)等有关规定，函告你们开展该项目前期工作，请据此向有关部门申办土地预审等相关手续
规划批复	包钢结构调整总体发展规划的批复	发改委文件	发改工业[2007]1396号	国家发展和改革委员会	项目实施后，包头钢铁(集团)有限责任公司将形成年产铁955万t、钢材966万t、钢材1 010万t的综合生产能力，本规划要充分体现循环经济的要求，项目建成后，吨钢耗新水为5.3 m³，水循环利用率为97.4%
环保手续	包钢结构调整总体发展规划实施项目	环评批复	环审[2007]226号	国家环保总局	项目建设和运行管理中应重点做好的工作：(一)……项目建成后，全厂清洁生产水平应达到一级。(三)按照"清污分流，雨污分流"原则设计排水管网，减少新鲜水用量。应建设全厂雨水收集处理系统，避免含污染物的雨水直接外排，应对雨水排口进行日常监测。焦化酚氰污水经厌氧—好氧生物脱氮处理后，经混凝沉淀、过滤、超滤和反渗透处理后，回用于炼铁、高炉冲渣、原料洒水等，不得外排。焦化酚氰污水处理设施建设及处理达标后，热电灰和绿化洒水，不得外排。全厂生产废水、生活污水应做到零排放。应建设1座容积为48 000 m³的事故废水池，防止废水事故性排放

续表 2-1

内容		项目名称	文件性质	文件号	批复单位	主要内容
环保手续		包钢结构调整总体发展规划本部实施项目第一步项目	环保验收	环验〔2012〕108号	国家环保部	包钢总排污水处理中心出口废水除氨氮超标外,其余各监测因子均符合《钢铁工业水污染物排放标准》(GB 13456—92)表3一级标准
		包钢结构调整总体发展规划本部实施项目第二步建设项目	环保验收	环验〔2014〕109号	国家环保部	项目建设过程中,未建设48 000 m³ 事故水池,变更为扩建1套2 000 m³/h 污水处理装置,全厂废水处理能力提升至8 000 m³/h,未依法履行环保手续。炼焦和焦油加工废水经处理后回用,烧结脱硫废水、高炉冲渣水循环使用,煤气冷凝水、净环水、浊环水、地面冲洗水、生活污水等经包钢总排水处理中心和包钢深度处理后部分回用于河西电厂和包钢生产系统,设置了10 800 m³ 的防渗水池。焦化储罐区建有围堰,焦化废水不外排。污染物年排放量分别为COD 368.26 t,氨氮96.98 t,其中COD排放量符合包头市环境保护局核定的污染物排放总量控制要求
项目批复		关于对包钢"十二五"结构调整规划配置钢铁产能的批复	"十二五"钢铁产能批复	内经信原工字〔2013〕339号	内蒙古自治区经济和信息化委员会	"十二五"末,包钢(包头厂区)规划新增生铁585万t,粗钢638万t,钢坯630万t,商品钢材576万t,总量分别达到1 540万t,1 674万t,1 640万t,1 542万t。"十二五"期间,自治区淘汰炼铁落后产能906万t,炼钢55万t,按照国家新增钢铁产能通过淘汰钢铁落后产能等量置换或减量置换解决新增量的要求,自治区同意将"十一五"期间淘汰的生铁落后产能等量置换给包钢,支持包钢产品结构调整和换代升级,促进包钢健康可持续发展

续表 2-1

内容	项目名称	文件性质	文件号	批复单位	主要内容
环保手续	内蒙古包钢稀土钢板材有限责任公司项目(新体系)	环保备案	包环管字[2016]102号	包头市环保局	该项目按照要求落实了污染治措施，实现了达标排放，污染物排放满足总量控制，清洁生产与能源利用相关要求，我局同意予以环保备案。新体系备案报告总量控制为：COD 95.70 t/a，氨氮 8.28 t/a
	排污许可证	许可证	911500007014 649754001P	包头市环境保护局	COD 1 186.596 t/a，氨氮 118.66 t/a，2017年12月26日发证(有效期限：自2018年1月1日起至2020年12月31日止)
取水手续、水资源论证	取水许可证	许可证	取水(国黄)字[2015]第(411007)号	水利部黄河水利委员会	取水量12 000万 m³/a，取水用途：工业；退水量：2 126万 m³/a，退水水质要求：稳定达标排放，事故污水不得入黄
	包头钢铁(集团)有限责任公司"十二五"结构调整稀土钢总体发展规划建设项目	新体系水资源论证批复	黄水调[2015]45号	水利部黄河水利委员会	审查意见明确《包头钢铁(集团)有限责任公司"十二五"结构调整稀土钢总体发展规划建设项目水资源论证报告书》(简称《报告书》)提出现有工程外排水经处理后将全部回用于新体系，新体系由大部分回用于生产补水水系统，少量浓盐水用于炼铁冲渣和钢渣热焖生产线，不外排。包钢"十二五"结构调整后，全厂无外排污水，实现零排放。"新体系"设计生产规模为：生铁720万 t/a，钢坯/锭745万 t/a，钢坯/锭1 600万 t/a，钢坯1 650万 t/a。"该项目为钢铁联合生产项目，……考虑净化处理和输水损失后，包钢现状各企业取黄河水10 062.23万 m³/a，其中现状取黄河水1 424.6万 m³/a，新体系取黄河水11 486.60万 m³/a，新体系取用包钢集团总排污水(旧体系)2 243万 m³/a。"

表 2-2 炼钢系统设计生产规模 （单位：万 t）

炼钢厂	生铁	粗钢	钢坯	商品钢材
旧体系	955	1 036	1 010	966
新体系	585	638	630	576
合计	1 540	1 674	1 640	1 542

表 2-3 2012~2019 年生产规模统计一览表 （单位：万 t）

年份	生铁	粗钢	商品钢材	钢材
2012	1 006	1 019	963	943
2013	1 027	1 069	1 024	1 011
2014	1 054	1 072	1 005	1 002
2015	1 207	1 186	1 121	1 117
2016	1 216	1 230	1 158	1 152
2017	1 403	1 420	1 304	1 303
2018	1 481	1 525	1 438	1 432
2019	1 481	1 546	1 456	1 450

包钢选矿厂主要生产设备及规模一览表见表 2-4，旧体系主要生产设施及规模一览表见表 2-5。新体系主要生产设施及规模一览表见表 2-6。

表 2-4 包钢选矿厂主要生产设备及规模一览表

工序	生产设备	设计产能（万 t/a）
矿山	白云鄂博主、东铁矿	磁矿 650、氧化矿 400
	固阳公益明小型铁矿	45
	固阳白云石矿、乌海矿业石灰石矿	
	白云西矿（2-48 线）	混合原生矿 1 000、氧化矿 500
	黄岗梁铁矿	铁精矿 80
	三合明铁矿西部异常区	原矿 50、铁精矿 25

表 2-5 旧体系主要生产设施及规模一览表

分厂名称		主体生产设施	设计规模	2018 年产量（万 t/a）
焦化厂	原料系统	5#~10#焦炉 36 个筒仓	储存能力 36 万 t	焦炭产量：2018 年 1 889 394.695 t，2019 年 1 970 271.218 t
	炼焦系统	5#~6#焦炉 JN60-4 型,2 座(已停产)	93.6 万 t/a	
		7#焦炉 JN60-6 型	50 万 t/a	
		8#焦炉 JN60-6 型	50 万 t/a	
		9#焦炉 JN60-6 型	50 万 t/a	
		10#焦炉 JN60-6 型	50 万 t/a	
	煤气净化系统	1#~4#焦炉煤气净化系统 1 套	5 万 m³/h	
		5#~6#焦炉煤气净化系统 1 套	10 万 m³/h	
		7#~10#焦炉煤气净化系统 1 套	8 万 m³/h	
	焦油加工系统	焦油加工设施	15 万 t/a	
		酚氰废水处理站(一生化)1 套	120 m³/h	
		酚氰废水处理站(二生化)1 套	350 m³/h	
烧结区		一烧车间,2×210 m²	400 万 t/a	369.58
		三烧车间,1×265 m²	273 万 t/a	246.42
		四烧车间,2×265 m²	546 万 t/a	549.15
炼铁厂		1#高炉 2 200 m³	864 万 t/a	864.925
		3#高炉 2 200 m³		
		4#高炉 2 200 m³		
		5#高炉 1 500 m³		
		6#高炉 2 500 m³		

续表 2-5

分厂名称		主体生产设施	设计规模	2018 年产量（万 t/a）
炼钢厂	制钢一部	1×复合喷吹铁水预处理	450 万 t/a	441.8
		3×80 t 转炉（1#、2#、3#）		
		2×80 t LF 精炼炉		
		1×80 t VD 真空脱气炉		
		1×R10.5 m 六流方坯铸机（6#）		
		1×R12.5 m 三流异型坯/大方坯铸机（7#）		
	制钢三部	2×KR 铁水预处理装置		
		2×150 t 转炉（8#、9#）		
		2×150 t LF 精炼炉		
		1×150 t VD 真空脱气炉		
		1×R7 m 八流小方坯铸机（3#）		
		1×R12 m 六流大方坯铸机（5#）		
薄板厂	冶炼部	倒罐站 1 个,2 个坑位	200 万 t/a	392.53
		KR 脱硫站	200 万 t/a	
		2×210 t 转炉	400 万 t/a	
		2×210 t LF 精炼炉	400 万 t/a	
		2×210 t RH 精炼炉	140 万 t/a	
	热轧部	热轧生产线 1 条	198 万 t/a	261.67
	宽板区域	宽厚板生产线 1 条	120 万 t/a	铸机产量:127.67;轧机产量:118.38
	宽厚板精整区域	宽板精整线 1 条		
	冷轧部	酸连轧线 1 条	140 万 t/a	128.72
		镀锌退火线 1 条	35 万 t/a	42.15
		硅钢 1 条	20 万 t/a	15.90
轨梁厂	1#中型万能轧钢生产线	步进式加热炉 1 座,200 t/h;BD1 两辊可逆式轧机 1 架;BD2 两辊可逆式轧机 1 架;CCS 万能轧机 1 组;百米冷床 1 个;钢轨矫直机 1 台;10 辊悬臂式矫直机 1 台;锯钻机床 2 台;冷锯 2 台	90 万 t/a	78.74

续表 2-5

分厂名称		主体生产设施	设计规模（万 t/a）	2018 年产量（万 t/a）
轨梁厂	2# 大型万能轧钢生产线	蓄热步进式加热炉 1 座,280 t/h;BD1 两辊可逆式轧机 1 架;BD2 两辊可逆式轧机 1 架;CCS 万能轧机 1 组;百米冷床 1 个;钢轨矫直机 1 台;锯钻机床;冷锯	120	94.56
长材厂	线材作业区	线材生产线 1 条	42	63.78
	棒材作业区	棒材生产线 1 条	56	67.30
		新高线生产线 1 条	50	45.83
	带钢作业区	带钢作业区棒材生产线 1 条	25	38.31
特钢分公司		连轧棒材生产线	80	54.52
		120 mm 无缝钢管生产线 1 条	10	7.38
钢管公司	制钢部	2×120 t 转炉	200	181.23
		2×150 t LF 精炼炉		
		VD 真空炉 2 个		
		圆坯兼方坯铸机 1 台(方已改圆)、圆坯铸机 1 台		
	热轧部	180 机组 MPM 连轧机组 1 条	20	40.17
		159 机组 PQF 连轧机组 1 条	40	42.41
		460 机组 PQF 连轧机组 1 条	62	67.18
		无缝厂 400	30	暂时停产
		管加工机组石油管加工生产线 2 条	20	13.86
火力发电部		发电作业部发电机装机(3×6+2×12+2×25＝92 MW);二机二炉发电装机(2×25＝50 MW);CCPP 装机(2×137.6＝275.2 MW)	—	234 171 万 kW·h

表 2-6　新体系主要生产设施及规模一览表

分厂名称		主体生产设施	设计规模	2018 年产量（万 t/a）
焦化厂	原料系统	1#~4#焦炉 28 个筒仓	有效储存能力 28 万 t	焦炭产量：2018 年 3 029 431.645 t，2019 年 3 076 991.979 t
	炼焦系统	1#焦炉 JNX3-70-2 型	75 万 t/a	
		2#焦炉 JNX3-70-2 型	75 万 t/a	
		3#焦炉 JNX3-70-2 型	75 万 t/a	
		4#焦炉 JNX3-70-2 型	75 万 t/a	
	煤气净化系统	1#~4#焦炉煤气净化系统 1 套	16 万 m³/h	
	干熄焦系统	1#~4#焦炉干熄焦 2 套	2×200 万 t/a	
	废水处理系统	酚氰废水处理站(三生化) 1 套	220 m³/h	
烧结区		2 台 500 m² 烧结机	烧结矿 1 029 万 t	890.26
球团区		一台 624 m² 带式焙烧机	球团矿 500 万 t	406.31
稀土钢炼铁厂		7#高炉 4 150 m³	676 万 t/a	616.5
		8#高炉 4 150 m³		
稀土钢板材公司		3×KR 铁水预处理装置	560 万 t/a	509.8
		3×240 t 转炉		
		2×240 t LF 精炼炉		
		2×240 t RH 真空精炼装置		
		3×炉后吹氩喂丝站		
		1×R9.5 m 双流 1 650 mm 直弧形板坯连铸机(1#)		
		1×R9.5 m 双流 2 150 mm 直弧形板坯连铸机(2#)		
热轧板材厂		φ2 250 mm 热轧生产线	热轧钢卷 550 万 t/a	497.71
冷轧板材厂		连续酸洗机组 1 条	120 万 t/a	389.84
		酸轧联合机组 1 条	203 万 t/a(中间品)	
		连续退火机组 2 条	153 万 t/a	
		连续热镀锌机组 2 条	80 万 t/a	
CCPP 厂		2×150 MW	—	64 808 万 kW·h

2.4　原水资源论证与实际运行对比分析

《包头钢铁(集团)有限责任公司"十二五"结构调整稀土钢总体发展规划建设项目水资源论证报告书》(简称《新体系水资源论证报告书》)于2015年1月13日取得黄河水利委员会技术审查意见,7月21日取得黄河水利委员会准予行政许可决定书。

2.4.1　原水资源论证批复情况

2.4.1.1　生产规模、装置

依据《新体系水资源论证报告书》,设计生产规模为:生铁720万t/a、钢锭745万t/a。考虑现状生产规模,以新带旧总生产规模为:生铁1 600万t/a、钢坯/锭1 650万t/a。

依据内蒙古自治区经济和信息化委员会文件《内蒙古自治区经济和信息化委员会关于包钢"十二五"结构调整规划配置钢铁产能的批复》(内经信原工字〔2013〕339号):根据自治区钢铁工业"十二五"发展规划,结合自治区淘汰落后产能情况,现批复如下:"十二五"末,包钢(包头厂区)规划新增生铁585万t、粗钢638万t、钢坯630万t、商品钢材576万t,总量分别达到1 540万t、1 674万t、1 640万t、1 542万t。

主要建设内容包括:综合原料场、4座60孔7 m焦炉、2台500 m² 烧结机、1台624 m² 带式球团机、2座4 150 m³ 高炉、3座240 t顶底复吹转炉、2 250 mm热连轧机组、2 030 mm冷轧厂生产线(一条酸洗、一条酸轧)、3座600 t/d麦尔兹双膛竖窑、3台40 000 m³/h制氧机、2套150 MW CCPP机组、35 t动力锅炉2台、2座30万m³ 高炉煤气柜、2座15万m³ 转炉煤气柜、1座20万m³ 焦炉煤气柜、2 000 m³/h污水处理站等,以及其他辅助生产和环保设施。

2.4.1.2　取用水量

依据《新体系水资源论证报告书》,以新带旧取澄清的黄河水10 338.15万m³/a,其中,新体系取用水1 282.14万m³/a,新体系取用再生水2 454.148 3万m³/a。考虑水源地取水损失率10%,取黄河原水11 486.83万m³/a,其中,新体系取黄河原水1 424.60万m³/a。

2.4.1.3　退水量

《新体系水资源论证报告书》提出现有工程外排水经处理后将全部回用于新体系,新体系生产、生活废污水经处理后大部分回用于生产补水系统,少量浓盐水用于炼铁冲渣和钢渣热焖生产线,不外排。包钢"十二五"结构调整后,全厂无外排污水,实现零排放。

依据2014年7月1日至2019年6月30日期间日排水量数据(剔除离群值后),日排水量、小时排水量最大值为49 025.28 m³/d、2 042.72 m³/h;最小值为24 428.4 m³/d、1 017.85 m³/h;平均值为37 174.37 m³/d、1 548.93 m³/h;年小时排水量平均值1 356.86万m³/h。

2.4.2　实际运行情况与原水资源论证报告对比分析

2.4.2.1　取用水量对比情况

从总水量对比中可以看出:

(1)旧体系现状黄河澄清水的取水量比原报告减少3 198.31 m³/h(见表2-7),新体系现状黄河澄清水用水量比原报告多出 1 053.45 m³/h，全厂黄河澄清水取水量较原报告减少 2 144.86 m³/h。这主要与包钢近些年采取的节水措施有关，整体上降低了黄河新水的取水量，但由于包钢新体系主要生产精品钢，需要较好水质，包钢整体调整用水结构降低旧体系黄河新水用量，增加了新体系黄河新水用量。

表 2-7　原水资源论证报告书中取用水量与现状对比一览表

	水种	旧体系				新体系			
		现状 （m³/h）	原报告 （m³/h）	差值 （m³/h）	变化率 （%）	现状 （m³/h）	原报告 （m³/h）	差值 （m³/h）	变化率 （%）
取水量	黄河澄清水	8 263.69	11 462	-3 198.31	-27.90	2 638.45	1 585	1 053.45	66.46
	地下水	108.1	489	-380.9	-77.89	2.585	0	2.585	—
用水量	生活水	1 140.57	295	845.57	286.63	385.455	25.5	359.96	1 411.59
	回用水	2 727.705	2 950	-222.30	-7.54	0	1600	-1 600	-100.00
	循环水	235 233.915	426 405	-191 171.09	-44.83	174 794.2	249 175	-74 380.8	-29.85
耗水量	耗水	6 520.385	9 297	-2 776.62	-29.87	2 778.705	4 063.5	-1 284.80	-31.62
废污水量	酚氰废水	363.34	未单独列出	363.34	—	163.03	238.5	-75.47	-31.64
	外排废污水	1 631.495	2 858	-1 226.51	-42.91	426.505	0	426.505	—

（2）现状地下水使用量比原报告小，用水量减少 77.89%。

（3）生活水用量增大。现状旧体系生活水量比原报告增大约 2.87 倍，新体系生活水量比原报告增大约 14.12 倍。现场调查中发现，包钢旧体系大部分生活水计量设施不完善，且部分生产水管网覆盖不到，区域有生活水代生产使用情况。新体系大部分生活水计量设施被水淹没，计量不准确，且有绿化使用生活水的情况。

（4）新体系用水结构发生变化。原报告中新体系的用水中烧结厂、炼铁厂、焦化厂和绿化配有回用水，实际运行中烧结厂、炼铁厂和焦化厂并未使用回用水，全部使用生产水，新体系绿化目前使用生活水。

（5）现状新体系污水处理站有废污水排往包钢污水处理中心。实际运行中，各制水系统的制水率均低于原报告制水率（详见制水率对比小节内容），导致制成水量减少，废污水量增加，加上浓盐水（或劣质水）使用量远低于原报告的使用量，新体系无法完全实现零排放。

2.4.2.2　制水率对比情况

由表 2-8 可以看出，实际运行中，包钢各系统的制水率均低于原报告制水率，新体系黄河净水站制水率、新体系回用水制水率和二级除盐水制水率差值达到 6.90%、4.07% 和 15.51%。对比原报告，制水率低会造成制成水量减少和废水产生增多。

表 2-8　原水资源论证报告书中制水率与现状对比一览表

制水系统	制水率			
	现状	设计值	原报告	差值
新体系黄河水净化站制水率	90.10%	97.0%	97.0%	−6.90%
除盐水(二级除盐水)制水率	58.09%	59.5%	73.6%	−15.51%
总排污水再生水制水率	89.37%	91%	91.8%	−2.43%
新体系回用水制水率	71.43%	—	75.5%	−4.07%

2.4.2.3　浓盐水(或劣质水)使用情况

从表 2-9 可以看出,原水资源论证报告提出的浓盐水(或劣质水)使用方案目前在包钢厂区并未完全实施,除炼铁冲渣和钢渣焖渣使用焦化酚氰废水外,烧结拌料、制钢二部、料场均未使用浓盐水。原水资源论证报告提出的用水方案与现状的用水水量差距大,旧体系与新体系合计存在 519.84 m³/h 的差值。

表 2-9　浓盐水(或劣质水)补水量与现状对比一览表

用水单位		浓盐水或酚氰废水用水量(m³/h)		
		现状	原报告	差值
旧体系	炼钢厂	0	40	−40
	薄板厂(制钢二部)	0	28	−28
	炼铁厂	66.81	172	−105.19
	烧结厂	0	103	−103
	小计	66.81	343	−276.19
新体系	料场	0	31	−31
	炼钢厂	15	31	−16
	热轧厂	0	30	−30
	炼铁厂	77.35	151	−73.65
	烧结厂	0	93	−93
	小计	92.35	336	−243.65
差值合计		−519.84		

2.4.2.4　节水措施实施情况

由表 2-10 可以看出,包钢厂区目前循环水系统浓缩倍率低、高炉软水换热方式改变(未使用空冷器)及循环水系统风机等节能节水措施和水系统管理上还存在一些不足。实际运行中,包钢厂区循环水系统的补水水质差,不仅导致循环水系统的循环倍率普遍在1.5～2.0倍范围,补排水量大,还给设备管道带来腐蚀、结垢等危害,增加了设备维修费用和水处理药剂费用。

表 2-10　原水资源论证报告提出的节水措施

序号	节水措施	符合性
1	设计采用"三干"技术,节约水资源(高炉煤气采用干法净化、转炉一次除尘采用干法、焦化厂采用干熄焦)	√
2	高炉冲渣采用环保型 INBA 法,充分利用污水、中水及水除盐处理的排浓废水,节约水资源	√
3	规划新建一座污水处理厂,对生产、生活污水全部回收处理,回补于生产用水系统,节约水资源	√
4	转炉等蒸汽冷凝水回收后作为蒸发冷却器系统补充水,提高水资源利用效率	√
5	生产用再生水通过除盐处理,维持循环水系统浓缩倍数不低于三,节约水资源,减少排污水量	×
6	循环水系统、污水处理系统大量采用变频泵和变频冷却风机,节约了能源。部分未实施	—
7	水渣蒸汽采用高空排放技术,减少水渣蒸汽对炉顶设备的腐蚀;同时水蒸气高空排放过程中,能部分冷凝回收	×
8	采用串接给水,即将对水质要求较高的系统排水串联补给,对水质要求较低的系统补水,以减少新水消耗	√
9	循环水系统冷却塔风机的运转台数与回水温度连锁,以减少电机运行数量及时间,便于节能	×
10	在高炉出铁场边布置 CISDI 环保节能转鼓水渣处理系统,实现冲渣水循环使用,节约了水资源。高炉水渣通过社会循环经济产业链予以综合利用	√
11	采用分质供水系统,提高水资源的利用效率	√
12	炉体部分设备的冷却采用了软水密闭循环水系统,软水冷却采用表面蒸发式空冷器,补水量小,不排污,减少耗水量	√
13	高炉软水换热采用空冷器,冷却效率高、节水。部分未实施	—
14	新建冷轧废酸再生装置,回收废酸,节约资源	√
15	采用低质供水系统,将焦化废水处理后的酚氰废水送高炉冲渣,将浓排水用于劣质水用户,节约新水资源	√

2.4.2.5　小结

从原报告和包钢现状总水量的对比上可以看出,现状用水存在黄河澄清水取水量比原报告减少、地下水用量减小、生活水用量增大、用水结构发生改变和新体系污水处理站有废污水排往包钢污水处理中心无法完全实现零排放等情况。

从制水系统的制水率、浓盐水(或劣质水)的使用和节水措施的实施上进一步分析得知,实际运行中包钢各制水系统的制水率均低于原报告,新体系黄河净水站制水率、回用水制水率和二级除盐水制水率差值达到 6.90%、4.07%和 15.51%,制水率低造成制成水量减少和废水量增多的情况。结合浓盐水(或劣质水)使用情况,原报告配置的浓盐水和酚氰废水使用方案并未完全实施,只有炼铁厂冲渣和钢渣焖渣使用酚氰废水,且酚氰废水实际使用量远小于原报告使用量,导致现状与原报告存在 519.84 m^3/h 的浓盐水(或劣质水)差值。

从节水措施实施方面看,包钢厂区循环水系统浓缩倍率低,高炉软水换热方式改变

(未使用空冷器)及循环水系统风机等节能节水措施和水系统管理上还存在一些不足等,也造成循环水系统的补、排水量大。

2.5　建设项目取用水情况

2.5.1　取水口

包钢以过境黄河水作为主要水源,取水口位于黄河昭君坟河段,距厂区约 20 km。包钢现状有三个取水口:1#取水口坐标为 109°41′43.80″E,40°29′37.45″N;2#取水口坐标为 109°41′43.79″E,40°29′15.41″N;3#取水口坐标为 109°41′43.05″E,40°29′18.96″N。包钢供水车间地处黄河昭君坟渡口东侧,距包钢厂区约 17 km,担负着从黄河取水、一次净化及向厂区输送新水的任务。

供水车间给排水系统包括:取水系统、净化系统、输水系统。取水系统所辖设施为:设在黄河中心的 3 座桥墩式取水口、零次泵站、临时取水口、西海湖泵站。净化系统所辖设施为:4 座 φ100 m 辐射式沉淀池、2 个排泥泵站、5 座平流式沉淀池。输水系统所辖设施为:3#泵站、4#泵站、调节泵站。

事故状况下:3 座桥墩式取水口出现因防洪、防凌、遇到较大自然灾害而中断供水时,启用临时取水口。西海湖内黄河源水经过临时取水口到达加压泵站,经过辐射式沉淀池进行一次净化后到达 3#泵站、4#泵站及调节泵站,经加压后送至包钢厂区。

包钢水源地有 3 个 10 万 m³ 的平流式沉淀池对黄河水进行预处理(澄清处理),处理后供给项目厂区,新体系厂区建有新水处理站,深度处理后供给生产用水系统。新体系使用的勾兑水由位于包钢集团总排污水中心(旧体系)的深度处理系统后的脱盐水与回用水制取,通过管道输送到新体系新水处理站,经新体系新水处理站生产水池与其他水混合后供给。包钢集团黄河取水系统工艺简图及水表配备系统见图 2-1。

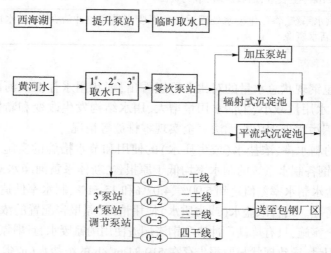

图 2-1　包钢集团黄河取水系统工艺简图及水表配备系统

2.5.2　取水许可证换发情况

（1）中华人民共和国取水许可证，取水（国黄）字〔2000〕14004 号，根据《中华人民共和国水法》《取水许可制度实施办法》等法规，经审查，批准包头钢铁公司按规定在包头市昭君坟取黄河水，年取水量 13 000 万 m^3，特发此证。

取水有效期限自 2000 年 1 月 1 日至 2004 年 12 月 31 日，发证机关：黄河水利委员会，发证日期：2000 年 6 月 7 日。

（2）中华人民共和国取水许可证，取水（国黄）字〔2005〕14005 号，根据《中华人民共和国水法》《取水许可制度实施办法》等法规，经审查，批准包头钢铁（集团）有限责任公司按规定在包头市昭君坟黄河左岸取黄河水，年取水量 12 000 万 m^3。

取水有效期限自 2005 年 1 月 1 日至 2009 年 12 月 31 日，发证机关：黄河水利委员会，发证日期：2005 年 6 月 1 日。

退水地点：昆都仑河下游。退水要求：处理后稳定达标排放；加强退水水量水质监测；符合所在水功能区水质管理要求；泥沙不得回排黄河。

（3）中华人民共和国取水许可证，取水（国黄）字〔2010〕第 41006 号，取水权人名称：包头钢铁（集团）有限责任公司；取水地点：内蒙古包头市昭君坟包钢水源地；取水量：12 000 万 m^3；退水地点：昆都仑河下游；退水方式：管道排放；退水量：2 126 万 m^3/a；退水水质要求：达标排放，事故性污水不得入黄。

有效期限：2010 年 1 月 1 日至 2015 年 12 月 31 日，审批机关：黄河水利委员会，日期：2010 年 1 月 1 日。

（4）2016 年包钢取得黄河干流地表水取水许可证（取水 国黄字〔2015〕第 411007 号，有效期 2016 年 1 月 1 日至 2020 年 12 月 31 日），许可取水量 12 000 万 m^3/a，取水用途：工业；退水量：2 126 万 m^3/a；退水地点：昆都仑河下游；退水方式：管道；退水水质要求：稳定达标排放，事故性污水不得入黄。

2.5.3　取水口近几年取水量

取水口黄河原水取水量未计量，通过现场水平衡测试发现，零次泵站管道年代久，锈蚀严重，直管段较短，不符合测验要求，按照包钢上报取水量数据进行统计（根据新水量计量表推算），2015 年 1 月至 2019 年 12 月最大月取水量 1 068.81 万 t，最大年取水量 11 441.38 万 t，详见表 2-11。

表 2-11　2015 年 1 月至 2019 年 12 月黄河取水统计结果

时间	2015 年	2016 年	2017 年	2018 年	2019 年	最大值	最小值
	取水量（万 t）						
1 月	765.27	747.65	876.43	974.79	905.26	974.79	747.65
2 月	688.14	683.91	791.51	890.93	808.84	890.93	683.91

续表 2-11

时间	2015 年	2016 年	2017 年	2018 年	2019 年	最大值	最小值
	取水量(万 t)						
3 月	736.76	701.21	860.90	1 019.98	884.66	1 019.98	701.21
4 月	690.48	839.54	882.14	979.87	885.73	979.87	690.48
5 月	791.07	932.54	969.38	1 022.84	970.71	1 022.84	791.07
6 月	842.93	901.47	959.20	1 068.81	965.55	1 068.81	842.93
7 月	862.29	967.18	1 016.23	1 022.01	989.46	1 022.01	862.29
8 月	977.50	939.84	1 006.44	977.67	1 018.21	977.67	939.84
9 月	893.11	903.01	980.25	928.41	901.32	928.41	893.11
10 月	929.17	909.94	994.11	864.83	925.45	929.17	864.83
11 月	807.06	844.83	904.19	817.25	868.22	844.92	807.06
12 月	784.14	856.06	934.90	873.97	909.38	873.97	784.14
合计	9 767.92	10 227.27	11 175.68	11 441.36	11 032.79	11 533.37	9 608.52
最大值	977.50	967.18	1 016.23	1 068.81	1 018.21		
最小值	688.14	683.91	791.51	817.25	808.84		

依据黄河上中游管理局监督管理范围内,违规涉河建设项目、取水许可、省际水事活动现场检查意见书(编号:2075),严禁向黄河回排泥沙,取水计量为供出水量,月报取水量应增加约10%黄河原水处理损失,包钢从2015年6月开始上报黄河取水量增加了10%的黄河原水处理损失。

包钢厂内结算统计时段不同于上报统计时段,12月水量统计时段为11月28日至12月28日,6月水量统计时段为5月29日至6月27日,为便于与厂内结算数据平衡比较,论证在进行水平衡计算时采用厂内结算时段。

2015~2019年3条黄河干线新水总量统计结果见表2-12。

表 2-12 2015~2019 年 3 条黄河干线新水总量统计结果

时间	2015 年	2016 年	2017 年	2018 年	2019 年	最大值	最小值
	干线总量(m³)						
1 月	7 652 733	6 796 771	7 967 583	8 861 769	8 229 647	8 861 769	6 796 771

续表 2-12

时间	2015 年	2016 年	2017 年	2018 年	2019 年	最大值	最小值
	干线总量(m^3)						
2 月	6 881 415	6 217 401	7 195 547	8 099 324	7 353 128	8 099 324	6 217 401
3 月	7 367 634	6 374 661	7 826 377	9 272 502	8 042 382	9 272 502	6 374 661
4 月	6 904 796	7 632 212	8 019 438	8 907 937	8 052 136	8 907 937	6 904 796
5 月	7 910 745	8 477 671	8 812 476	9 298 520	8 824 604	9 298 520	7 910 745
6 月	7 586 380	8 195 160	8 719 973	9 716 482	8 777 769	9 716 482	7 586 380
7 月	7 760 616	8 792 558	9 238 444	9 291 026	8 861 512	9 291 026	7 760 616
8 月	8 886 347	8 543 993	9 149 455	8 887 941	9 211 280	9 211 280	8 543 993
9 月	8 119 214	8 209 211	8 911 330	8 440 087	8 282 312	8 911 330	8 119 214
10 月	8 446 989	8 272 220	9 037 331	7 862 119	8 590 616	9 037 331	7 862 119
11 月	7 080 126	7 681 075	8 219 877	7 429 582	7 922 320	8 219 877	7 080 126
12 月	7 128 521	7 782 407	8 499 082	7 945 223	8 226 584	8 499 082	7 128 521
合计	91 725 516	92 975 340	101 596 913	104 012 512	100 374 290	107 326 460	88 285 343
最大值	8 886 347	8 792 558	9 238 444	9 716 482	9 211 280		
最小值	6 881 415	6 217 401	7 195 547	7 429 582	7 353 128		

黄河原水经在取水口附近的平流式沉淀池和辐流式沉淀池一次净化处理后得到黄河新水。因 3#、4# 泵站站内直管段短不符合测验条件规定,故按照设置在 1#、3#、4# 黄河干线上的电磁流量计计量数据进行统计。2015 年 1 月至 2019 年 12 月最大月新水量 971.65 万 m^3,最大年新水量 10 401.25 万 m^3。

2.6 地下水取用水情况

水平衡测试期间,2018 年 12 月选矿厂工业使用地下水 27.45 m^3/h,2019 年 6 月选矿厂工业使用地下水 33.66 m^3/h,2018 年 12 月焦化厂工业使用地下水 22.3 m^3/h,2019 年 6 月焦化厂工业使用地下水 29.02 m^3/h。

2015~2019 年包钢地下水取水量统计见表 2-13、表 2-14,地下水取水量趋势见图 2-2。

表 2-13   2015~2019 年包钢地下水取水量统计情况一览表(一)   (单位:m³)

项目	地下水取水量					许可量
	2015 年	2016 年	2017 年	2018 年	2019 年	
数量	750 164	831 427	1 028 217	1 086 265	1 029 951	520 000

表 2-14   包钢地下水取水量统计情况一览表(二)   (单位:m³)

序号	取水权人名称	时间		许可量
		2018 年	2019 年	
1	宝山公司(选矿厂内)	367 209	338 479	50 000
2	焦化厂(3#、4#、5#三个证)	330 063	404 456	150 000
3	仓储中心(废钢厂内)	6 122	4 224	50 000
4	仓储中心(储运二部)	187 353	185 784	10 000
5	轨梁厂	90	0	50 000
6	包钢巴润矿业	1 692	1 484	10 000
7	动供总厂(稀土一厂内)	48 274	8 456	50 000
8	动供总厂(热电厂内)	2 493	825	50 000
9	钢管公司	1 356	4 109	10 000
10	长材厂	4 775	1 320	30 000
11	销售公司	1 092	1 145	10 000
12	采购中心	68 055	65 829	10 000
13	包钢厂区综合部	67 691	13 840	10 000
14	动供总厂(新型耐火)	0	0	30 000
	合计	1 086 265	1 029 951	520 000

注:2018 年取用水计划 140 万 m³,2019 年取用水计划 120 万 m³,2020 年取用水计划 80 万 m³。

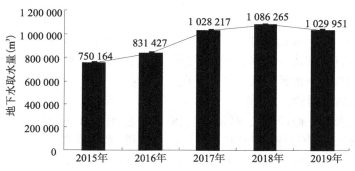

图 2-2　2015～2019 年包钢地下水取水量趋势示意图

2.7　主要用水户概况及取用水情况

包钢现状取用黄河水主要去向有：

（1）包钢内部火力发电，旧体系包括发电作业部、热力作业部（二机二炉、CCPP）以及新体系 CCPP。

（2）北方联合电力有限责任公司包头第一热电厂老厂及其异地扩建工程。

（3）白云鄂博矿区。

（4）公司钢铁联合企业。钢铁联合企业主要用水户包括选矿、焦化（老、新体系）、烧结（老、新体系）、球团、炼铁（老、新体系）、炼钢（老、新体系）、薄板厂、钢管公司、轨梁厂、长材厂、特钢分公司、稀土钢热轧、稀土钢冷轧、绿化等。

概况及取用水情况包括基本情况，生产装置、规模及原料消耗，工艺流程分析，取用水情况调查，水平衡测试期间用水量及产量统计。水量、产品产量统计时间为 2014 年 1 月至 2019 年 6 月，报告书计算使用水量、产品产量统计时间与水平衡测试时间同步，为 2018 年 12 月和 2019 年 6 月。

2.7.1　选矿

2.7.1.1　基本情况

包钢选矿厂为白云鄂博铁矿的配套选矿生产设施，是宝山矿业在包钢厂区的分厂，主要是以白云鄂博铁矿和蒙古铁矿为主要原料的大型选矿厂。从建厂时 3 个生产系列，经过 50 多年的不断发展，目前有 8 个自产矿生产系列和 2 个蒙古矿生产系列。

2.7.1.2　生产装置、规模及原料消耗

有 8 个自产矿生产系列和 2 个蒙古矿生产系列铁精矿，主要产品为自产铁精矿和球团精矿。设计生产规模为年处理白云鄂博铁矿石 1 200 万 t，处理外购蒙古铁矿石 900 万 t，年生产综合铁精矿 870 万 t。选矿工艺主要消耗电、水、蒸汽和压缩空气等。

2.7.1.3　工艺流程分析

工艺流程主要分为自产矿选矿工艺和蒙古矿选矿工艺两部分。自产矿从白云开采后经过火车运输到选矿厂,经过破碎、磨矿、磁选、浮选后得到最终精矿,通过过滤脱水后得到品位65.5%、含水11%以下的自产铁精矿送炼铁厂。蒙古矿从蒙古采购通过火车运送到选矿厂,经过磨矿、磁选、浮选后得到最终精矿,通过过滤脱水后得到品位67.5%、硫小于1.0%、含水11%以下的低硫蒙古铁精矿送仓储中心。

2.7.1.4　取用水情况调查

尾矿回水主要用于破碎工艺、磨矿工艺、磁选工艺、浮选工艺、过滤工艺、尾矿工艺;主要用水设备为球磨机、棒磨机、磁选机、浮选机、过滤机、水环式真空泵等。

经现场调研,包钢选矿厂用水种类为生活用水、回用水、地下水、尾矿库回水。

(1)生活用水。分别来自包钢厂区生活水管网,供破碎区域生活用水(破碎区域用水人员170人)。

(2)给水厂回用水。当尾矿库库内水位低时,需要补充包钢污水处理中心处理后的回用水。

(3)地下水。选矿厂目前有一口深井,位于选矿厂办公楼东侧院内,供除破碎区域外全厂其他区域生活用水(地下水服务人员950人)。

(4)尾矿库回用水。尾矿坝回水全部用于包钢选矿厂生产用水。

2.7.1.5　退水情况调查

选矿厂各生产工艺流程所产生的生产废污水通过尾矿流槽和尾矿排水管道送入尾矿库,无外排水。排水到尾矿坝后经沉淀等处理,再供回选矿厂循环使用。

2.7.1.6　用水量、产量统计

水平衡测试期间取用水量统计见表2-15,产量统计见表2-16。

表2-15　选矿厂水平衡测试期间用水量统计一览表　　　　（单位:m³）

水种	生活水用量		给水厂回补水量		尾矿坝回水用量		深井水用量	
时间	12月	6月	12月	6月	12月	6月	12月	6月
选矿厂	15 778	24 678	215 158	2 298	8 090 000	8 390 000	24 541	28 224

表2-16　选矿厂水平衡测试期间产量统计一览表　　　　（单位:t）

选矿厂	铁精矿产量	
	12月	6月
	148 800	199 200

2.7.2　烧结

2.7.2.1　基本情况

包钢炼铁厂烧结区分为烧结一部和烧结二部。烧结一部由一烧车间2台210 m²烧结

机和三烧车间 1 台 265 m² 烧结机组成。烧结二部由四烧车间 2 台 265 m² 烧结机组成。一烧、三烧车间位于包钢厂区西侧,南邻包钢焦化厂,北邻包钢选矿厂;四烧车间位于包钢厂区西侧,东邻炼铁厂 4# 高炉,西邻包钢焦化厂。

包钢结构调整总体发展规划本部实施项目中包括新建 2 台 265 m² 烧结机,并淘汰 4 台 90 m² 烧结机,原地建设 1 台 360 m² 烧结机。二烧车间 4×90 m² 烧结机分别于 2009 年 8 月、2010 年 11 月和 2011 年 8 月关停。360 m² 烧结机并未建设。

2.7.2.2　生产装置、规模及原料消耗

包钢炼铁厂烧结区共有两台 210 m² 烧结机(一烧车间),一台 265 m² 烧结机(三烧车间)和两台 265 m² 烧结机(四烧车间)(见表 2-17),烧结矿均采用环冷机冷却,设计年产烧结矿 1 219 万 t,并配套建设了烟气脱硫装置、循环冷却水系统和余热回收装置。

表 2-17　包钢炼铁厂烧结区生产装置与规模

部门	车间	烧结机规模	改扩建时间	设计产量	脱硫方法
烧结一部	一烧车间	2×210 m²	2009 年 1 月	400 万 t	半干法脱硫
	三烧车间	1×265 m²	2004 年 3 月开工建设,2004 年 12 月建成	273 万 t	石灰石-石膏法湿法脱硫
烧结二部	四烧车间	2×265 m²	2009 年底建成投产	546 万 t	石灰石-石膏法湿法脱硫

炼铁厂烧结区需要的原料有含铁原料、熔剂、固体燃料、煤气等。其中,含铁原料:自产铁矿需要 897 万 t/a,高炉槽下返矿供应量 135.7 万 t/a,其中烧结矿返矿 117.7 万 t,球团矿返矿 18 万 t。烧结附加物主要由钢渣磁选粉、高炉瓦斯灰、转炉尘泥和氧化铁皮等组成,年用量 23.5 万 t。烧结生产所用熔剂为生石灰和白云石。生石灰年需要量 70.6 万 t,白云石年需要量 58.9 万 t。烧结生产所用的固体燃料为焦粉和无烟煤。焦粉来自炼铁厂筛下焦及焦化厂碎焦,粒度 0~25 mm,年需要量 48 万 t,无烟煤全部外购,年需要量 16.7 万 t。烧结点火煤气选用焦炉煤气,焦炉煤气热值 17.2 MJ/m³,年耗量 $1.18×10^6$ GJ。

2.7.2.3　工艺流程分析

含铁原料在原料场中经过配矿、混匀成为一种化学成分均匀的混匀矿,混匀矿及合格熔剂(石灰石和白云石)由原料场用胶带机送至烧结机的配料槽,烧结、球团及块矿返矿用胶带机运入配料槽,生石灰采用密封罐车运输,气动输入配料槽,燃料采用胶带机运到烧结厂内,燃料经粗破碎及细碎处理后,成品运入配料槽储存。含铁原料、熔剂、燃料经自动配料后进入一次混合和二次混合室,再经布料器给入烧结机上的混合料矿槽。混合料由圆辊给料机、辊式布料器组成的布料装置均匀地布在烧结机台车上,经点火、保温、抽风过程进行烧结,烧结机烧成的烧结饼经破碎、冷却及筛分整粒,分出铺底料、产品矿,分别用胶带机送入烧结室、冷返矿配料槽及成品矿槽,成品矿用胶带机送至高炉矿仓。一烧车间工艺流程图见图 2-3,三烧车间工艺流程图见图 2-4,四烧车间工艺流程图与三烧类似。

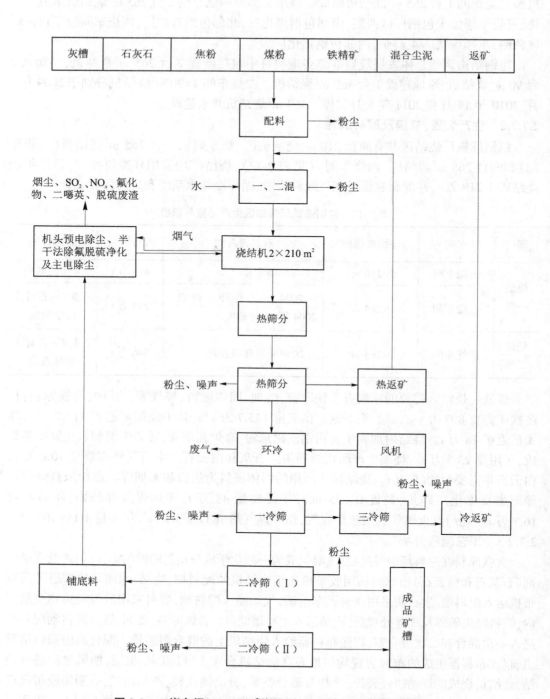

图 2-3　一烧车间(2×210 m²烧结机)工艺流程及排污示意图

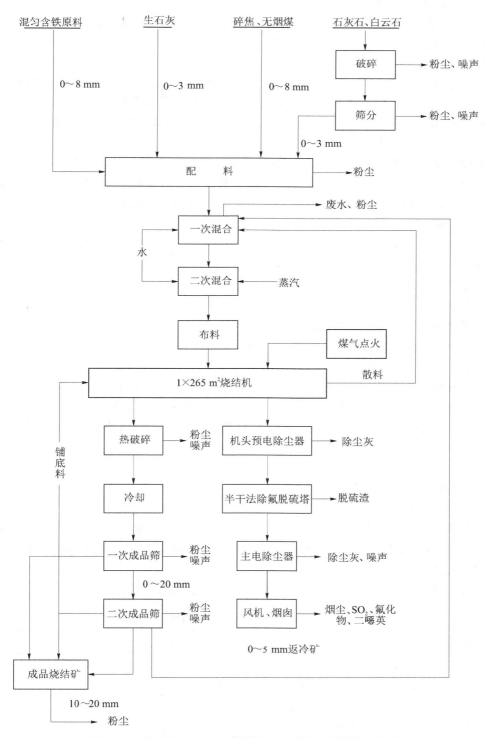

图 2-4 三烧车间(1×265 m²烧结机)工艺流程及排污示意图

2.7.2.4　取用水情况调查

炼铁厂烧结区的生产用水主要为设备冷却用水、混合机加水用水、生石灰消化用水、烟气脱硫净化系统用水和四烧余热发电用水。

1.供水泵组

外网水源进入烧结厂区需要由供水泵组进行水处理后供往用户。一烧、三烧供水由外网水源进入气浮水处理过滤器处理悬浮物、油杂质后供设备冷却循环及物料消耗;四烧供水由外网水源进入一体化净水器处理悬浮物后供设备冷却循环及物料消耗。

2.循环冷却水系统

烧结厂循环冷却水系统主要供给单辊破碎机、烧结机卸矿斗、主抽风机、除尘风机、混合机稀油站等冷却用水。烧结工艺设备冷却排水自流至热水池,再用泵加压循环至循环水池顶部的冷却塔进行冷却,冷却后的水自流至冷水池,循环使用。

3.烟气脱硫净化系统

一烧为半干法脱硫净化系统,三烧和四烧为石灰石–石膏法湿法脱硫,生产水主要用于制浆、除雾器补水等,脱硫废水经沉淀池沉淀后循环使用。

4.烧结余热发电系统

汽轮机设备冷却水采用净循环水系统。除盐水主要供给余热锅炉补水,补水来自厂区除盐水管网。系统排污水排入污水处理厂处理后回用。

经现场调研,炼铁厂烧结区用水种类为黄河新水、包钢污水处理厂回用水、除盐水和生活水,其用水环节如下:

(1)黄河新水。用于四烧冷却循环水补水及物料消耗,四烧烟气脱硫净化系统用水。

(2)包钢污水处理厂回用水。用于一烧、三烧和四烧的设备冷却循环水补水及物料消耗,三烧烟气脱硫净化系统用水。2015年后四烧的设备冷却循环水改用黄河新水,不再使用回用水。

(3)除盐水。用于烧结余热锅炉补水。

(4)生活水。主要用于职工生活用水。

2.7.2.5　退水情况调查

生产废水主要为净循环冷却系统排污水、地坪冲洗水和脱硫系统排污水。脱硫系统废水经沉淀后循环使用,沉淀泥浆脱水后,系统少量排污水排放至包钢总排污水处理中心。

2.7.2.6　用水量、产量统计

烧结水平衡测试期间取用水量统计见表2-18,产量统计见表2-19。

表2-18　烧结水平衡测试期间用水量统计一览表　　　（单位:m³）

水种	生活水用量		回用水量		除盐水用量		新水用量	
时间	12月	6月	12月	6月	12月	6月	12月	6月
一烧车间	17 017	1 663	56 426	86 400				
三烧车间	17 016	1 663	89 280	86 400				
四烧车间	17 017	1 665					147 960	138 630
烧结余热发电					22 505	13 049	21 922	25 164

表 2-19　烧结水平衡测试期间产量统计一览表　　　（单位:t）

车间	烧结矿产量	
	12 月	6 月
一烧车间	298 209	320 783
三烧车间	206 268	220 664
四烧车间	409 919	400 786

2.7.3　稀土钢烧结

2.7.3.1　基本情况

稀土钢炼铁厂烧结作业部位于包钢厂区西侧,东邻环厂东路,西邻稀土钢炼铁厂 7# 高炉。1#烧结机(1 台 500 m²烧结机)于 2012 年 3 月开工建设,2014 年 3 月 16 日试运行; 2014 年 8 月 15 日,1#脱硫系统与 1#烧结机同步运行;2#烧结机于 2014 年 12 月 17 日开始运行,2#脱硫系统与 2#烧结机同步运行。

2.7.3.2　生产装置、规模与原料消耗

稀土钢炼铁厂烧结作业部现有两台 500 m²烧结机,设计年产烧结矿 1 029 万 t。其新工艺包括:全自动配料系统、生石灰循环消化系统、混合料自动加水控制系统、三段混合技术、厚料层烧结技术、主抽风机变频技术、液密封环冷机技术等,并配套建设了大型静电除尘器、大型低压反吹布袋除尘器、烟气脱硫净化装置和余热回收装置。夏季两台烧结环冷机的余热锅炉所产的中、低压蒸汽送往汽轮发电机组,将热能转化为电能供出。冬季两台烧结环冷机的余热锅炉所产的中、低压蒸汽全部用于供暖。

炼铁厂烧结作业部需要的原料有含铁原料、熔剂、固体燃料、煤气等。需要铁矿原料 702 万 t/a,其中自产铁矿需要 34 万 t、周边收购矿 50 万 t、进口粉矿 618 万 t;高炉槽下返矿年供应量 103.9 万 t,其中烧结矿返矿 88.9 万 t,球团矿返矿 15 万 t。烧结附加物年用量 17 万 t。烧结生产所用熔剂为生石灰和白云石,生石灰年需要量 70.6 万 t,白云石年需要量 58.9 万 t。烧结生产所用的固体燃料为焦粉和无烟煤。焦粉来自炼铁厂筛下焦及焦化厂碎焦,粒度 0~25 mm,年需要量 51.46 万 t;无烟煤全部外购,年需要量 16.7 万 t。烧结点火煤气选用焦炉煤气,焦炉煤气热值 17.9 MJ/m³,年耗量 7.11×10⁵ GJ。

2.7.3.3　工艺流程分析

含铁原料、熔剂、燃料经自动配料后,进入一次混合室、二次混合室和三次混合室,经强化制粒后由梭式布料器给入烧结机上的混合料矿槽。混合料由圆辊给料机、辊式布料器组成的布料装置均匀地布到烧结机台车上,经点火、保温、抽风过程进行烧结,烧成的烧结饼经破碎、冷却及筛分整粒,分出铺底料、冷返矿和成品烧结矿,分别用胶带机送入烧结室、冷返矿配料槽和高炉矿槽,部分富余的成品矿运至成品矿仓。机头烟气经脱硫后排入大气,环冷机余热经循环后进入余热回收系统。稀土钢烧结 2×500 m² 烧结机生产工艺流程及排污示意图如图 2-5 所示。

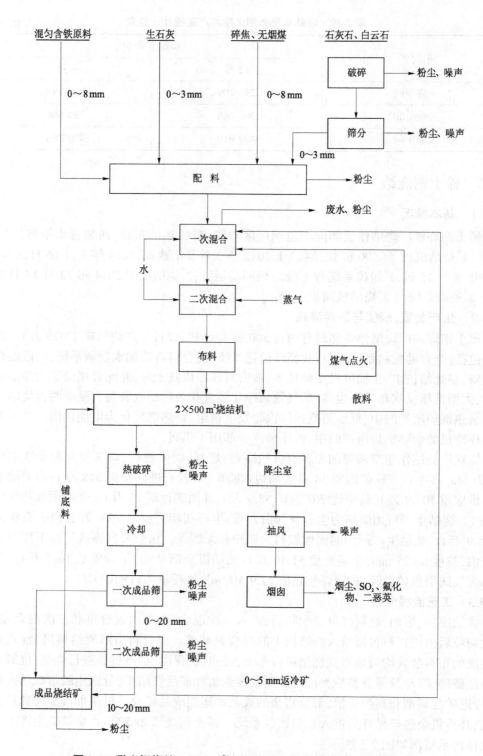

图 2-5　稀土钢烧结 2×500 m² 烧结机生产工艺流程及排污示意图

2.7.3.4　取用水情况调查

稀土钢炼铁厂烧结作业部生产用水主要为净化设备冷却水、余热发电机组循环水系统、混合机加水用水和烟气脱硫净化系统用水等,生活用水为职工日常生活用水。

1.循环冷却水系统

烧结厂循环冷却水系统主要供给单辊破碎机、烧结机卸矿斗、主抽风机、环冷机给料溜槽、环冷风机、除尘风机、混合机稀油站等。烧结工艺设备冷却排水自流至热水池,再用泵加压循环至循环水池顶部的冷却塔进行冷却,冷却后的水自流至冷水池,再根据用户压力不同,分普压循环水给水系统和低压循环水给水系统向用户供水。

2.余热发电机组循环水系统

配套 1 台 30 MW 余热发电机组,汽轮机设备冷却水采用净循环水系统。除盐水主要供给余热锅炉补水,补水来自厂区二级除盐水管网。系统排污水排入污水处理厂处理后回用。汽轮机只在夏季运行将余热锅炉产生的蒸汽用来发电,冬季汽轮机不运行。

3.混合机添加水及生石灰消化用水

该系统主要供给一、二、三次混合机的添加水,均由生产水系统供给。其中一混、二混添加水采用 80 ℃热水,三混合添加水及加湿机添加冷水。

4.烟气脱硫净化系统

稀土钢炼铁厂烧结作业部现有 2 套烟气脱硫净化系统,生产水主要用于制浆、除雾器补水等,脱硫废水经沉淀池沉淀后循环使用。

经现场调研,稀土钢炼铁厂烧结作业部用水种类为生产水、生活水和二级除盐水,其用水环节如下:

(1)生产水。用于烧结区循环冷却水补水,一、二、三次混合机的添加水和烟气脱硫净化系统用水。

(2)二级除盐水。用于烧结余热锅炉补水。

(3)生活水。主要用于职工生活用水。

2.7.3.5　退水情况调查

烧结废水包括循环冷却系统排污水、余热锅炉系统排污水、脱硫系统废水和生活污水。脱硫系统废水经水处理后循环使用,系统少量排污水排放至新体系污水处理站。

2.7.3.6　用水量、产量统计

稀土钢烧结水平衡测试期间用水量统计见表 2-20,产量统计见表 2-21。

表 2-20　稀土钢烧结水平衡测试期间用水量统计一览表　　　　　(单位:m³)

水种	生活消防水用量		生产水用量		二级除盐水用量	
时间	12 月	6 月	12 月	6 月	12 月	6 月
稀土钢炼铁厂烧结区	20 500	20 000	154 050	152 400		
稀土钢炼铁厂烧结区余热发电	280	260		29 279	39 741	11 229
稀土钢炼铁厂烧结脱硫			131 073	141 649		

表 2-21　稀土钢烧结水平衡测试期间产量统计一览表　　　　（单位:t）

稀土钢炼铁厂烧结区	烧结矿产量	
	12 月	6 月
	745 324	827 925

2.7.4　球团

2.7.4.1　基本情况

稀土钢炼铁厂球团作业部位于包钢厂区西侧,北邻包钢焦化厂酚氰废水处理站,南邻稀土钢综合原料场,于 2014 年 2 月 15 日开工,2015 年 12 月试运行。

2.7.4.2　生产装置、规模与原料消耗

球团作业部现有一台 624 m² 带式焙烧机,配套建设大型静电除尘和大型低压反吹布袋除尘器,设计年产球团矿 500 万 t。配套建设了烟气脱硫、除氟净化系统。

球团作业部需要的原料有含铁原料、熔剂、燃料等。其中铁精矿 478.4 万 t/a,膨润土年需要量 10 万 t。

2.7.4.3　工艺流程分析

铁精矿粉、膨润土、焦炭、白云石粉等在配料室按质量比例自动配料,配成的混合料经混合后,加水湿润造球,经梭式布料机两层辊筛筛选,把不合格的生球通过湿返料运输胶带机系统返回,把大小合格的生球均匀铺在带式焙烧机上,利用焙烧机的燃烧系统和风流系统,使生球完成从干燥到冷却的整个加热过程。冷却后的球团矿通过胶带机送往成品分级站。通过底边料分离器分出大于 9 mm 粒级的成品作为铺底料、边料用,其他成品球团矿用成品胶带机系统运至高炉矿槽,也可以通过胶带机送至料场堆存。

2.7.4.4　取用水情况调查

炼铁厂球团车间生产用水主要为净循环设备冷却水、造球工艺添加水、烟气脱硫净化系统用水。生活用水为职工日常生活用水。

　　1.循环冷却水

球团车间循环冷却水系统分两路供给冷却水,一路主要供给除尘风机、高压辊压机等冷却用水,一路供给焙烧机、梭车等冷却用水。焙烧机、梭车等设备冷却排水自流至热水池,经循环水池顶部的冷却塔进行冷却后回到循环水吸水池。

　　2.造球工艺添加水

造球工艺添加水来自焙烧机、梭车等设备冷却循环冷却水。

　　3.烟气脱硫净化系统用水

烟气脱硫净化系统,生产水主要用于制浆、除雾器补水等,脱硫废水经水处理后循环使用,少量达标排放。

2.7.4.5　退水情况调查

球团作业部的废水包括净循环冷却水系统排污水、脱硫系统废水、冲地坪水和生活污水。经脱硫沉淀池处理后达标的脱硫废水排至包钢污水处理中心,循环冷却水系统排污水、地坪冲洗水和生活污水排入包钢焦化厂排污管线,最终去往包钢污水处理中心。

经现场调研,球团作业部用水种类为生产水、一级除盐水和生活水,其用水环节如下:

（1）生产水。用于球团循环冷却水补水和烟气脱硫净化系统用水。

（2）一级除盐水。用于球团循环冷却水补水。

（3）生活水。主要用于职工生活用水。

2.7.4.6 用水量、产量统计

球团水平衡测试期间取用水量统计见表 2-22,产量统计见表 2-23。

表 2-22　球团水平衡测试期间用水量统计一览表 （单位:m³）

用水种类	生活消防水用量		生产水用量		一级除盐水用量	
时间	12 月	6 月	12 月	6 月	12 月	6 月
球团车间	3 300	3 600	85 500	104 600	980	8 046
球团脱硫系统			78 940	94 478		

表 2-23　球团水平衡测试期间产量统计一览表 （单位:t）

球团车间	球团矿产量	
	12 月	6 月
	341 013	440 884

2.7.5 焦化

2.7.5.1 基本情况

包钢焦化厂位于包钢厂区西侧,北邻包头北站和包钢炼铁厂一烧车间,南邻稀土钢厂区。水平衡测试期间 7#~10#焦炉运行,5#、6#焦炉进行大修,2019 年 11 月底已复产,1#~4#焦炉分别于 2013 年 6 月和 12 月拆除。现有 6 座焦炉均为复热式焦炉,共配备 3 套干熄焦系统,湿法熄焦系统备用。

2.7.5.2 生产装置、规模与原料消耗

焦化厂主要生产设施设备情况详见表 2-24。7#、8#焦炉,共用一套干熄焦系统（125 t/h）,配套 1#煤气净化系统,干熄焦循环水系统有 2 个冷却塔,循环水量 4 400 m³/h。9#、10#焦炉,共用一套干熄焦系统（125 t/h）,配套 2#煤气净化系统,干熄焦循环水系统有 2 个冷却塔,循环水量 4 400 m³/h。

包钢焦化厂主要产品有焦炭、焦炉煤气、煤焦油、粗苯、硫铵、多氨盐和硫黄等。包钢焦化厂需要炼焦煤 394.7 万 t（干煤）或 438.6 万 t（湿煤,含水率 10% 左右）。主要化工原料有洗油 3 158 t、氢氧化钠（NaOH,40%）8 460 t、硫酸（H_2SO_4,93%）27 711 t 以及 HPF 催化剂、添加剂等。

表 2-24　焦化厂主要生产设施设备及产能情况

企业		生产设施设备	设计产能	投产或大修时间
焦化厂	原料系统	5#~10#焦炉 36 个筒仓	有效储存能力 36 万 t	
	炼焦系统	1#~4#焦炉 65 孔,4 座(已拆除)	—	
		5#~6#焦炉 JN60-4 型,2 座	93.6 万 t/a	大修,2019 年 11 月底复产
		7#焦炉 JN60-6 型	50 万 t/a	2005-06
		8#焦炉 JN60-6 型	50 万 t/a	2006-03
		9#焦炉 JN60-6 型	50 万 t/a	2007-06
		10#焦炉 JN60-6 型	50 万 t/a	2007-06
	煤气净化	1#~4#焦炉煤气净化系统 1 套	5 万 m³/h	
		5#~6#焦炉煤气净化系统 1 套	10 万 m³/h	
		7#~10#焦炉煤气净化系统 1 套	8 万 m³/h	
	干熄焦系统	5#~6#焦炉干熄焦 1 套	125 万 t/a	
		7#~10#焦炉干熄焦 2 套	2×125 万 t/a	
	焦油加工	焦油加工设施	15 万 t/a	
		酚氰废水处理站(一生化)1 套	120 m³/h	1#~4#焦炉拆除后目前只作为二生化的预沉池使用
		酚氰废水处理站(二生化)1 套	350 m³/h	

2.7.5.3　工艺流程分析

包钢焦化厂生产工艺流程大致分三部分,即炼焦工艺、熄焦工艺和煤气净化处理系统(简称化产系统)。焦化厂 5#~10#焦炉生产工艺流程及排污示意图见图 2-6。

炼焦工艺是将洗精煤等混合,由装煤车装入焦炉炭化室,经高温干馏形成块状焦炭,并同时产生荒煤气。荒煤气汇集到炭化室顶部空间,经过上升管、桥管进入集气管,约 700 ℃的荒煤气在桥管内被氨水喷洒冷却至 90 ℃左右后送至煤气净化车间,焦炉煤气经过化产回收后送往焦炉煤气柜供用户使用。焦炉加热采用焦炉煤气和高炉煤气,由外部管道引入,焦炉加热产生的废气经烟囱排入大气。当炭化室内的焦炭成熟后,由推胶机推出经拦焦机导入熄焦罐内,并由焦罐车送至干熄焦设备进行熄焦,熄焦后的焦炭经筛分,合格粒度的焦炭通过胶带运输机送往高炉作燃料及还原剂使用,碎焦供烧结使用。

化产系统包括冷鼓、电捕、硫铵工段、粗苯工段、脱硫工段等,主要的化工产品有煤焦油、粗苯、硫铵、多氨盐、硫黄等。

2.7.5.4　取用水情况调查

包钢焦化厂的水系统由焦化循环水系统和焦化酚氰废水处理系统组成。焦化循环水系统主要由煤气净化循环水系统、制冷循环水系统、低温水系统和干熄焦热电站循环水系统等组成。

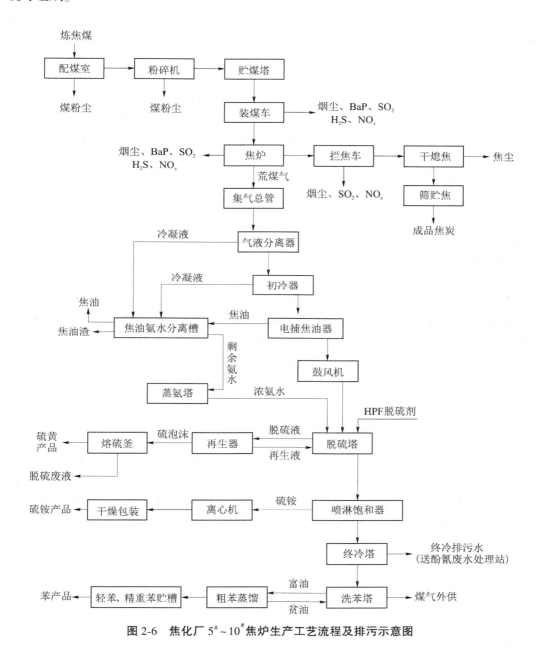

图 2-6　焦化厂 5#~10# 焦炉生产工艺流程及排污示意图

1.煤气净化循环水系统

煤气净化各工段等设备、空调机等冷却用水采用循环给水系统。煤气净化循环水系统循环水回水靠余压进入机械抽风冷却塔进行降温冷却,冷却后水流至煤气净化循环水吸水井中,经煤气净化循环水泵加压后供设备冷却使用,冷却循环水排水送至包钢污水处理中心。其中,轴泵冷却用水,饱和器离心机用水,煤气水封水等用水排水至酚氰废水处理站。

　　2.制冷循环水系统

　　制冷机冷却用水采用净循环给水系统,循环回水靠余压进入机械抽风冷却塔进行降温,冷却后水流至制冷机循环水吸水井中,经制冷循环水泵加压后供制冷机使用。循环系统排污水至包钢污水处理中心。

　　3.低温水系统

　　对初冷器下段、洗苯上段喷洒冷却用水、脱硫工段及脱硫废液提盐工段等低温水设备用户,供给低温水。低温水出水温度为16 ℃,回水温度为23 ℃。低温水用户出水自流入低温水吸水井,由低温水泵加压经制冷机制冷,供低温水设备用户使用。循环系统排污水至包钢污水处理中心。

　　4.干熄焦及热电站循环水系统

　　干熄焦装置、干熄焦锅炉、除氧水泵房、汽轮发电机组冷却用水等用水,由循环给水系统供给。干熄焦循环回水直接进入循环水吸水井,与其他冷却水混合后,由干熄焦系统循环水泵加压送至各用户循环使用。循环系统排污水至包钢污水处理中心。

　　热电循环回水靠余压进入冷却塔进行降温冷却,冷却后由热电站循环水泵加压供汽轮机发电机组循环使用。

　　5.酚氰废水处理站

　　酚氰废水处理站生化处理设计能力规模为 350 m³/h,收集蒸氨废水和地下酚水、CCPP 煤气冷却器、新焦油车间废水等。酚氰废水处理站由预处理生化处理后混凝沉淀处理及污泥处理等工序组成,废水生物处理采用厌氧、缺氧、耗氧,A/O 内循环工艺流程,处理后的水全部用于高炉冲渣和热焖渣。

　　6.取用水种类调查

　　经现场调研,包钢焦化厂用水种类为黄河澄清水、回用水、二级除盐水、深井水、软水及生活水,其用水环节如下:

　　(1)黄河澄清水。来水进入生产消防水泵房,分别供除盐水站补水、药剂配置、1#~3#干熄焦循环水系统、7#~8#焦炉用水等。

　　(2)包钢污水处理厂回用水。来水分别进入中水泵房,分别供煤气净化循环水系统补水、干熄焦循环水补水、轴瓦冷却水、9#~10#焦炉用水、酚氰废水处理站气浮、消泡用水等。

　　(3)二级除盐水。由焦化除盐水站使用黄河澄清水自产,主要用于干熄焦锅炉装置用水等。

　　(4)深井水。主要用于生活、焦化换热站和 6#换热站软水供应和除盐水站水池补水。共有 5 眼深井,其中 2 眼在用(3#~4#井),1 眼停用(5#井),2 眼已填埋(1#~2#井),年总取水量 54 万 m³,各深井均配备计量表。

　　(5)软水。供应 6#换热站。

　　(6)生活水。职工日常生活用水。

　　焦化厂酚氰废水处理站处理工艺图见图 2-7。

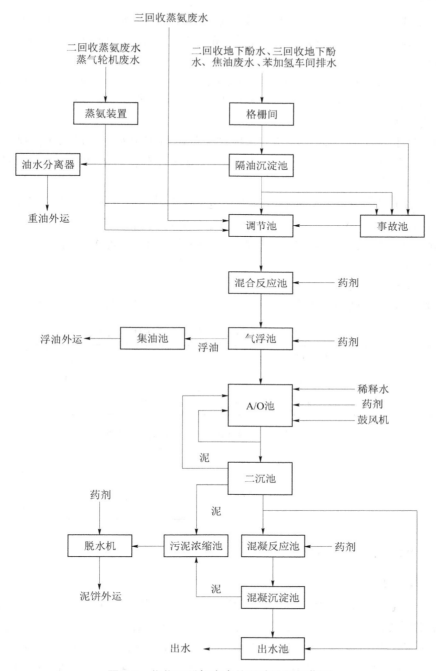

图 2-7　焦化厂酚氰废水处理站处理工艺图

2.7.5.5　退水情况调查

焦化厂废水产生于煤气净化、冷却及化产生产过程中,主要有蒸氨废水、煤气冷凝水、焦油加工产生的含酚废水及净循环冷却排污水等,主要污染物为挥发酚、氰化物、氟化物、SS、COD、石油类等。地坪冲洗水(可能含有酚水)排入地下酚水池,与蒸氨废水、煤气冷凝水、焦油加工产生的含酚废水等共同送至焦化酚氰废水处理站进行处理。循环冷却水排水、脱盐水站浓盐水、生活污水等排放至包钢总排。焦化厂酚氰废水处理站(二生化)的处理规模为 350 m^3/h。

焦化生产污水主要为蒸氨废水、煤气水封水、终冷塔煤气冷凝液、粗苯蒸馏工段各油槽分离器的分离水、各工段油槽分离水及地下放空槽的放空液、各工段地坪冲洗水和化验室排出的废水等。

焦炉煤气上升管水封盖排水、蒸氨工段产生的蒸氨废水及终冷塔引出的排污水直接送至酚氰废水处理站。酚氰污水成分较复杂,一般均含有较高浓度的 COD_{Cr}、挥发酚、氰化物、氨氮、石油类等污染物。

粗苯蒸馏工段各分离器及油槽分离水和地下放空槽的放空液集中送至机械化氨水分离槽,不外排。脱硫工段产生的脱硫废液经提盐回收多铵盐,废水返回煤气脱硫系统回用,不外排。煤场因雨水冲刷而排放的煤泥水由排水沟引至煤泥沉淀池,煤泥的澄清废水回用至备煤系统。

2.7.5.6　用水量、产量统计

焦化水平衡测试期间取用水量统计一览表见表 2-25,产量统计见表 2-26。

表 2-25　焦化水平衡测试期间用水量统计一览表　　　(单位:m^3)

水种	黄河澄清水用量		生活水用量		回用水用量	
时间	12 月	6 月	12 月	6 月	12 月	6 月
焦化厂	213 416	306 787	2 503	2 503	271 000	151 995

表 2-26　焦化水平衡测试期间产量统计一览表　　　(单位:t)

焦化区	产量	
	12 月	6 月
	153 486	155 284

2.7.6　稀土钢焦化

2.7.6.1　基本情况

稀土钢焦化厂位于包钢厂区西侧,东邻环厂东路,西邻稀土钢综合料场。现有 1#~4#焦炉运行,四座焦炉均为 60 孔 7 m 复热式焦炉,焦炉年总设计能力 300 万 t(全干焦),其中冶金焦炭 276 万 t。4#焦炉已于 2013 年 12 月 20 日运行,3#焦炉 2014 年 3 月 18 日出焦,焦炉煤气净化系统已同步运行。1#焦炉 2015 年 6 月 24 日装煤 26 日出焦,2#焦炉 2015 年 9 月 12 日装煤,9 月 14 日出焦。

2.7.6.2　生产装置、规模与原料消耗

稀土钢焦化厂现有 4 座 60 孔 7 m JNX3-70-2 型复热式焦炉,设计年产全干焦矿 300 万 t,详见表 2-27。稀土钢焦化厂有四座焦炉共配备两套干熄焦装置(2×200 t/h)、干熄焦锅炉(2×95 t/h、9.81 MPa)、一台 25 000 kW 抽凝汽式发电机组和一台 N 18 000 kW 纯凝

式发电机组,以及备煤、筛焦、装煤、推焦除尘地面站、低水分湿熄焦(备用)、煤气净化和化产系统等生产设施。

表 2-27 稀土钢焦化厂焦炉基本情况

系统	生产设施设备	设计产能	投产或大修时间
原料系统	1#~4#焦炉 28 个筒仓	有效储存能力 28 万 t	
炼焦系统	1#焦炉 JNX3-70-2 型	75 万 t/a	2015-06
	2#焦炉 JNX3-70-2 型	75 万 t/a	2015-09
	3#焦炉 JNX3-70-2 型	75 万 t/a	2014-03
	4#焦炉 JNX3-70-2 型	75 万 t/a	2013-12
煤气净化系统	1#~4#焦炉煤气净化系统 1 套	16 万 m³/h	
干熄焦系统	1#~4#焦炉干熄焦 2 套	2×200 万 t/a	
废水处理系统	酚氰废水处理站(三生化)1 套	220 m³/h	

稀土钢焦化厂主要产品有焦炭、焦炉煤气、煤焦油、粗苯、硫铵、多氨盐和硫黄等。

1.焦炭

设计产量 300 万 t,其中冶金焦炭 276 万 t,211 万 t 直接供给稀土钢炼铁厂,其余 65 万 t 供给老厂区炼铁厂,不外销。焦丁及焦粉供稀土钢烧结区和老厂区炼铁厂烧结区使用。

2.焦炉煤气

稀土钢焦化厂年产焦炉煤气产量为 128 289 万 m³,其中自用为 20 428 万 m³,外供公司煤气量为 107 861 万 m³。

3.化工产品

稀土钢焦化厂年产主要化工产品有煤焦油 13.82 万 t、粗苯 3.95 万 t、硫铵 3.55 万 t、多铵盐 0.75 万 t、硫黄 0.47 万 t 等。

稀土钢焦化厂需要炼焦煤 394.7 万 t(干煤)或 438.6 万 t(湿煤,含水率 10%)。主要化工原料有洗油 3 158 t、氢氧化钠($NaOH$,40%)8 460 t、硫酸(H_2SO_4,93%)27 711 t 以及 HPF 催化剂、添加剂等。

2.7.6.3 工艺流程分析

工艺流程与 2.7.5.3 工艺流程相同。

稀土钢焦化厂酚氰废水处理站处理工艺见图 2-8。

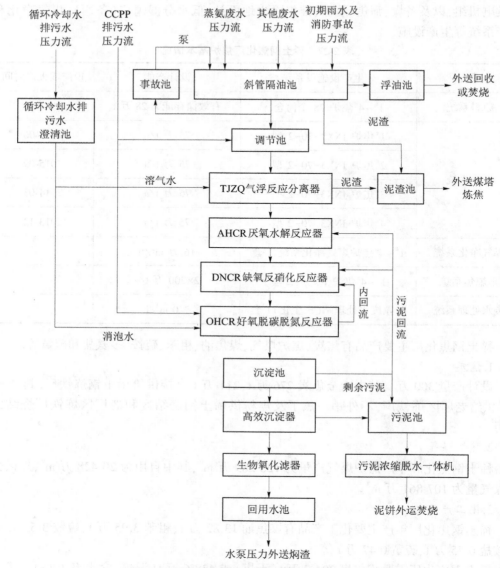

图 2-8　稀土钢焦化厂酚氰废水处理站处理工艺

2.7.6.4　退水情况调查

　　稀土钢焦化厂酚氰废水处理站(三生化)的设计能力规模为 220 m³/h,实际处理规模为 300 m³/h,主要处理产生于煤气净化、冷却及化产生产过程中的废水,主要有蒸氨废水、煤气冷凝水、焦油加工产生的含酚废水及净循环冷却排污水等,主要污染物为挥发酚、氰化物、氟化物、SS、COD、石油类等。蒸氨废水、煤气冷凝水、焦油加工产生的含酚废水送至稀土钢焦化酚氰废水处理站进行处理。

　　焦化生产污水主要为蒸氨废水、煤气水封水、终冷塔煤气冷凝液、粗苯蒸馏工段各油槽分离器的分离水、各工段油槽分离水及地下放空槽的放空液、各工段地坪冲洗水和化验室排出的废水等。

焦炉煤气上升管水封盖排水、蒸氨工段产生的蒸氨废水及终冷塔引出的排污水直接送至酚氰废水处理站。酚氰污水成分较复杂，一般均含有较高浓度的 COD_{Cr}、挥发酚、氰化物、氨氮、石油类等污染物。

粗苯蒸馏工段各分离器及油槽分离水和地下放空槽的放空液集中送机械化氨水分离槽，不外排。脱硫工段产生的脱硫废液经提盐回收多铵盐，废水返回煤气脱硫系统回用，不外排。煤场因雨水冲刷而排放的煤泥水由排水沟引至煤泥沉淀池，煤泥的澄清废水回用至备煤系统。

2.7.6.5　用水量、产量统计

稀土钢焦化水平衡测试期间取用水量统计见表 2-28，产量统计见表 2-29。

表 2-28　稀土钢焦化水平衡测试期间用水量统计一览表　　　（单位：m³）

水种	二级除盐水用量		生产水量		生活水用量	
时间	12 月	6 月	12 月	6 月	12 月	6 月
稀土钢焦化厂	88 127	26 207	252 894	296 922	33 331	10 528

表 2-29　稀土钢焦化水平衡测试期间产量统计一览表　　　（单位：t）

	产量	
稀土钢焦化厂	12 月	6 月
	256 054	250 303

2.7.7　炼铁

2.7.7.1　项目概况

包钢炼铁厂是包钢钢联股份有限公司的主体厂矿之一，1959 年 5 月 1 日包钢炼铁厂正式成立，2001 年炼铁厂与烧结厂合并，成立新的炼铁厂。炼铁厂炼铁区位于包钢厂区北部，炼钢厂西侧，年产生铁 864 万 t，主要产品是制钢生铁，副产品有高炉煤气、铁渣等。

炼铁区现共有 5 座高炉，以烧结矿、球团矿为原料，经高炉冶炼后使铁矿还原生成铁水，送至炼钢厂使用。

2.7.7.2　生产装置、规模及原料消耗

1.主要生产设备及规模

炼铁区现共有 5 座高炉，1#高炉有效容积 2 200 m³，3#高炉有效容积 2 200 m³，4#高炉有效容积 2 200 m³，5#高炉有效容积 1 500 m³，6#高炉有效容积 2 500 m³。5 座高炉全部为煤气干式除尘、干法 TRT 发电，3#、4#、6#高炉采用水渣处理工艺，详见表 2-30。

表 2-30　主要生产设施设备及产能情况

分厂	生产设施设备	设计产能（万 t/a）	2018 年产量（万 t/a）
炼铁厂炼铁区	1#高炉 2 200 m³	864	864.925
	3#高炉 2 200 m³		
	4#高炉 2 200 m³		
	5#高炉 1 500 m³		
	6#高炉 2 500 m³		

2.原料消耗

炼铁厂炼铁区消耗原燃料主要有烧结矿、球团矿、焦炭、煤粉、石灰石等，规划原燃料消耗量见表 2-31。

表 2-31　炼铁区主要原燃料消耗

序号	原燃料	规划入炉量（kg/t）	规划年消耗（万 t/a）
1	烧结矿	1 308	1 176.39
2	球团矿	327	274.14
3	焦炭	350	297.86
4	煤粉	200	158.29
5	石灰石	10	7.92

2.7.7.3　工艺流程分析

炼铁生产工艺：将烧结矿、球团矿和少量块矿配入适量焦炭、石灰石等装入高炉，通过焦炭还原作用排除矿石中的氧，通过造渣作用把铁与杂石分开，通过渗碳作用吸收碳素生成铁，铁水由罐车送至炼钢使用。高炉渣由出铁场的渣沟流出，1#、5#高炉炉渣由渣口放出，装罐送往高炉渣场堆存，3#、4#、6#高炉炉渣全部冲制水渣后综合利用，详见图 2-9。

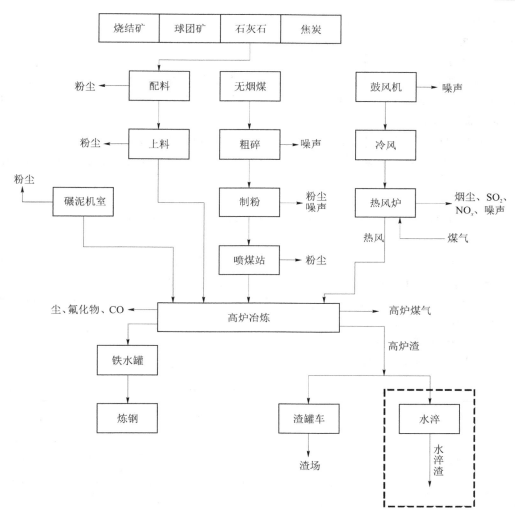

（注：图中虚线框为3#、4#、6#高炉炉渣处理工艺）

图 2-9 炼铁生产工艺流程及排污节点图

2.7.7.4 取用水情况调查

炼铁区用水主要为高炉循环冷却水、喷煤作业部用水、水冲渣用水、生活消防用水等。

1#高炉用水由动供总厂 5#泵站供水;3#高炉用水(含冲渣用水)、4#高炉部分用水(净环高压、净环常压、TRT 净循环)由动供总厂 18#泵站供水;4#高炉软水密闭循环用水、5#高炉用水、6#高炉用水均由炼铁厂泵站供水;4#、6#高炉冲渣用水由焦化酚氰废水处理站供水。

4#高炉、6#高炉冷却壁、炉底、风口二套、热风炉等循环冷却用水为软水密闭循环系统,采用蒸发式空冷器降温。高炉净循环水系统、喷煤作业部设备冷却用水等为开式环水系统,采用机械通风式冷却塔降温。

用水种类有:澄清水、软水、回用水、生活水、酚氰废水等。高炉循环冷却水使用回用水、澄清水、软水;喷煤作业部使用生活水、回用水;冲渣水使用回用水(3#高炉)、焦化处理后的酚氰废水(4#、6#高炉)。

2.7.7.5　退水情况调查

1. 主要污染源及污染物

炼铁区废水主要为循环冷却系统排污水、冲渣废水。循环冷却系统排污水主要污染物为 SS、COD,排入生产排水管网;冲渣废水主要污染物为 pH、SS、COD、氨氮、总氮、石油类、挥发酚、总氰化物、总锌、总铅,处理后循环使用。

炼铁区高炉煤气采用干法除尘工艺,通过炉顶打水的方式降温,产生含有酚、氰的煤气冷凝废水,高炉煤气冷凝水排放至蓄水池内,定期用车送至焦化酚氰废水处理站集中处理。

2. 污水处理工艺

炼铁区循环冷却水系统设过滤器,冲渣废水过滤、沉淀后循环使用。

3. 排水情况

炼铁区排水主要为循环冷却系统排污水、3#高炉多余的冲渣补水(回用水)、生活排水等,无计量,排入生产排水管网进入包钢总排污水处理中心。

高炉煤气冷凝水含酚、氰化合物,排放至蓄水池内,约 4 m³/h,定期用车送至焦化酚氰废水处理站集中处理。

2.7.7.6　用水量、产量统计

炼铁厂水平衡测试期间取用水量统计见表 2-32,产量统计见表 2-33。

表 2-32　炼铁厂水平衡测试期间用水量统计一览表　　（单位:m³）

用水种类	澄清水用量		澄清循环水用量		澄清高压循环水用量		软水用量	
时间	12月	6月	12月	6月	12月	6月	12月	6月
炼铁区	301 863	331 474	9 924 960	9 707 760	3 520 608	3 508 560	3 000	3 000
用水种类	回用水用量		生活水用量		低压蒸汽用量			
时间	12月	6月	12月	6月	12月	6月		
炼铁区	238 080	230 400	62 055	60 768	16 866	2 484		

表 2-33　炼铁厂水平衡测试期间产量统计一览表　　（单位:t）

炼铁区	产量	
	12月	6月
	659 206	739 494

2.7.8　稀土钢炼铁

2.7.8.1　基本情况

稀土钢炼铁厂高炉工序设计年产 720 万 t 生铁,2014 年 5 月投产。稀土钢板材公司位于包钢厂区西南部,稀土钢炼铁厂位于稀土钢板材公司中部、烧结厂西侧,主要产品是

制钢生铁,副产品有高炉煤气、水渣等。

稀土钢炼铁厂现有 2 座高炉,以烧结矿、球团矿为原料,经高炉冶炼后使铁矿还原生成铁水,送至炼钢厂使用。生产废水主要为冲渣废水,主要污染物为 pH、SS、COD、氨氮、总氮、石油类、挥发酚、总氰化物、总锌、总铅,经沉淀后循环使用。

2.7.8.2　生产装置与规模

1.主要生产设备及规模

稀土钢炼铁厂现共有 2 座高炉,其中 7# 高炉有效容积 4 150 m³,8# 高炉有效容积 4 150 m³,均配有煤气干法除尘、干法 TRT 发电、水渣处理设施,见表 2-34。

表 2-34　高炉工序主要生产装置

分厂	生产设施设备	设计产能 (万 t/a)	2018 年产量 (万 t/a)
稀土钢 炼铁厂	7# 高炉 4 150 m³	676	616.5
	8# 高炉 4 150 m³		

2.原料消耗

稀土钢高炉炼铁消耗原料主要有烧结矿、球团矿、焦炭、煤粉、石灰石,主要原燃料消耗量见表 2-35。

表 2-35　高炉炼铁主要原燃料消耗

序号	原燃料	设计入炉量(kg/t)	设计年消耗(万 t/a)
1	烧结矿	1 131	904.8
2	球团矿	403	305.4
3	块矿	81	61.4
4	焦炭	350	289.6
5	煤粉	165	118.8

2.7.8.3　生产工艺流程

炼铁厂现共有 2 座高炉,生产工艺为:将烧结矿、球团矿、块矿、杂矿配入适量焦炭、石灰石、白云石等装入高炉,通过焦炭还原作用排除矿石中的氧,通过造渣作用把铁与杂石分开,再通过渗碳作用吸收碳素生成铁。铁水由鱼雷罐车送至炼钢使用,详见图 2-10。

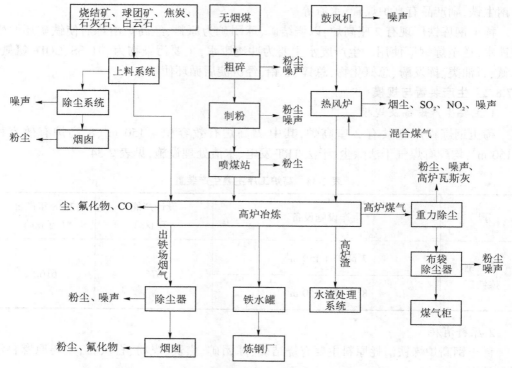

图 2-10　稀土钢高炉炼铁生产工艺流程及排污节点图

2.7.8.4　取用水情况调查

炼铁高炉工序用水主要为高炉循环冷却水、煤气喷雾降温用水、电动鼓风机站用水、冲渣用水、生活消防用水等。

高炉炉底、铜冷却板、炉底炉缸冷却壁、风口小套、风口中套、热风炉阀门等循环冷却用水为密闭循环水系统,采用板式换热器降温。高炉净环水系统、电动鼓风机站设备冷却等为开式循环水系统,采用机械通风式冷却塔降温。

用水种类有:生产水、脱盐水、酚氰废水、生活水、消防水等。

高炉工序用水自管网接入泵房供水,高炉循环冷却水使用生产水、脱盐水,煤气喷雾降温用水、电动鼓风机站用水使用生产水,冲渣水设计使用焦化厂处理后的酚氰废水,根据生产运行实际情况,目前稀土钢炼铁高炉冲渣未完全使用酚氰废水,部分冲渣用水为生产水。

2.7.8.5　退水情况调查

1.主要污染源及污染物

稀土钢高炉煤气采用干法净化,高炉炼铁废水主要为设备循环冷却排污水、高炉冲渣废水。循环冷却系统排污水主要污染物为 SS、COD,排入生产排水管网;冲渣废水主要污染物为 pH、SS、COD、氨氮、总氮、石油类、挥发酚、总氰化物、总锌、总铅,沉淀后循环使用。

高炉煤气柜有少量含酚、氰化合物废水排放至蓄水池内,定期用车送至焦化酚氰废水处理站集中处理。

2.污水处理工艺

高炉循环冷却水系统设有过滤器,冲渣废水沉淀后循环使用。

3.排水情况

高炉工序排水主要为循环冷却系统排污水、生活排水等,无计量,排水进入稀土钢污水处理站。

高炉煤气冷凝水含酚、氰化合物,排放至蓄水池内,约 4 m^3/h,定期用车送至焦化酚氰废水处理站集中处理。

高炉冲渣废水经沉淀处理后循环使用。

2.7.8.6　用水量、产量统计

稀土钢炼铁厂水平衡测试期间取用水量统计见表 2-36,产量统计见表 2-37。

表 2-36　稀土钢炼铁厂水平衡测试期间用水量统计一览表 （单位:m^3）

水种	生产水用量		脱盐水用量		生活消防水用量		蒸汽用量	
时间	12 月	6 月	12 月	6 月	12 月	6 月	12 月	6 月
稀土钢炼铁厂	385 483	349 523	40 644	38 722	18 870	11 010	22 368	11 036

表 2-37　稀土钢炼铁厂水平衡测试期间产量统计一览表 （单位:t）

	产量	
稀土钢炼铁厂	12 月	6 月
	503 293	543 063

2.7.9　炼钢

2.7.9.1　基本情况

包钢炼钢厂是包钢钢联股份有限公司的主体厂矿之一,始建于 1958 年,年产钢坯520 万 t,炼钢厂位于包钢厂区北部、炼铁厂东侧,主要产品是钢水、钢坯,副产品为转炉煤气、蒸汽、钢渣等。

炼钢厂现共有 5 座转炉、4 台铸机,以高炉铁水为主要原料,得到产品连铸坯,送至轧钢厂使用。生产废水主要为连铸二次喷淋冷却水、冲氧化铁皮水,主要污染物为 SS、油、COD,经旋流井沉淀、化学除油间处理后循环使用,部分生产废水排入包钢总排污水处理中心。

2.7.9.2　生产装置、规模及原料消耗

1.主要生产设施设备及规模

炼钢厂现共有 5 座转炉、4 台铸机,详见表 2-38。

表 2-38　主要生产设施设备及产能情况

分厂		生产设施设备	设计产能 （万 t/a）	2018 年产量 （万 t/a）
炼 钢 厂	制钢一部	1×复合喷吹铁水预处理	450	441.8
		3×80 t 转炉（1#、2#、3#）		
		2×80 t LF 精炼炉		
		1×80 t VD 真空脱气炉		
		1×R10.5 m 六流方坯铸机（6#）		
		1×R12.5 m 三流异型坯/大方坯铸机（7#）		
	制钢三部	2×KR 铁水预处理装置		
		2×150 t 转炉（8#、9#）		
		2×150 t LF 精炼炉		
		1×150 t VD 真空脱气炉		
		1×R7 m 八流小方坯铸机（3#）		
		1×R12 m 六流大方坯铸机（5#）		

2. 原料消耗

炼钢厂消耗原材料主要有脱硫粉剂、脱磷球团、铁水、废钢、铁合金、冷却剂、活性石灰、白云石等，规划主要原材料消耗量见表 2-39。

表 2-39　炼钢厂规划主要原材料消耗

序号	原燃料	单耗（kg/t）	年消耗（万 t/a）
1	铁水	921	403
2	废钢	154	67
3	铁合金	16	7
4	活性石灰	45	20
5	白云石	15	7

2.7.9.3　工艺流程分析

炼钢厂生产工艺：以高炉铁水为主要原料，由炼铁厂用铁水罐车热装送至炼钢厂，先进行铁水脱硫预处理，然后送至转炉采用顶底复吹工艺冶炼，转炉出钢进行炉外二次精炼后，合格钢水送连铸浇注，经结晶器、弯曲段、扇形段、二冷段喷淋冷却后得到产品连铸坯，送至轧钢厂使用。生产流程主要为铁水预处理、转炉冶炼和连铸，见图 2-11。

2.7.9.4　取用水情况调查

炼钢厂用水主要为转炉炉体循环冷却水、氧枪循环冷却水、转炉汽化冷却系统用水、煤气冷却器用水、铸机循环冷却用水、生活消防用水等。

炼钢 5 座转炉炉体循环冷却水及 8#、9# 转炉氧枪循环冷却水由动供总厂 5# 泵站供水，

1#~3#转炉氧枪循环冷却水、煤气冷却器用水、转炉汽化冷却系统用水、铸机用水等由炼钢厂泵房供水。

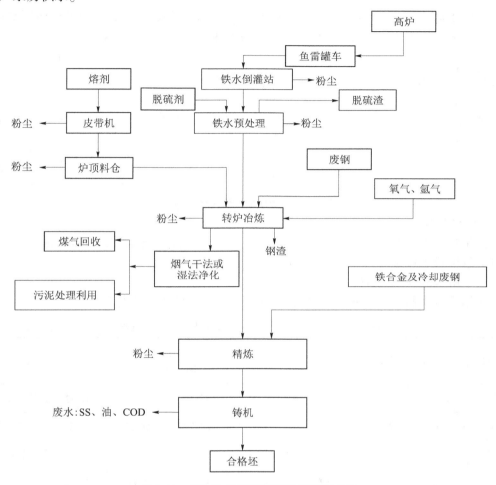

图 2-11 炼钢生产工艺流程及排污节点图

炼钢厂铸机结晶器和精炼炉用水系统采用闭路循环水系统,3#铸机闭路循环水系统采用空冷器降温,6#、7#、5#铸机闭路循环水系统,采用板式换热器降温。转炉炉体、氧枪冷却、煤气冷却器用水、铸机净环、铸机浊环等用水为开式循环水系统,采用机械通风式冷却塔降温。

用水种类有:澄清水、软水、除盐水、回用水、生活水等。

2.7.9.5 退水情况调查

1.主要污染源及污染物

炼钢厂转炉煤气采用干法净化,废水主要为净环水系统排污水、连铸二冷喷淋水、冲氧化铁皮水。净环水系统排污水主要污染物为 SS、COD,排入生产排水管网;连铸废水主要污染物为 pH、SS、COD、石油类、氟化物,经沉淀、化学出油处理后循环使用,部分排入生产排水管网。

2.污水处理工艺

炼钢净环水系统设过滤器。

连铸废水处理工艺为:经旋流沉淀池沉淀、化学除油处理后,澄清水过滤后循环使用,泥浆经板框压滤机压滤,泥饼返回烧结综合利用,见图2-12。

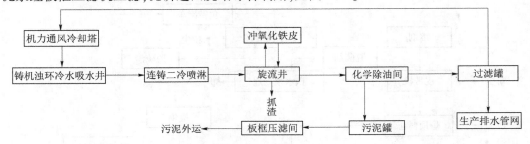

图 2-12　炼钢连铸废水处理工艺图

3.排水情况

炼钢厂排水主要为净环冷却排污水、连铸浊环排水、生活排水等,无计量,排水进入生产排水管网排入包钢总排污水处理中心。

2.7.9.6　用水量、产量统计

炼钢厂水平衡测试期间取用水量统计见表2-40,产量统计见表2-41。

表 2-40　炼钢厂水平衡测试期间用水量统计一览表　　　(单位:m³)

水种	澄清水用量		澄清循环水用量		澄清高压循环水用量		软水用量	
时间	12 月	6 月	12 月	6 月	12 月	6 月	12 月	6 月
炼钢厂	65 064	79 607	546 230	600 617	502 587	456 833	108 843	102 393
水种	除盐水用量		回用水用量		生活水用量		中压蒸汽用量	
时间	12 月	6 月	12 月	6 月	12 月	6 月	12 月	6 月
炼钢厂	9 822	10 800	4 464	4 320	45 185	44 248	6 651	4 622

表 2-41　炼钢厂水平衡测试期间产量统计一览表　　　(单位:t)

炼钢厂	炼钢厂产量	
	12 月	6 月
	301 923	407 270

2.7.10　稀土钢炼钢

2.7.10.1　基本情况

稀土钢板材厂炼钢工序设计年产550万t钢水,合格铸坯536万t,2014年3月投产,

炼钢作业区位于包钢稀土钢板材公司厂区南部,炼铁厂南侧,主要产品是钢水、钢坯,副产品有转炉煤气、余热蒸汽等。

炼钢工序现共有 3 座转炉、2 台铸机,以高炉铁水为主要原料,得到产品连铸坯,送至轧钢工序使用。生产废水主要为连铸二次喷淋冷却水、冲氧化铁皮水,主要污染物为 SS、油、COD,经旋流井沉淀、化学除油处理后循环使用。

2.7.10.2　生产装置、规模及原料消耗

1.主要生产设施设备及规模

稀土钢板材厂炼钢工序现有 3 套铁水预处理设施、3 座 240 t 顶底复吹转炉、3 套炉后吹氩喂丝站、2 台双工位 LF 钢包精炼炉、2 台双工位 RH 真空精炼装置、2 台双流板坯连铸机,见表 2-42。

表 2-42　稀土钢板材厂炼钢工序主要生产装置

分厂	生产设施设备	设计产能(万 t/a)	2018 年产量(万 t/a)
稀土钢板材公司	3×KR 铁水预处理装置	560	509.8
	3×240 t 转炉		
	2×240 t LF 精炼炉		
	2×240 t RH 真空精炼装置		
	3×炉后吹氩喂丝站		
	1×R9.5 m 双流 1 650 mm 直弧形板坯连铸机(1#)		
	1×R9.5 m 双流 2 150 mm 直弧形板坯连铸机(2#)		

2.原料消耗

炼钢工序消耗原材料主要有高炉铁水、废钢、散状料和铁合金等,设计原材料消耗量见表 2-43。

表 2-43　炼钢工序设计原材料消耗

序号	原燃料	单耗(kg/t)	年消耗(万 t/a)
1	高炉铁水	920	526.24
2	废钢	140	80.08
3	散状料	60	30.8
4	铁合金	12	6.86

2.7.10.3　工艺流程分析

炼钢工序生产工艺:采用"脱磷+脱碳双联"工艺,以高炉铁水为主要原料,由炼铁厂用铁水罐车热装送至炼钢,先进行铁水脱硫预处理,然后送至转炉冶炼,转炉出钢进行炉外二次精炼或吹氩喂丝处理后,合格钢水送连铸浇注,得到产品连铸坯送至轧钢生产线使用,见图 2-13。

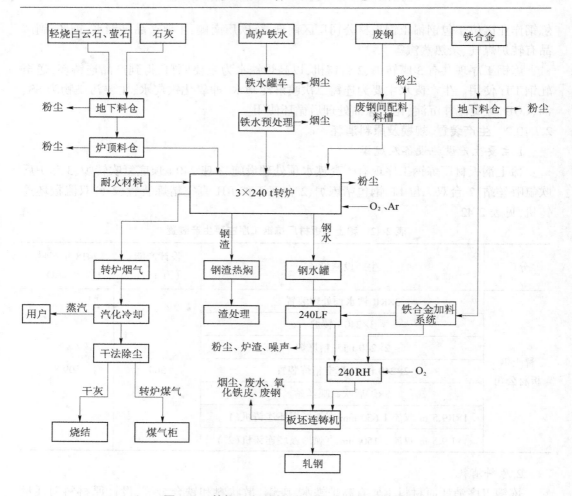

图 2-13　炼钢工序生产工艺流程及排污节点图

2.7.10.4　取用水情况调查

炼钢工序用水自管网接入泵房供水,主要为转炉炉体循环冷却水、转炉氧枪冷却水、精炼设备循环冷却水、铸机循环冷却水、转炉汽化冷却系统用水、蒸发冷却器用水、煤气冷却器用水、生活用水、消防用水等。

炼钢铸机结晶器、闭路设备冷却、LF 精炼炉等用水采用密闭循环水系统、板式换热器降温。炼钢净环水系统、浊环水系统、煤气冷却器用水等为开式循环水系统,采用机械通风式冷却塔降温。

炼钢工序用水种类:生产水、脱盐水、二级除盐水及生活水、消防水等。

2.7.10.5　退水情况调查

稀土钢板材厂炼钢工序转炉煤气采用干法净化,炼钢废水主要为净环水系统排污水、连铸废水。净环水系统排污水主要污染物为 SS、COD,连铸废水污染物种类主要为 pH、SS、COD、石油类、氟化物。

1.污水处理工艺

炼钢净环水系统、煤气冷却器循环水系统设有过滤器。

连铸二冷喷淋冷却水、冲氧化铁皮水处理工艺为:经旋流井初步沉淀去除大颗粒的氧化铁皮,再由泵组加压送至高效过滤器,加混凝剂和油絮凝剂去除油污和悬浮物,处理后的出水由水泵加压送至双旋流过滤器过滤后上冷却塔冷却,再由水泵加压供往用户循环使用。净环排污水、浊环过滤器排污水排入泥浆处理系统,上清液循环使用,泥浆经板框压滤机压滤,泥饼返回烧结综合利用。

稀土钢板材厂炼钢连铸废水处理工艺图见图 2-14。

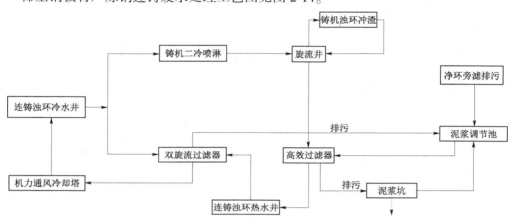

图 2-14 稀土钢板材厂炼钢连铸废水处理工艺图

2.排水情况

稀土钢板材厂炼钢工序排水主要为循环水系统排水、生活排水等,无计量,排水进入管网排至稀土钢污水处理站。净环水系统排水、浊环水系统排水经泥浆处理系统处理后回用于浊环水系统,汽化冷却系统排水排至煤气冷却器循环水系统串级使用。炼钢工序排水量暂无统计资料。

2.7.10.6 用水量、产量统计

稀土钢炼钢厂水平衡测试期间用水量统计见表 2-44,产量统计见表 2-45。

表 2-44 稀土钢炼钢厂水平衡测试期间用水量统计一览表 （单位:m³）

水种	生产水用量		脱盐水用量		二级除盐水用量		生活消防水用量	
时间	12 月	6 月	12 月	6 月	12 月	6 月	12 月	6 月
炼钢工序	164 056	35 159	100 796	137 770	68 048	57 487	10 888	6 010

表 2-45 稀土钢炼钢厂水平衡测试期间产量统计一览表 （单位:t）

	产量	
炼钢工序	12 月	6 月
	419 725	462 896

2.7.11　薄板厂

2.7.11.1　基本情况

包钢钢联股份薄板坯连铸连轧厂于 2001 年建成投产,主要结构组成有 2×210 t 转炉、GPS 热生产线,主要包括冶炼部、热轧部、宽厚板作业部(宽板区域、宽厚板作业部精整区域)和冷轧部,产品范围覆盖热轧板带、冷轧钢板、镀锌钢板、宽厚板等品种。全厂职工人数约 2 100 人(冶炼区 550 人、热轧区 415 人、冷轧区 570 人、宽厚板 565 人),外委劳务、化验中心等人数为 1 744 人,全年运行约 7 800 h。

冷轧薄板工程机组主要包括酸洗冷轧联合机组、连续热镀锌机组等工艺生产线及其相关辅助设施,生产过程中产生大量酸碱废水、含油和废乳化液废水及含铬(重金属离子)废水,这些废水要求处理后达到排放标准后排放。

2.7.11.2　生产装置、规模与产量

主要生产设施设备及产能情况见表 2-46。

表 2-46　主要生产设备及产能情况

分厂		生产设施设备	设计产能(万 t/a)
薄板厂	冶炼部	倒罐站 1 个,2 个坑位	200
		KR 脱硫站	200
		2×210 t 转炉	400
		2×210 t LF 精炼炉	400
		2×210 t RH 精炼炉	140
	热轧部	热轧生产线 1 条	198
	(宽厚板作业部)宽板区域	宽厚板生产线 1 条	120
	(宽厚板作业部)精整区域	宽板精整线 1 条	
	冷轧部	酸连轧线 1 条	140
		镀锌退火线 1 条	35
		硅钢 1 条	20

2.7.11.3　工艺流程分析

薄板厂由炼钢区域以及热轧、冷轧、镀锌和宽厚板四条板材生产线组成,具备年产钢 400 万 t、成品板材 400 万 t 的生产能力。按区域分,薄板厂包括炼钢区域、热轧区域(铸机和轧机区域)、冷轧区域、镀锌区域、硅钢区域、精整热处理区域等共六大区域。

1. 冶炼

薄板厂 2 座 210 t 转炉,年产钢水量达到 400 万 t。

冶炼生产工艺流程及排污节点见图 2-15。

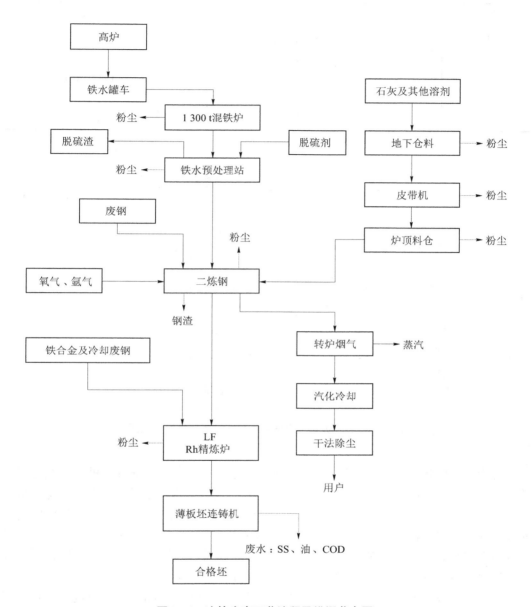

图 2-15　冶炼生产工艺流程及排污节点图

2.热轧

热轧生产工艺是将钢锭(钢坯)加热至 1 150 ℃以上,采用不同孔型的轧辊轧制出各种类型的钢材。加热炉所用燃料为高炉煤气、焦炉煤气、转炉煤气或混合煤气。热轧部主要生产设备见表 2-47,热轧板卷生产线生产工艺流程及排污点图见图 2-16。

表 2-47　热轧部主要生产设备

序号	生产设备	规模
1	连铸机(1 机 2 流)	198 万 t/a
2	步进式加热炉(2 座)	
3	轧机(7 架)	
4	卷取机(2 套)	

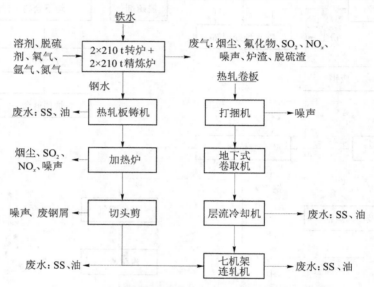

图 2-16　热轧板卷生产线生产工艺流程及排污节点图

3.冷轧

　　薄板厂酸洗机组是 2006 年从德国 SMS 引进、最早投产的一条酸洗机组。经过多年的实践及历年不断改造后,目前具备年产 140 万 t 的能力,热轧原料钢卷由钢卷运输机运入冷轧原料钢卷库,热轧卷经开卷、矫直、切除头尾超差,焊接后经拉伸矫直机破鳞,进入酸洗段酸洗。再经漂洗、干燥、切边后进入冷连轧机组,经过轧机前活套和轧机入口段进入五机架串列式冷轧机轧制,轧到要求的成品厚度后通过轧机出口段送至卷取机进行卷取,经剪切、分卷、卸卷、打捆、称重,然后运入中间钢卷库堆放。

　　轧后钢卷按照不同产品流向不同的生产工序。需要热镀锌的钢卷,通过中间钢卷库由吊车直接运往热镀锌机组进行镀锌;冷轧成品钢卷由轧后钢卷库直接吊运到连续退火机组进行退火。在退火机组炉子段,带钢经过预热、加热、均热、缓冷、快冷、最终冷却等工艺处理后进入出口活套,然后进入平整机进行湿平整,经过检查、静电涂油后送入卷取机卷取,经飞剪分卷,随后进行称重、打捆。

　　冷轧酸再生机组主要对酸洗机组排出的废酸进行除硅处理,通过浓缩和高温焙烧,产生氯化氢气体进入吸收塔产生再生酸,提供给酸洗机组清洗钢板。冷轧部主要生产设施见表 2-48,冷轧生产线生产工艺流程及排污节点图见图 2-17。

表 2-48　冷轧部主要生产设施

序号	生产设施	规模(万 t/a)
1	酸连轧:5 连轧酸轧机组一套(酸连轧线)	140
2	酸连轧:罩式退火炉台 42 座	78

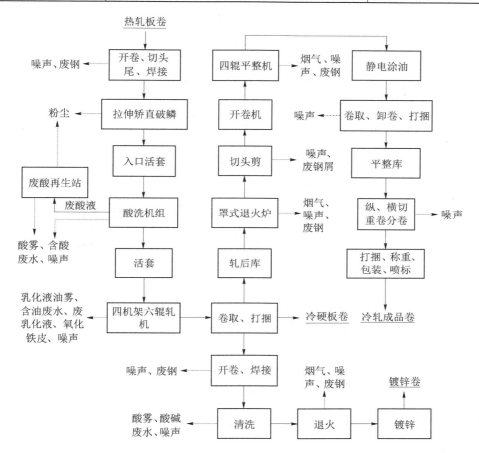

图 2-17　冷轧生产线生产工艺流程及排污节点图

冷轧生产过程中产生浓乳化液废水采用无机膜超滤进行预处理,出水与稀含油废水一并处理,稀乳化液废水采用技术先进、工艺成熟可靠的微生物技术进行处理。含铬废水和酸碱废水采用物化处理的方法。

生产产生大量酸碱废水、含油和废乳化液废水及含铬(重金属离子)废水。这些废水要求处理后达到国家二级排放标准后排放。浓乳化液废水采用无机膜超滤进行预处理,出水与稀含油废水一并处理,稀乳化液废水采用技术先进、工艺成熟可靠的微生物技术进行处理。含铬废水和酸碱废水采用物化处理的方法。

4.热镀锌

薄板镀锌机组为热镀锌机组,年设计产能 35 万 t/a。机组板带清洗,主要使用氢氧化钠。目前该类溶液的废液全部进入相应的废水坑,通过废水管道打到动力部废水处理站。镀锌生产工艺流程及排污节点图见图 2-18。

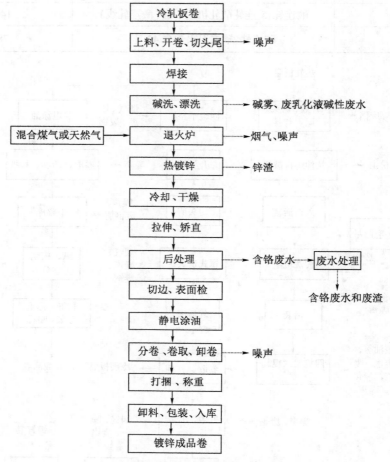

图 2-18　镀锌生产工艺流程及排污节点图

5.硅钢

硅钢机组年设计产能 20 万 t/a,原料钢卷经开卷、矫直、切除头尾超差,焊接后进入碱浸洗。在经过碱浸洗、电解清洗、水刷洗、热水浸洗、水漂洗、热风干燥后进入退火炉加热,再进行空气冷却、水喷淋冷却、水刷洗、热水浸洗、热风干燥后进行涂绝缘层,然后进行剪切包装机包装。机组板带清洗主要使用氢氧化钠,废液全部进入相应的废水坑,通过废水管道打到动力部废水处理站(见图 2-19)。

6.宽厚板作业区

宽厚板生产线于 2006 年 9 月开工建设,2008 年 4 月投入试运行,精整区域热处理炉天然气使用点分部在 3 个热处理炉和人工火切,具有使用点比较集中的特点。热处理炉产量为每月 1.5 万~2.0 万 t。

宽厚板作业部轧机区负责轧机区坯切割、加热,钢板轧制、矫直等工序。煤气(指混合煤气)使用点全部在加热炉,具有使用点比较集中的特点。主要生产设备及产能情况见表 2-49,宽厚板生产线生产工艺流程及排污节点图见图 2-20。

表 2-49　主要生产设备及产能情况

作业部	生产线	规模
宽厚板区	热轧生产线 1 条	120 万 t/a
	宽板精整线 1 条	

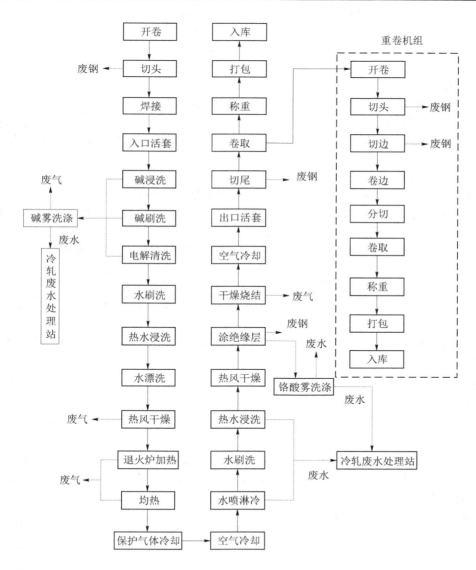

图 2-19　硅钢生产线生产工艺流程及排污节点图

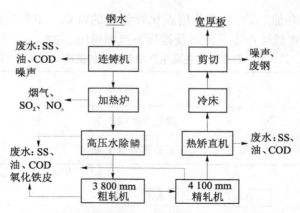

图 2-20　宽厚板生产线生产工艺流程及排污节点图

7.冷轧废水处理站

冷轧薄板工程生产规模为年产 140 万 t,其中冷轧板商品卷 80 万 t,热镀锌板卷 41 万 t,无取向硅钢板材 20 万 t,机组组成包括酸洗–冷轧联合机组、连续热镀锌机组等工艺生产线及其相关辅助设施。生产过程中产生大量酸碱废水、含油和废乳化液废水及含铬(重金属离子)废水。

主要处理工艺如下:

(1)含油废水处理工艺。主要由浓含油废水和稀含油废水系统组成,浓含油废水先经过陶瓷膜超滤,然后与稀含油废水合并经过微生物反应池进行生化处理。其中含油废水处理系统主要工艺设备有:浓含油废水调节池、纸带过滤机、储油槽、陶瓷膜超滤、循环水箱、循环水泵、清洗系统(见图 2-21)。乳化液废污水量比较少,用含油废水处理工艺处理,最终乳化液作为危废外运。

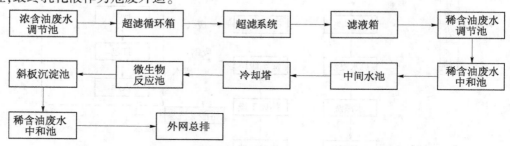

图 2-21　含油废水处理工艺流程图

(2)碱洗废水处理工艺。主要处理工艺为生化处理工艺,其出水与酸碱废水一同并入酸碱废水中进行沉淀处理。处理系统由稀含油废水调节池、污水冷却塔、中和池、微生物反应池、斜板沉淀池等组成(见图 2-22)。

图 2-22　酸碱废水处理工艺流程图

（3）漂洗废水处理工艺。排入废水处理站酸碱系统，酸碱废水处理采用的是物化中和以及沉淀工艺，酸碱废水处理系统的主要工艺设备由酸碱废水调节池、酸碱废水提升泵、中和池、混凝反应池、酸碱沉淀池、排放水池、地坑等组成。

（4）含铬废水处理工艺。含铬废水采用的是物化还原+中和沉淀处理工艺，主要处理设施有：含铬废水调节池、含铬废水提升泵、含铬废水组合式反应池、含铬沉淀池、板框压滤机，含铬废水回用于热轧层流冷却系统。最终处理完的铬泥作为危废外运。

2.7.11.4　用水量、产量统计

薄板厂水平衡测试期间用水量统计见表 2-50，产量统计见表 2-51。

表 2-50　薄板厂水平衡测试期间用水量统计一览表　　　　　（单位：m³）

水种	一次过滤水		脱盐水用量		除盐水用量		生活水用量		蒸汽用量(GJ)		回用水	
时间	12 月	6 月	12 月	6 月	12 月	6 月	12 月	6 月	12 月	6 月	12 月	6 月
二炼钢冶炼转炉	19 197	35 720	32 040	31 605					18 877（中压）	2 841（中压）		
热轧	76 788	142 878	68 757	72 565			40 591	39 749				7 200
冷轧			13 751	14 513	29 517	29 357			4 028（低压）			
冷轧 47001			7 334	7 740	20 662	20 550			3 424			
冷轧 47002 镀锌			3 667	3 870	8 855	8 807			403			
冷轧 47003 硅钢			2 750	2 903					201			
47001 宽厚板铸机	54 550	60 555										
47002 宽厚板铸机	60 612	67 283			28 800	1 914	2 364					
C5 宽厚板热处理	6 061	6 728										

注：数据统计冶炼区的新水消耗量不包含热轧铸机和宽厚板铸机两个工序的消耗量，根据定额指标计算，冶炼区的定额是包含铸机的，所以在指标计算时，将热轧和宽厚板铸机两个工序的用水消耗量从热轧和宽厚板工序中划到冶炼工序中。

表 2-51　薄板厂水平衡测试期间产量统计一览表　　　　（单位:t）

区域	实际产能	
	12 月	6 月
薄板厂二炼钢	316 192	359 209
薄板厂热轧	206 412	230 826
薄板厂冷轧	81 686	107 754
薄板厂镀锌工序	28 355	35 341
薄板厂硅钢工序	3 258	8 385
薄板厂宽厚板轧机	87 701	115 150
薄板厂宽厚板铸机	105 663	125 362

2.7.12　钢管公司

2.7.12.1　基本情况

包钢钢联股份有限公司钢管公司(原包钢无缝钢管厂)隶属于内蒙古包钢钢联股份有限公司,包钢无缝钢管厂于 1971 年 7 月 1 日投产,于 2016 年 5 月撤销无缝钢管厂,组建钢管公司,是由原无缝钢管厂、原连轧钢管厂、原石油管加工厂、炼钢厂制钢二部于 2016 年 6 月四厂合并组建的。

新型的无缝钢管公司根据组建前三个厂的产品及设备特点分成六个作业区:ϕ400 作业区、ϕ180 作业区、石油管作业区、ϕ159 作业区、ϕ460 作业区、制钢二部。

ϕ400 作业区年设计能力为 30 万 t,1971 年 7 月投产,暂时停产。

ϕ180 作业区年设计能力为 20 万 t,现年产量已达到 30 万 t 以上。2004 年 ϕ180 机组还配套新建了热处理生产线,年处理量为 12 万 t。职工人数约 800 人,全年运行约 8 350 h。

石油管作业区是由两条管体生产作业线和接箍生产线组成的,其中一条生产线为搬迁、配套、改造原加工线,年加工 ϕ139.7 mm～ϕ339.7 mm 套管 6 万 t,另一条为新建生产线,年加工 ϕ60.3 mm～ϕ244.5 mm 套管 14 万 t,职工人数约 210 人,全年运行约 8 760 h。

ϕ159 作业区热轧区采用当今世界上最先进的三辊限动芯棒连轧管生产工艺,并配备高水平的无缝钢管预精整加工线。机组设计年产量 40 万 t,主要产品规格为 ϕ38 mm～ϕ168 mm,壁厚范围 2.8～25 mm,主要品种为石油套管、钻杆、管线管、高压锅炉管、机械用管、低中压锅炉管、输送流体用管、船舶用管、石油裂化管等,职工人数约 500 人。

ϕ460 作业区热轧生产线采用锥形辊穿孔机、5 机架 PQF 可调式限动芯棒连轧管机、脱管机、12 机架定径机的生产工艺。机组设计年产量 62 万 t,主要产品规格为 ϕ244.5 mm～ϕ457 mm,壁厚范围 6.0～60 mm,主要品种为石油套管、管线管、高压锅炉管、机械结构用管、低中压锅炉管、气瓶管和石化用管等。在石油套管中主要产品有:高合金高抗腐蚀系列套管、高抗硫系列套管、3Cr 抗腐蚀系列套管、高钢级套管等高合金含量、高附加值的套管,职工人数约 600 人。

制钢二部 1997 年投产两套铸机,具备生产 12 个断面的能力,拥有两座 LF 炉和两座

VD 炉年生产能力 200 万 t 钢坯能力。制钢部职工人数约 590 人,全年运行约 8 100 h。

2.7.12.2　生产装置、规模

钢管公司分厂主要生产设施设备见表 2-52。

表 2-52　钢管公司分厂主要生产设施设备

		生产设施设备	设计产能(万 t/a)
钢管公司	制钢部	2×120 t 转炉	200
		2×LF 精炼炉	
		VD 真空炉 2 个	
		圆坯兼方坯铸机 1 台(方已改圆)、圆坯铸机 1 台	
	热轧部	180 机组 MPM 连轧机组 1 条	20
		159 机组 PQF 连轧机组 1 条	40
		460 机组 PQF 连轧机组 1 条	62
		ϕ400 机组产品自动轧辊机	30
		管加工机组石油管加工生产线 2 条	20

2.7.12.3　工艺流程分析

工艺流程见图 2-23～图 2-26。

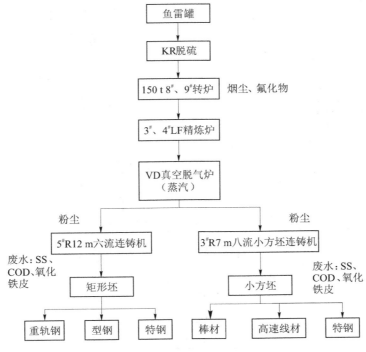

图 2-23　钢管公司制钢部生产工艺流程及排污节点图

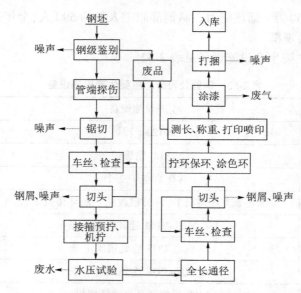

图 2-24　石油套管生产线生产工艺流程及排污节点图

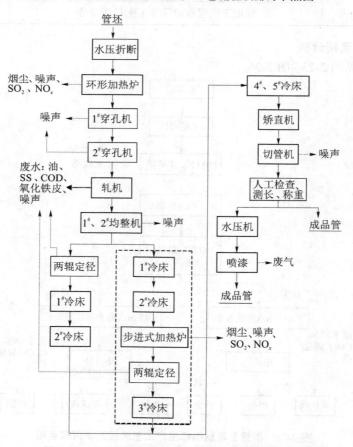

图 2-25　φ400 生产线生产工艺流程及排污节点图

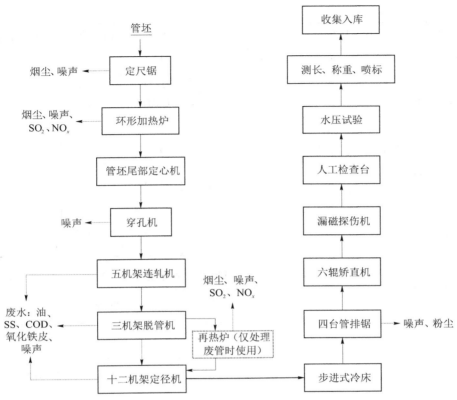

图 2-26　$\phi159$、$\phi180$、$\phi460$ 生产线生产工艺流程及排污节点图

2.7.12.4　用水量、产量统计

钢管公司水平衡测试期间用水量统计见表 2-53，产量统计见表 2-54。

表 2-53　钢管公司水平衡测试期间用水量统计一览表　　　　　　（单位：m³）

水种	净水用量		生活水用量		低压蒸汽用量（GJ）		回用水用量	
时间	12 月	6 月	12 月	6 月	12 月	6 月	12 月	6 月
$\phi159$	49 757	49 785	15 666	13 791	469	296		
$\phi460$	49 757	49 786	15 666	13 791	470	297		
$\phi180$			10 604	17 059	10 710	371	6 410	2 621
$\phi400$			28 143	27 559	7 834	727	12 852	19 335
石油套管			1 543	3 872	5 043	444		
制钢二部 DD001 转炉冶炼	7 867	7 494	6 247	6 116	−3 809	−5 195	2 232	2 160
制钢二部 DD002 连铸	44 581	42 466	6 246	6 118				

续表 2-53

水种	净水用量		生活水用量		低压蒸汽用量(GJ)		回用水用量	
时间	12月	6月	12月	6月	12月	6月	12月	6月
制钢二部 DD003 精炼炉			6 246	6 116	5 280 (中压)	7 919 (中压)		

水种	环水用量		软水用量		除盐水用量	
时间	12月	6月	12月	12月	6月	12月
制钢二部 DD001 转炉冶炼			8 858	17 180	2 585	
制钢二部 DD002 连铸					23 261	15 493

表 2-54　钢管公司水平衡测试期间产量统计一览表　　　　（单位:t）

区域		实际产能	
		12月	6月
钢管公司	φ159	33 491	39 912
	φ460	52 410	59 301
	石油套管	12 423	10 487
	φ180	32 075	36 096
	制钢二部	150 157	172 603

2.7.13　轨梁厂

2.7.13.1　基本情况

包钢轨梁厂主要组成及产品现有两条生产线:2006 年 9 月 1# 中型万能轧钢生产线投产,2013 年 1 月 2# 大型万能轧钢生产线投产,年生产能力 210 万 t。H 型钢生产线 2012 年试生产,年产量为 44 202 t,2013 年正式投产。主要产品有:钢轨、百米轨、型轨、方钢等,在两条线上开发了 60R2 槽型轨、50AT1、45 号工字钢、电线杆等新产品。产品主要运用于铁路、桥梁、高层建筑、电站锅炉、衡器、起重设备、港口、煤矿、机车制造等行业。轨梁厂职工人数约 1 350 人,年运行约 7 800 h。

2.7.13.2 生产装置、规模与原料消耗

轨梁厂主要生产设施设备及设计产能见表 2-55。

表 2-55 轨梁厂主要生产设施设备及设计产能

企业		生产设施设备	设计产能
轨梁厂	1#中型万能轧钢生产线	步进式加热炉 1 座,200 t/h	90 万 t/a
		BD1 两辊可逆式轧机 1 架	
		BD2 两辊可逆式轧机 1 架	
		CCS 万能轧机 1 组	
		百米冷床 1 个	
		钢轨矫直机 1 台	
		10 辊悬臂式矫直机 1 台	
		锯钻机床 2 台	
		冷锯 2 台	
	2#大型万能轧钢生产线	蓄热步进式加热炉 1 座,280 t/h	120 万 t/a
		BD1 两辊可逆式轧机 1 架	
		BD2 两辊可逆式轧机 1 架	
		CCS 万能轧机 1 组	
		百米冷床 1 个	
		钢轨矫直机 1 台	
		锯钻机床	
		冷锯	

2.7.13.3　工艺流程分析

轨梁厂生产主要工艺流程及排污节点图见图 2-27。

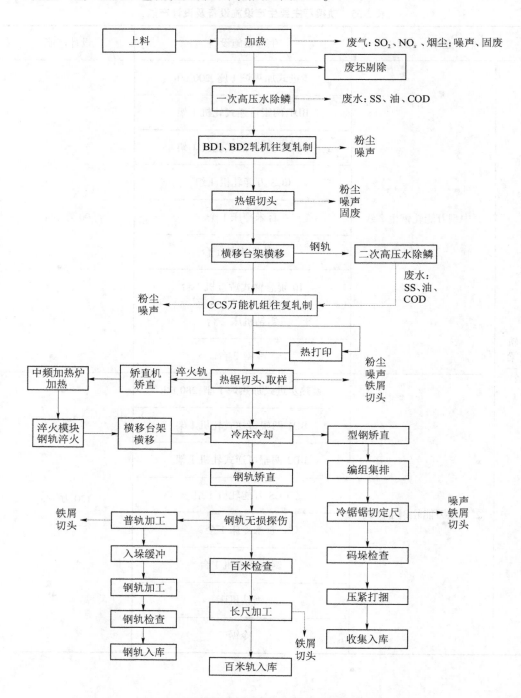

图 2-27　轨梁厂生产主要工艺流程及排污节点图

2.7.13.4 用水量、产量统计

轨梁厂水平衡测试期间用水量统计见表 2-56,产量统计见表 2-57。

表 2-56 轨梁厂水平衡测试期间用水量统计一览表 （单位:m³）

水种	软水用量		生活水用量		环水用量	
时间	12 月	6 月	12 月	6 月	12 月	6 月
轨梁厂 1#	5 612	5 904	9 430	9 234	1 074 972	1 194 263
轨梁厂 2#	7 697	7 353	9 429	9 233	950 654	112 555
水种	低压蒸汽用量(GJ)		蒸汽用量(GJ)		回用水用量	
时间	12 月	6 月	12 月	6 月	12 月	6 月
轨梁厂 1#	1 183		-12 307	-10 082		
轨梁厂 2#					54 312	7 200

表 2-57 轨梁厂水平衡测试期间产量统计一览表 （单位:t）

生产线	实际产能	
	12 月	6 月
轨梁厂 1#	72 376	70 129
轨梁厂 2#	73 207	5 219

2.7.14 长材厂

2.7.14.1 基本情况

长材厂下设 10 个部门,其中管理部室有 4 个:综合管理部(含党群工作部、工会)、生产(安环)部、设备管理部、品种技术质量部;基层部室有 6 个:线材轧钢部、棒材轧钢部、棒材精整部、检修动力部、带钢轧钢部、电气自动化部。线材作业区职工人数 400 人,年运行 8 600 h;棒材作业区职工人数 300 人,年运行约 8 600 h;带钢作业区职工人数 300 人,年运行 8 600 h。

2.7.14.2 生产装置、规模与原料消耗

长材厂主要设备包括:3 座步进式加热炉、1 座蓄热式加热炉。

线材作业区拥有一条高线生产线(2015 年不间断生产),建于 1994 年,主体设备为美国摩根第五代轧机,电气系统是瑞典 ABB 控制系统,整体生产过程全部由计算机控制,设计速度为 132 m/s,保证速度为 105 m/s。年产能 75 万 t,产品规格为 φ5.5 mm~φ22 mm 盘条和 φ8 mm~φ12 mm 热轧带肋钢筋。

棒材作业区拥有两条生产线。棒材生产线(2016 年开始不间断生产),建于 1985 年,年产能 75 万 t,2008 年又引进达涅利大盘卷生产线(2014 年后基本不生产)。产品规格为 φ16 mm~φ40 mm 热轧带肋钢筋、φ18 mm~φ100 mm 圆钢及 φ16 mm~φ40 mm 盘卷。新高线材生产线(2014 年已停产,2017 年 6 月复产),建于 2007 年,年产能 64 万 t,产品规

格为 $\phi8$ mm～$\phi16$ mm 盘条和 $\phi8$ mm～$\phi12$ mm 热轧带肋钢筋。

　　带钢作业区拥有两条生产线。带钢生产线(已停产),建于 1984 年,产能 65 万 t,产品规格为 1.4～5.2×156～299 mm 带钢产品。小棒材生产线(不间断生产),建于 2013 年,年产能 30 万 t,产品规格为 $\phi14$ mm～$\phi16$ mm 热轧带肋钢筋。

　　长材厂各作业区主要生产设施见表 2-58。

表 2-58　长材厂主要生产设施

作业区	生产设施	主要生产设施	设计产能(万 t/a)
线材作业区	线材生产线 1 条	上料台架、加热炉、轧机、飞剪、斯太尔摩风冷线、集卷筒、C 型钩、修剪、打包机、称重台架	42
棒材作业区	棒材生产线 1 条	上料台架、加热炉、轧机、飞剪、冷床、收集台架、打包机	56
	新高线生产线 1 条	上料台架、加热炉、轧机、飞剪、斯太尔摩风冷线、集卷筒、C 型钩、修剪、打包机、称重台架	50
带钢作业区	带钢作业区棒材生产线 1 条	上料台架、加热炉、轧机、飞剪、冷床、收集台架、打包机	25

2.7.14.3　工艺流程分析

　　棒材厂生产工艺为热轧生产工艺,将钢锭(钢坯)加热至 1 150 ℃以上,采用不同孔型的轧辊轧制出各种类型的钢材。加热炉所用燃料为高炉煤气、焦炉煤气。

　　棒材生产工艺流程及排污节点图见图 2-28,高速线材生产工艺流程及排污节点图见图 2-29,线材生产工艺流程及排污节点图见图 2-30。

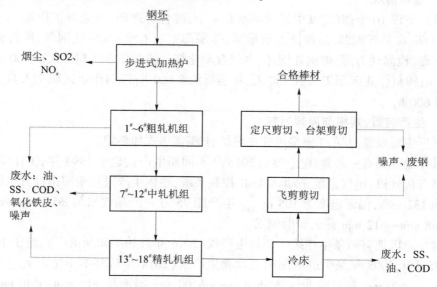

图 2-28　棒材生产工艺流程及排污节点图

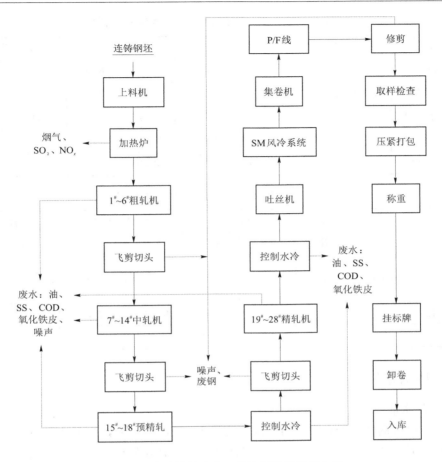

图 2-29　高速线材生产工艺流程及排污节点图

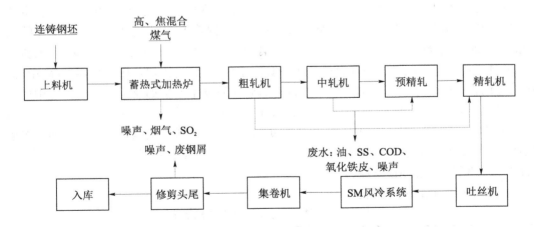

图 2-30　线材生产工艺流程及排污节点图

2.7.14.4　用水量、产量统计

长材厂水平衡测试期间用水量统计见表 2-59,产量统计见表 2-60。

表 2-59　长材厂水平衡测试期间用水量统计一览表

用水种类	新水用量（m³）		回用水用量（m³）		生活水用量（m³）		低压蒸汽用量（GJ）	
时间	12 月	6 月	12 月	6 月	12 月	6 月	12 月	6 月
高速线材	1 798	19 105	15 333	13 154	12 271	12 016	1 094	2 450
棒材厂（线材）	—	—	12 694	7 304	7 153	2 889	380	
棒材厂（小型材）	—	—	12 695	12 695	7 305	7 153	2 890	380
一轧厂（棒材）	—	—	16 361	37 539	24 105	23 605	679	328

表 2-60　长材厂水平衡测试期间产量统计一览表　　（单位：t）

分厂	高速线材产能		线材产能		小型材产能		棒材产能	
	12 月	6 月	12 月	6 月	12 月	6 月	12 月	6 月
长材厂高速线材	49 736	54 658	—	—	—	—	—	—
长材厂棒材厂	—	—	33 579	48 928	40 358	57 456	—	—
长材厂一轧厂	—	—	—	—	—	—	—	43 134

2.7.15　特钢分公司

2.7.15.1　基本情况

内蒙古包钢钢联股份有限公司特钢分公司于 1991 年 4 月建成投产。1999 年 4 月成为包钢的全资子公司，2007 年 7 月并入包钢钢联股份有限公司，全厂职工人数约 725 人，每天交接班停产 30 min，检修停产 8 h，年运行约 5 660 h。

目前，主要组成及产品目前有两条生产线，即连轧棒材生产线和 φ120 无缝钢管生产线，具备圆钢、方钢、电极扁钢、圆管坯等 84 万 t、无缝钢管 14 万 t 的年产近 100 万 t 的生产能力。2013 年新增设备有：压力矫直机一架，七斜辊矫直机一架，倒棱机、抛丸机各一台；进口相控阵超声波及漏磁联合探伤机一套。主要产品有：锅炉及压力容器用高、中、低压无缝钢管圆管坯系列，各钢管及油井管坯系列，优质碳素结构钢及合金结构钢等中型钢材。其中，圆钢、方钢、电极扁钢、圆管坯正逐渐向高附加值的"特"钢产品转型。无缝钢管包括普通流体管，液压支架管，中、低压锅炉管，石油套管料及接箍料等金属石油采掘运输所需管道，这些管道将在我国石油开发和西气东输中发挥巨大作用。

2.7.15.2　生产装置、规模与原料消耗

主要生产设施设备及产能情况见表 2-61。

表 2-61　主要生产设施设备及产能情况

各分厂	生产设施设备	设计产能（万 t/a）
特钢分公司	连轧棒材生产线	80
	120 mm 无缝钢管生产线 1 条	10

2.7.15.3　工艺流程分析

特钢分公司生产工艺为热轧生产工艺,将钢锭(钢坯)加热至 1 150 ℃以上,采用不同孔型的轧辊轧制出各种类型的钢材。加热炉所用燃料为高炉煤气、焦炉煤气。

棒材线生产工艺流程及排污节点图见图 2-31,φ120 生产线生产工艺流程及排污节点图见图 2-32。

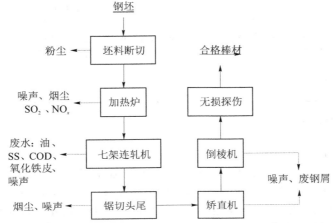

图 2-31　棒材线生产工艺流程及排污节点图

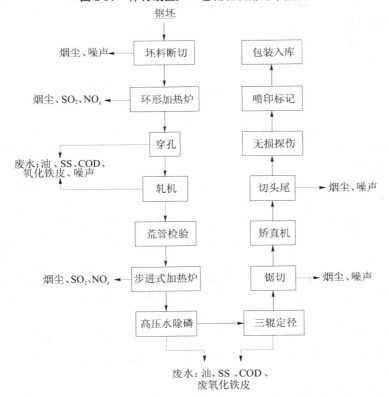

图 2-32　φ120 生产线生产工艺流程及排污节点图

2.7.15.4　用水量、产量统计

特钢分公司水平衡测试期间取用水量统计见表 2-62,产量统计见表 2-63。

表 2-62　特钢分公司水平衡测试期间用水量统计一览表　　　　　（单位:m³）

用水种类	新水用量		生活水用量	
时间	12 月	6 月	12 月	6 月
特钢分公司	22 320	17 794	1 557	7 656

表 2-63　特钢分公司水平衡测试期间产量统计一览表　　　　　（单位:t）

特钢分公司	实际产量	
	12 月	6 月
	46 403	57 762

2.7.16　稀土钢热轧

2.7.16.1　基本情况

由原内蒙古包钢稀土钢板材有限责任公司炼钢作业部、热轧作业部、冷轧作业部、研发销售部、成品物流部合并组建成立内蒙古包钢稀土钢板材厂(简称稀土钢板材厂)。2016 年12 月 8 日稀土钢板冷轧生产线全面投产。全厂职工人数 600 人,年运行约 8 360 h。

热轧作业部主要结构组成有 2 250 mm 轧机生产线一条,设计年产 550 万 t 稀土钢热轧钢卷。热轧生产线于 2014 年 3 月 20 日投产,该区域配套 1 台塑烧板除尘器,环保设施与主体设备同步建设,同步运行,主要产品为热轧钢卷。

2.7.16.2　生产装置、规模与原料消耗

稀土钢热轧主要设施设备及设计产能见表 2-64。

表 2-64　稀土钢热轧主要设施设备及设计产能

企业		生产设施设备	设计产能
稀土钢板材厂	热轧区	2 250 mm 半连续热轧生产线 1 条	550 万 t/a

2.7.16.3　工艺流程分析

板坯通过辊道进入热连轧板坯库后,有冷装(CCR)和热装(DHCR、HCR)两种装炉方式。板坯通过板坯输送辊道运送至称量辊道,经称重、核对、测长及测宽,进入加热炉的装炉辊道,板坯在指定的加热炉前定位后,由装钢机装入加热炉进行加热。

板坯在加热炉内加热到设定的板坯出炉温度后,按照轧制节奏,用出钢机将板坯依次托出、放到加热炉出炉辊道上。出炉板坯经过粗轧高压水除鳞箱除鳞后,通过定宽压力机进行减宽,然后由带附属立辊的二辊可逆式粗轧机 E1R1 和带附属立辊的四辊可逆式粗轧机 E2R2 进行轧制,将板坯轧制成 25~70 mm 的中间坯。不能进入精轧机轧制的中间坯,直接送到延迟辊道上,再由废品推出装置将其推到延迟辊道操作侧的废品收集台架进行自然冷却。

中间坯经过延迟辊道时依据轧制品种和产品规格的不同而确定是否采用中间坯保温罩保温。中间坯由切头飞剪切除头、尾,并经精轧高压水除鳞箱除去二次氧化铁皮,然后进入精轧机 F1~F7 进行轧制。精轧机轧出的带钢在热输出辊道上由层流冷却系统采用适当的冷却制度,将热轧带钢由终轧温度冷却到规定的卷取温度后,进入地下卷取机进行卷取。卷取完毕后,由卸卷小车把钢卷托出,运至机旁固定鞍座,打上捆带的钢卷由运输

小车运到托盘运输系统,运输系统将钢卷继续向后运送至热轧钢卷库;需要检查的钢卷则进入检查线检查。

钢卷在运输过程中,将进行打捆、称重和标记。进入钢卷库的钢卷有三个去向:直接发货的钢卷在热轧钢卷库进行堆放冷却,然后通过火车或汽车外运;需要送到冷轧厂进行深加工的钢卷或送热轧酸洗的原料钢卷,均通过钢卷运输系统,直接送到冷轧厂原料库;需要通过平整分卷机组进行精整的钢卷,在钢卷库冷却后再进行处理,成品通过火车或汽车外运。

生产废水及生活污水。生产废水主要包含循环系统排水,以及生产过程产生的含油废水及含乳化液废水。循环系统排水直接排入全厂污水处理厂,含油废水送至热轧污水处理设施经气浮、隔油后回用。生活污水经化粪池处理后排入包钢总排。

热连轧机组生产工艺流程图见图 2-33。

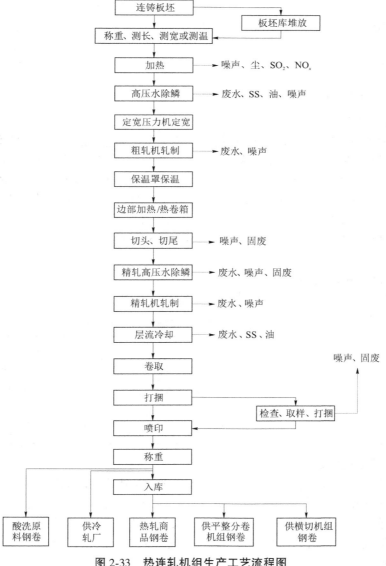

图 2-33 热连轧机组生产工艺流程图

2.7.16.4　用水量、产量统计

稀土钢热轧水平衡测试期间取用水量统计见表2-65,产量统计见表2-66。

表 2-65　稀土钢热轧水平衡测试期间用水量统计一览表　　　（单位：m³）

水种	生产水		一级除盐水		二级除盐水		生活消防水		蒸汽（GJ）	
时间	12 月	6 月	12 月	6 月	12 月	6 月	12 月	6 月	12 月	6 月
稀土钢热轧	106 373	121 327	131 211	116 093	18 883	21 561	17 440	16 388	−60 826	−62 016

表 2-66　稀土钢热轧水平衡测试期间产量统计一览表　　　（单位：t）

	实际产能	
稀土钢热轧	12 月	6 月
	396 435	459 256

2.7.17　稀土钢冷轧

2.7.17.1　基本情况

由原内蒙古包钢稀土钢板材有限责任公司炼钢作业部、热轧作业部、冷轧作业部、研发销售部、成品物流部合并组建成立内蒙古包钢稀土钢板材厂（简称稀土钢板材厂）。2016 年 12 月 8 日稀土钢板冷轧生产线全面投产。全厂职工人数 750 人,年运行约 8 600 h。

冷轧作业部主要结构组成有 2 030 mm 冷轧生产线（一条酸洗、一条酸轧）,及配套的酸雾净化器 2 套、低压脉冲布式除尘器 3 套、冷轧循环水系统 1 套、冷轧废水处理站 1 座。酸洗线于 2015 年 1 月投产试运行,酸轧线于 2015 年 6 月投产试运行,主要产品商品钢卷。

2.7.17.2　生产装置、规模与原料消耗

稀土钢冷轧主要设施设备及设计产能见表2-67。

表 2-67　稀土钢冷轧主要设施设备及设计产能

企业		生产设施设备	设计产能（万 t/a）
稀土钢板材厂	冷轧区	连续酸洗机组 1 条	120
		酸轧联合机组 1 条	203（中间品）
		连续退火机组 2 条	153
		连续热镀锌机组 2 条	80

2.7.17.3　工艺流程分析

冷轧区生产工艺流程:热轧原料钢卷由钢卷运输机运入冷轧原料钢卷库,热轧卷经开卷、矫直、切除头尾超差、焊接后经拉伸矫直机破鳞,进入酸洗段酸洗。再经漂洗、干燥、切边后进入冷连轧机组,经过轧机前活套和轧机入口段进入五机架串列式冷轧机轧制,轧到要求的成品厚度后通过轧机出口段送至卷取机进行卷取,经剪切、分卷、卸卷、打捆、称重,然后运入中间钢卷库堆放。

　　轧后钢卷按照不同产品流向不同的生产工序。需要热镀锌的钢卷,通过中间钢卷库由吊车直接运往热镀锌机组进行镀锌;冷轧成品钢卷由轧后钢卷库直接吊运到连续退火机组进行退火。

　　在退火机组炉子段,带钢经过预热、加热、均热、缓冷、快冷、最终冷却等工艺处理后进入出口活套,然后进入平整机进行湿平整,经过检查、静电涂油后送入卷取机卷取,经飞剪分卷,随后进行称重、打捆。

　　热轧钢卷经吊车吊放到酸轧联合机组的入口步进梁上,热轧卷经上料、开卷、矫直、切除带钢头尾超差部分后,将前一卷带钢尾部与后一卷带钢头部进行焊接,经拉伸矫直破鳞,进入盐酸酸洗槽酸洗,以去除带钢表面的氧化铁皮,经冷、热水漂洗,干燥后的带钢通过出口活套送到切边剪。在切边剪处,根据下面工序的生产要求,带钢可以切边或不切边。切边后的带钢经冷连轧机轧前活套、入口段进入冷连轧机。进入冷连轧机的带钢,按照轧制规程的要求,被轧制成规定的厚度,经卷取、分卷、卸卷、捆扎、称重后,吊放到轧后库。在酸轧联合机组出口还设有钢卷检查台,按规定频度对带钢表面质量进行抽查。在卷取机处还设有上钢卷套筒装置。按生产计划安排,吊车将轧后库内的钢卷直接吊运到连续退火机组入口步进梁钢卷鞍座上,开卷后的钢卷经双切剪切掉带钢头部不合格部分,再由夹送辊送到搭接焊机处,与已准备好的前一卷带钢的尾部焊接起来。焊接后的带钢,先送往清洗段,经碱洗、电解清洗、漂洗以及烘干处理后进入入口活套;经入口活套,带钢进入退火炉段。经预热、加热、均热、缓冷、快冷、过时效、最终冷却等工序处理后进入出口活套。经出口活套,带钢进入平整机进行湿平整。平整后的带钢经过检查小活套进入切边剪切边、挖边后,再通过检查台进行检查。检查后的带钢经过静电涂油后送至卷取机进行卷取、分卷、卸卷、捆扎、称重。

　　2 030 mm 冷轧厂生产所需的热轧原料钢卷采用钢卷运输链直接由 2 250 mm 热轧厂成品库运送到冷轧车间原料跨,由吊车卸到指定的钢卷架上存放待用。

　　酸生产过程中产生大量酸碱废水、含油和废乳化液废水,乳化液废水采用无机膜超滤进行预处理,出水与稀含油废水一并处理,酸碱废水采用物化处理的方法,冷轧采用无铬钝化工艺,含铬废水进入含酸系统处理,铬泥外运。

　　轧机组产生含酸废水;各生产机组积水坑收集的含油及乳化液废水;厂区煤气管线各排水器产生煤气冷凝水;废酸再生机组开/停车、清洗喷枪和设备时产生少量含酸废水;废酸再生站检化验产生少量含酸、碱废水;检化验及车间生活设施产生的生活污水等,各生产机组积水坑收集的含油及乳化液废水;厂区煤气管线各排水器产生煤气冷凝水。

　　冷轧钢卷现状生产工艺流程及排污示意图见图 2-34,冷轧镀锌钢卷现状生产工艺流程及排污示意图见图 2-35。

2.7.17.4　用水量、产量统计

　　稀土钢冷轧水平衡测试期间用水量统计见表 2-68,产量统计见表 2-69。

表 2-68　稀土钢冷轧水平衡测试期间用水量统计一览表

水种	生活消防水用量(m^3)		一级除盐水用量(m^3)		生产水用量(m^3)		低压蒸汽用量(GJ)	
时间	12 月	6 月	12 月	6 月	12 月	6 月	12 月	6 月
稀土钢冷轧	15 000	15 000	90 670	91 328	21 592	53 692	50 231	32 070

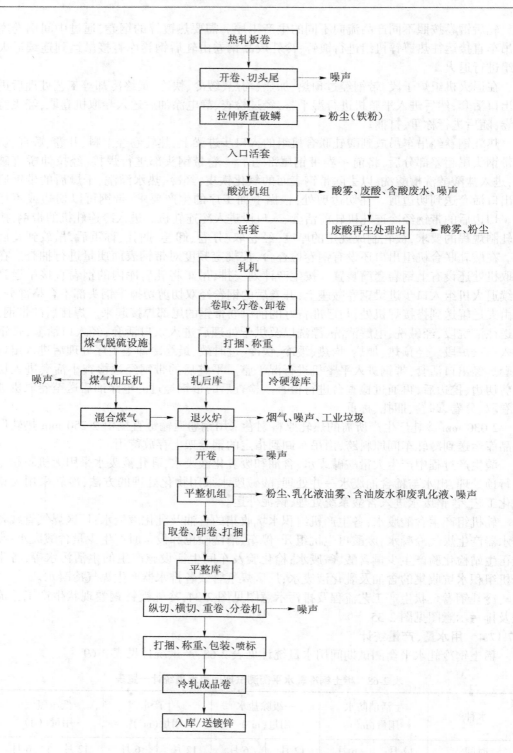

图 2-34　冷轧钢卷现状生产工艺流程及排污示意图

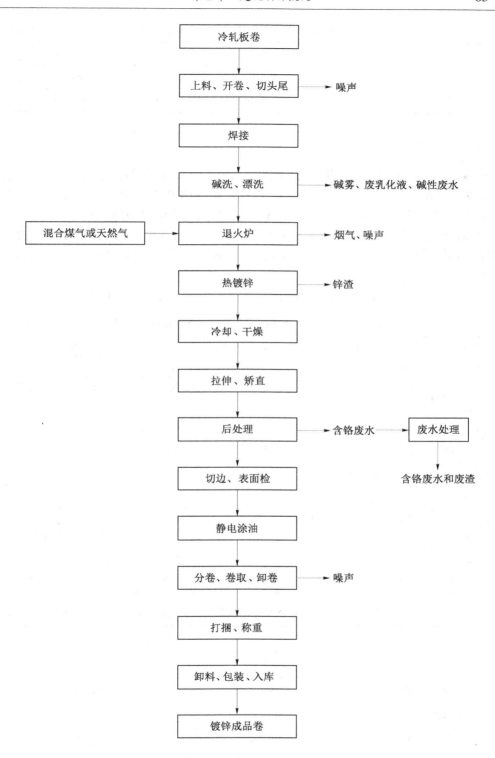

图 2-35　冷轧镀锌钢卷现状生产工艺流程及排污示意图

表 2-69　稀土钢冷轧水平衡测试期间产量统计一览表　　　（单位:t）

稀土钢冷轧	实际产能	
	12 月	6 月
	281 653	349 827

2.7.18　火力发电

包钢火力发电主要由燃用焦炉、高炉副产品煤气向厂区供热蒸汽、供电等,包含包钢旧体系热电厂的发电作业部、热力作业部(二机二炉、CCPP)以及新体系 CCPP,不含北方联合电力有限责任公司包头第一热电厂、异地扩建工程,华电包头河西电厂。

旧体系热电厂发电作业部发电装机 3×6+2×12+2×25=92(MW),二机二炉发电装机 2×25=50(MW),旧体系 CCPP 发电装机 2×137.6=275.2(MW),新体系 CCPP 发电装机 2×150=300(MW)。

火力发电水平衡测试期间用水量统计见表 2-70,产量统计见表 2-71。

表 2-70　火力发电水平衡测试期间用水量统计一览表　　　（单位:m³/h）

水种	黄河新水		蒸汽		地下水	
时间	12 月	6 月	12 月	6 月	12 月	6 月
发电作业部	641 537	526 558	29 760	14 400	342	122
水种	一次过滤水		除盐水			
时间	12 月	6 月	12 月	6 月		
旧体系 CCPP	229 680	429 487	37 200	41 040		
水种	澄清水		除盐水			
时间	12 月	6 月	12 月	6 月		
二机二炉	25 422	105 941	119 338	33 602		
水种	生产用水		二级除盐水		生活用水	
时间	12 月	6 月	12 月	6 月	12 月	6 月
新体系 CCPP	345 320	403 553	29 700	35 273	6 696	7 538

表 2-71　火力发电水平衡测试期间产量统计一览表　　　（单位:MW·h）

分厂	实际产能	
	12 月	6 月
发电作业部	25 432.8	42 489.6
旧体系 CCPP	75 612	178 078
二机二炉	8 496	23 592
新体系 CCPP	141 413	176 570

2.7.19　白云鄂博矿区

2.7.19.1　基本情况

目前包钢集团在白云鄂博主要有宝山矿业公司和内蒙古包钢钢联股份有限公司巴润分公司(简称巴润分公司)两个矿区,均为露天开采,2008 年 4 月 12 日开工建设,2009 年 12 月 23 日打水上山,2010 年 1 月 4 日矿浆落地,取用包钢给水二部 28 泵站供给的澄清水。

　　1.宝山矿业公司

宝山矿业公司主要开采白云鄂博主矿、东矿,设计生产规模为 1 200 万 t/a。

　　2.巴润分公司

巴润分公司隶属于内蒙古包钢钢联股份有限公司,其前身为包钢集团巴润矿业有限责任公司,于 2013 年 9 月 23 日并入包钢钢联股份有限公司,更名为巴润分公司,是集矿山开采、选矿加工、矿浆输送于一体的新型现代化矿山,是包钢集团大型原料基地之一。巴润分公司主要包括白云鄂博西矿的采矿和选矿,设计生产能力为采矿 1 500 万 t/a,选矿 450 万 t/a。

2.7.19.2　取用水情况调查

　　1.矿浆输送管道和供水管线

包钢 2009~2010 年建设了白云矿浆输送及输水管线工程,配套建设矿浆泵站、矿浆终点站、低压水泵站和高压水泵站等。工程将黄河水采用管道输送的形式输送到白云鄂博矿区进行选矿,同时采用管道方式将巴润选矿厂铁精矿浆输送至包钢厂区。矿浆管道铺设起于白云西矿南部,止于包头钢铁(集团)有限公司,总长度 145 km。输水管道起于包钢水处理车间,止于白云鄂博矿区储水池,总长度 151 km,设计年输送能力为 2 000 万 m³。

　　2.取用水情况

白云鄂博矿区现有白音布格拉水源地、黑脑包水源地、塔林宫水源地 3 处水源地供水和包头钢铁(集团)有限公司输水管线供水。白、黑、塔三个水源地供水规模为 9 700 m³/d,包钢输水管线平均供水量为 1 500 m³/h(2018 年 12 月供水量为 1 340.86 m³/h,2019 年 6 月供水量为 857.09 m³/h)。输水管线将黄河水送至白云鄂博高位水池后,分别送往宝山矿业公司 600 m³/h、巴润分公司 900 m³/h。

白云鄂博矿区生活水由达茂富源矿业地下水源供给。

2.7.19.3　退水情况

白云鄂博矿区的生产水和生活水大部分退回至白云矿区尾矿库和蒸发损失,少部分随矿浆输送管线送回包钢。矿浆泵站通过矿浆输送管线输送回包钢(集团)有限公司巴润分公司二过滤车间,矿浆含水量平均值 360 m³/h,供给焦化厂使用,或排往包钢总排污水处理中心。2018 年 12 月二过滤车间矿浆过滤水 362.00 m³/h 排往包钢污水处理中心;2019 年 6 月二过滤车间矿浆过滤水 245.63 m³/h 供给焦化厂使用(2019 年 6 月开始使用二过滤车间矿浆过滤水)。

2.7.20　绿化

包钢绿化用水分为三部分:厂区内部绿化用水、宋昭公路苗圃和河西公园用水、大青山绿化用水,其中大青山绿化用水由白云鄂博精矿浆管道输送及供水管道供给。

宋昭公路苗圃、河西公园绿化属于包钢绿化范围;依据包头市昆都仑区农牧林水局文件,大青山南坡绿化任务属于包钢。

水平衡测试期间,厂区内部新体系绿化使用生产水(勾兑水)448.5 m³/h,回用水使用比例为38.64%,河西公园绿化用回用水25.17 m³/h,大青山绿化区距离厂区大约为18 km,宋昭公路苗圃距离厂区大约为5 km,使用回用水困难。包钢厂区及厂区外绿化用水统计见表2-72、表2-73。

表 2-72　包钢厂区绿化用水统计一览表　　　　　　　　　　(m³/h)

厂区绿化	新水	黄河澄清水	生活水	生产水	回用水	合计
实际用水量	178.57	71.68	202.73	448.5	107.41	
折算新水量	190.92	84.11	252.55	321.36		848.94

表 2-73　包钢厂区外绿化用水统计一览表

区域	绿化面积 (万 m²)	实际用水量 (m³/h)	灌溉方式
厂区内部	1 965.6	848.94	管灌、滴灌
河西公园	34	45.76	管灌
宋昭公路苗圃	22.35	96.65	畦灌
大青山	97.516 9	65.13	管灌

2.8　废污水处理情况

排水去向的相关批复及变化情况如下:

(1)2007年6月,国家环保总局在对《包钢结构调整总体发展规划本部实施项目环境影响报告书》的批复中要求"全厂生产废水、生活污水应做到零排放"。

包钢废污水未做到零排放,实际排入昆河。

2014年6月,国家环保部在该项目环保验收文件中,明确废水回用率95%,产生的浓盐水外排。主要污染物年排放量分别为:COD 368.26 t、氨氮96.98 t,其中COD排放量符合包头市环境保护局核定的污染物排放总量控制要求。

(2)2015年7月21日,黄委以黄许可〔2015〕074号文对《包头钢铁(集团)有限责任公司"十二五"结构调整稀土钢总体发展规划建设项目水资源论证报告书》颁发准予行政许可决定书。准予行政许可决定书明确"现有工程外排水经处理后将全部回用于新体系,新体系生产、生活废污水经处理后大部分回用于生产补水系统,少量浓盐水用于炼铁冲渣和钢渣热焖生产线,不外排。包钢'十二五'结构调整后,全厂应实现零排放"。

包钢旧体系全厂生产和生活废水经排水系统收集后汇入包钢总排水污水处理中心,

经处理后,一部分水回用、浓盐水与部分经沉淀处理的废水由总排口排入尾闾工程。

包钢新体系全厂废污水经收集后,进入污水处理站进行处理,处理后的浓盐水排到旧体系污水处理中心。包钢现状废污水排放系统见图2-36。

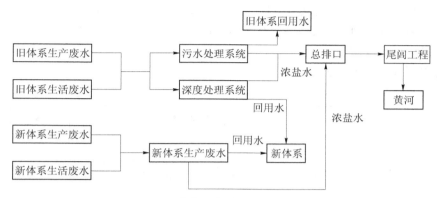

图 2-36　包钢现状废污水排放系统

包钢旧体系现有排水主要是烧结、焦化、炼铁、炼钢、轧钢、制氧等生产废水及配套的选矿、火力发电等辅助系统排水和生活污水。各系统部分废水分别经过各生产系统废水处理设施处理后循环使用,其余外排。

包钢新体系废污水产生工序、处理措施与旧体系基本相同,各系统部分废水分别经过处理后循环使用,其余外排至新体系总排污水处理站。

包钢总排口巴歇尔槽配有在线监测设备,由包头环保局监管,日常退水水量、水质数据(pH、COD、氨氮)实时传输到环保局。

2.8.1　总排污水处理中心

总排污水处理中心承担着包钢生产废水、生活污水和厂区雨排水的处理和回用任务,现有总排污水处理和总排深度处理两个并列的水处理系统。

包钢总排污水处理系统于2003年6月投入运行,当时处理能力为6 000 m³/h,2010年经过扩容改造,处理能力达到8 000 m³/h。有4座预沉池,每座预沉池处理能力2 000 m³/h;4座沉淀池,每座沉淀池处理能力2 000 m³/h;24台过滤器,每台过滤器处理能力300 m³/h。

污水处理系统工艺流程图见图2-37。

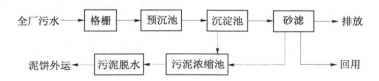

图 2-37　污水处理系统工艺流程图

总排深度处理系统于 2013 年 12 月投产,是配套包钢"十二五"结构调整项目,设计能力为 3 500 m^3/h(现状运行 2 000 m^3/h 左右)。该系统共分为调节池、预处理间、综合泵房及膜处理间四大部分。调节池总容积为 15 000 m^3;高密度澄清池共有 6 座,每座处理能力为 700 m^3/h;V 形滤池共有 6 座,每座处理能力为 700 m^3/h;浸没式超滤共 12 套,每套产水量为 240 m^3/h;一级反渗透共 12 套,每套产水量为 150 m^3/h;浓水反渗透 5 套,每套产水量为 150 m^3/h。

总排深度处理系统工艺流程图见图 2-38。

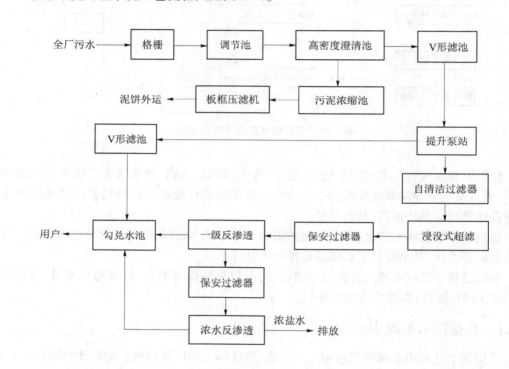

图 2-38　总排深度处理系统工艺流程图

2.8.2　新体系水处理系统

2.8.2.1　新水处理站

新体系黄河水供水系统头部为新水处理站。新水处理站位于包钢稀土钢总体发展规划项目区的东南角,东与环厂东路相邻,西侧与炼钢东路相接,北与轧钢北路相接,南与石灰车间相邻。于 2012 年 7 月 31 日开工建设,于 2013 年 6 月 15 日建成投产,项目建设内容包括:综合水泵站、高密度澄清池、V 形滤池、污泥处理间、膜处理间、加药间、鼓风机房、10 kV 开关站、工控楼等。其水处理系统主要工艺流程图见图 2-39。

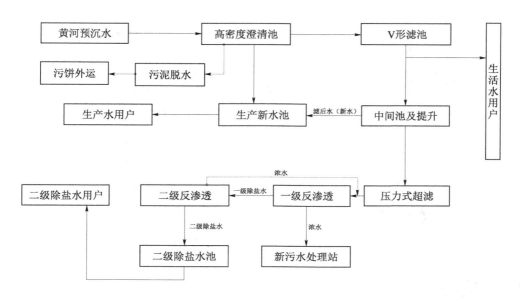

图 2-39 新体系水处理系统主要工艺流程图

2.8.2.2 新体系污水处理站

新体系污水处理站位于包钢稀土钢总体发展规划项目区的东南角,于 2012 年 8 月 19 日开工建设,2014 年 6 月 9 日建成投产。项目建设内容包括:格栅间、污水调节池及提升泵站、高密度澄清池、V 形滤池、深度处理间、污泥处理间、加药间、鼓风机房等。处理出水为符合用户水质要求的生产新水和一级除盐水。装置设计进水规模 2 000 m³/h(实际现状运行 1 500 m³/h 左右),回用水量 1 510 m³/h,水回收率 75.5%;设计新体系生产一级除盐水水量 1 250 m³/h;设计新体系生产新水水量 260 m³/h;设计新体系外排浓盐水水量 480 m³/h。

包钢新体系污水处理系统工艺流程图见图 2-40、图 2-41。

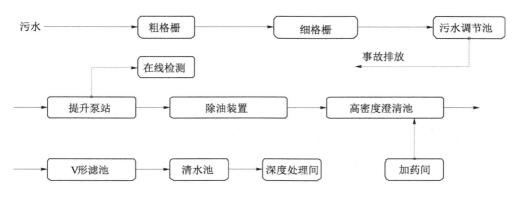

图 2-40 新体系污水预处理系统工艺流程图

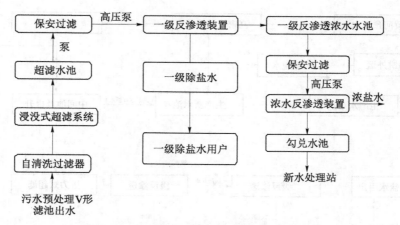

图 2-41　新体系污水深度处理系统工艺流程图

2.9　废污水排放情况

2.9.1　包钢废污水排放位置

包钢废污水排放口位于包头市宋昭公路东侧、包兰线北侧、昆都仑河西岸包钢钢联股份有限公司给水厂污水处理车间院内,由一条排水槽(巴歇尔槽)组成,坐标为 109°46′3.90″E,40°36′54.90″N(WGS 1984 坐标系),废污水采用约 5 km100 级 HDPEϕ900 给水管自包钢总排输送至九原煤制烯烃污水提升泵站接入尾闾工程管线,包钢于 2015 年 12 月将废水改排至尾闾工程,之前排入昆都仑河。

包钢废污水排放位置示意图见图 2-42。

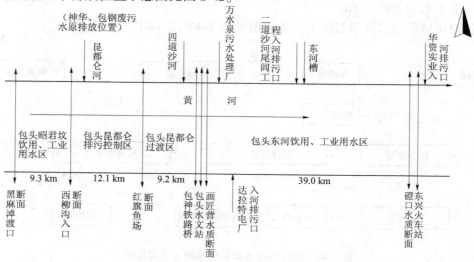

图 2-42　包钢废污水排放位置示意图

包钢旧体系排水为雨污合流制排水系统，全厂生产和生活废水经有组织排水系统收集后汇入包钢总排水污水处理中心，经处理后，一部分水回用、浓盐水与部分经沉淀处理的废水由总排口排入尾闾工程。

包钢新体系全厂废污水经收集后，进入污水处理站进行处理，处理后的浓盐水排到旧体系污水处理中心。

2.9.2　总排口废污水排放量统计

2014 年 1 月至 2019 年 6 月包钢全厂总排口排放水量统计见表 2-74、表 2-75，年平均排水量 35 945~51 590 m³/d。

表 2-74　包钢总排口排放水量统计表一　　　　　　　（单位:m³/d）

年份	1 月	2 月	3 月	4 月	5 月	6 月	7 月	8 月	9 月	10 月	11 月	12 月	年平均
2014	77 902	70 202	48 756	28 132	71 014	68 274	27 798	28 358	17 747	36 331	66 865	77 696	51 590
2015	53 454	54 745	41 874	26 788	24 506	17 803	16 287	20 468	45 472	38 160	50 035	41 750	35 945
2016	56 787	53 571	43 177	50 777	45 442	46 469	41 890	39 757	31 268	36 368	45 787	36 181	43 956
2017	42 743	45 669	33 290	37 725	34 848	37 477	41 890	39 757	31 268	36 368	45 787	36 181	38 583
2018	48 272	42 993	40 752	35 304	35 145	31 038	58 948	48 059	43 201	38 251	36 403	54 000	42 697
2019	58 234	54 792	58 333	39 139	33 090	45 279							48 145

注:2014 年 1 月至 2016 年 2 月数据来自包头市环境监测站在线监测数据;2016 年 3 月至 2019 年 6 月数据来自包钢上报黄河水利委员会退水量数据。

表 2-75　包钢总排口排放水量统计表二　　　　　　　（单位:m³/h）

年份	1 月	2 月	3 月	4 月	5 月	6 月	7 月	8 月	9 月	10 月	11 月	12 月	平均
2014	3 246	2 925	2 032	1 172	2 959	2 845	1 158	1 182	739	1 514	2 786	3 237	2 150
2015	2 227	2 281	1 745	1 116	1 021	742	679	853	1 895	1 590	2 085	1 740	1 498
2016	2 366	2 232	1 799	2 116	1 893	1 936	1 745	1 657	1 303	1 515	1 908	1 508	1 832
2017	1 781	1 903	1 387	1 572	1 452	1 562	1 745	1 657	1 303	1 515	1 908	1 508	1 608
2018	2 011	1 791	1 698	1 471	1 464	1 293	2 456	2 002	1 800	1 594	1 517	2 250	1 779
2019	2 426	2 283	2 431	1 631	1 379	1 887							2 006

注:2014 年 1 月至 2016 年 2 月数据来自包头市环境监测站在线监测数据;2016 年 3 月至 2019 年 6 月数据来自包钢上报黄河水利委员会退水量数据。

包钢旧体系未实施雨污分流，降水经排水管道汇集进入总排，对尾闾工程的正常运行有一定的影响。统计时分为两种情况进行，即分为不剔除离群值和剔除离群值进行统计。

在不剔除水量统计离群值时，2014 年 7 月 1 日至 2019 年 6 月 30 日期间有效数据 1 816 个，日排水量最大值 128 812.8 m³/d，最小值 2 367.84 m³/d，平均值 40 961.83 m³/d，年排水量平均值 1 495.11 万 m³。2014 年 7 月 1 日至 2019 年 6 月 30 日期间日排水量数据，共有 191 个最小的点离群值，595 个最大的点离群值。剔除离群值后，日排水量最大值 49 025.28 m³/d，最小值 24 428.4 m³/d，平均值 37 174.37 m³/d，年排水量平均值 1 356.86 万 m³。

第3章　水资源及其开发利用状况分析

包钢位于内蒙古自治区包头市昆都仑区,东临昆都仑河,本章主要依据《包头市水资源公报》《内蒙古自治区水资源公报》《中国水资源公报》《包头统计年鉴》《包头市实行最严格水资源管理制度考核工作自查报告》《包头市水务发展"十三五"规划(2016—2020)》《黄河流域省界水体及重点河段水资源质量状况通报》等资料对包头市水资源状况及其开发利用情况进行介绍,分析区域水资源开发利用潜力及其存在的主要问题。

3.1　基本情况

3.1.1　自然地理与社会经济概况

3.1.1.1　自然位置

1.地理位置

包头市位于内蒙古自治区西部,北与蒙古国接壤,南以黄河中泓线为界与鄂尔多斯市隔河相望,东与内蒙古自治区首府呼和浩特市相连,西与巴彦淖尔市毗邻,地理坐标为东经 $109°15'12''\sim111°26'25''$,北纬 $40°14'56''\sim42°43'49''$。

全市辖九个区(县、旗)和一个国家级高新技术产业开发,即昆都仑区、青山区、东河区、九原区、石拐区、白云区、固阳县、土默特右旗、达尔翰茂明安联合旗和包头国家稀土高新技术产业开发区,行政区划总面积27 760 km²。

2.地形地貌

包头市分为三大地貌,即北部丘陵高原、中部山岳、南部平川。阴山山脉的大青山、乌拉山横亘于全市中部。整个地形呈中间高、南北低、北部高原,高程1 000~1 800 m;中部山岳地带,高程1 600~2 300 m;山南平原又分为山前倾斜平原、冲积洪积平原和黄河冲积平原,平原高程平均1 000 m左右。

根据国家地震区划规定,包头市城区地震动峰值加速度为0.2g,特征周期为0.35 s,地震基本烈度Ⅷ度。

3.土壤植被

根据土壤分类原则与各级分类单位划分标准,包头市土壤类型主要有:栗钙土、棕钙土、灰褐土、草甸土、盐土、风沙土等,大部分呈地带状分布,其余则呈零散分布。

栗钙土主要分布在固阳县、达尔翰茂明安联合旗境内,高程在1 400~1 700 m的丘陵地带,面积约10 845.5 km²,由南向北,植被类型由干草原植被过渡到荒漠草原植被。棕钙土主要分布于达茂境内,高程在1 100~1 400 m,面积8 021.3 km²,从南向北,植被类型跨越荒漠草原植被和草原荒漠化植被。

灰褐土主要分布在大青山、乌拉山的中低山地上,高度在1 200~2 300 m,面积4 533.9 km²,灰褐土属于森林草原植被发育的土壤,但由于人为破坏,原始森林现已绝迹,小片分布的林木多为次生林,大部分植被为灌丛草原植被,天然森林植被分布在九峰山和其他高山阴坡上,植被覆盖率阴坡大于阳坡,山顶覆盖率最低。

草甸土分布在土默特右旗、九原区、固阳县境内的山前冲洪积平原和黄河冲积平原及河漫滩地带,面积2 020.8 km²。天然草甸植被覆盖度较高,但目前大部分天然草甸植被已被破坏,为农作物所替代。

盐土主要分布在土默特右旗、九原区境内的黄河冲积平原和山前冲积扇的低洼处,多呈片状与盐化草甸土壤镶嵌分布,面积约327 km²。风沙土则分布在黄河故道两侧和九原区境内的全巴兔、哈林格尔乡,面积约39 km²。

3.1.1.2 自然位置

1.包头市行政区划

包头市辖十个区、旗、县。四个城区包括昆都仑区、青山区、东河区和九原区以及一个稀土高新产业开发区,另外还有石拐、白云鄂博两个矿区和土默特右旗、固阳县、达茂旗三个农牧业旗,有蒙、汉、回、满等37个民族,为内蒙古自治区最大的城市。

全市2018年年末总人口288.9万,其中城镇人口241.4万,乡村人口47.5万。

2.社会经济概况

包头市目前已形成以冶金、重型机械、重型汽车、电力、化工、煤炭、建材、纺织、皮革、皮毛等为骨干,门类齐全的工业经济体系,是中国最大的稀土工业基地和著名的钢铁、机械工业基地。包头市社会经济指标统计见表3-1。

表3-1 包头市社会经济指标统计一览表

年份	人口(万人)			国内生产总值(亿元)				工业增加值(亿元)	耕地面积(万 hm²)	粮食产量(万 t)	牲畜(万头)
	城镇	农村	合计	一产	二产	三产	合计				
2013	226.86	49.76	276.62	99.85	1 808.75	1 594.42	3 503.20	1 605.48ᵃ	42.21	111.75	254.42
2014	230.48	49.44	279.92	100.65	1 792.29	1 708.29	3 601.30	1 579.84ᵃ	42.58	108.30	261.59
2015	233.85	49.08	282.93	101.05	1 800.64	1 820.24	3 721.30	1 580.09	42.51	105.65	265.67
2016	237.09	48.66	285.75	95.04	1 822.15	1 950.44	3 867.30	1 586.79	42.44	106.37	251.50
2017	239.65	48.12	287.77	98.46	1 904.15	2 077.22	4 079.83	1 670.00	42.38.	109.98	273.18
2018	241.41	47.46	288.87	102.20	2 062.19	2 201.85	4 366.24	1 845.00	42.36	108.41	282.2

注:a.生产总值。

3.1.2 水文气象

包头市属于中温带半干旱大陆性季风气候区,受地形影响气候南北地区差异较大。其主要特点是:冬季漫长寒冷,春季雨少风多,夏季炎热,雨量集中,秋季凉爽日照长。多年平均气温在4.2~7.8 ℃,极端最低气温为-39.4 ℃,年最高气温出现在7月,极端最高气温达到39.2 ℃,大于10 ℃的积温为2 200~3 365 ℃;全年日照数在3 000~3 300 h,无霜期在120~140 d,最大冻土深1.75~2.80 m;全年多为西北风,多年平均风速为2.2~4.2 m/s,历史最大风速为28 m/s。

受地形影响,地区间降水差异较大,由西北向东南递增,北部的满都拉年均降水仅175 mm,东南部的大青山公山湾以东地区年均降水量达450 mm,多年平均降水量为

261～347 mm,降水年内分配极不均匀,年际间差异较大,6～9月降水占全年降水量的75%以上,降水量最多年份的降水量是最少年份的4.2倍;蒸发强烈,多年平均蒸发量1 797～2 472 mm。

2018年年平均气温6.2 ℃,年最高气温35.2 ℃,年最低气温−25.5 ℃,年降水总量401.7 mm,年最大风速12.6 m/s,平均风速3.4 m/s,年日照时数2 982 h,年平均相对湿度55%。

3.1.3　河流水系与水利工程

3.1.3.1　河流水系

包头市境内河流多为山谷季节性河流,分属黄河水系和内陆河水系。黄河水系流域面积8 579.44 km²,内陆河水系流域面积19 180.56 km²。

黄河水系的河流中,除黄河为过境河流外,其余均为境内河流,由西向东依次分布有哈德门沟、昆都仑河(见表3-2)、五当沟、水涧沟、美岱沟等大小76条河沟,由北向南汇入黄河。除哈德门沟、昆都仑河、五当沟、水涧沟、美岱沟等常年有水外,其余河沟均为季节性时令河,只有在雨季(7、8月)才有地表径流产生。黄河是唯一的一条过境河流,是包头市稳定的供水水源。黄河在包头市境内长约220 km,水面平均宽130～458 m,水深1.6～9.2 m,水面比降1/10 000左右,平均流速1.4 m/s。昭君坟站历年实测最大洪峰流量5 450 m³/s,最小流量43 m³/s,多年平均流量824 m³/s,多年平均径流量259.56亿 m³。

表3-2　黄河包头段主要支流基本情况一览表

名称	流域面积(km²)	河长(km)
哈德门沟	138.34	21.102
昆都仑河	2 761.01	142.70
四道沙河	132.89	19.76
二道沙河	69.77	15.19
东河	97.45	7.43

内陆河流域的河流分布在固阳县和达茂旗境内,主要河流有:艾不盖河、查干布拉河、塔布河、开令河、乌兰苏木河、讨来图河、阿其因高勒河、扎达盖河、乌兰伊利更河等。其中,艾不盖河是境内最大的内陆河流,发源于固阳县春坤山,主河道长度204 km,流域面积7 294 km²,常年有水,多年平均径流量2 168万 m³;塔布河为间歇性河流,其余均为季节性洪水河。

3.1.3.2　水利工程

包头市供水设施包括地表水供水工程、地下水供水工程、黄河水供水工程、再生水供水工程。

(1)地表水供水工程:①中型水库5座、小型水库11座,年供水能力5 291万 m³。②引水工程39处,年供水能力3 500万 m³。

(2)地下水供水工程:机电井16 981眼,年供水能力37 991万 m³。

(3)黄河水供水工程:包括城市供水工程、大型灌区供水工程及沿黄小泵站农业灌溉工程共20处,年供水能力150 000万 m³。

(4)再生水供水工程:全市共有再生水处理厂10座(包括包钢污水处理厂),再生水设计供水能力40.8万 m³/d。

3.2　水资源状况

3.2.1　水资源及时空分布特点

包头地处黄河上游、内蒙古自治区中西部,水资源主要由过境黄河水、当地地表水和地下水组成;该地区降水稀少,蒸发量是降水量的 10 倍左右,受地形地貌影响,降水时空分布不均;人均水资源占有量不足 380 m³,为全国人均水资源量的14.6%,属于水资源严重缺乏地区。

黄河干流流经包头市南缘,市境内长约 220 km,多年平均径流量218.7亿 m³,是包头市重要的供水水源。黄河水是包头市冲积平原可靠的灌溉水,也是包头市城市工业及生活用水的主要水源。

3.2.1.1　当地地表水资源

包头市自产地表径流集中在哈德门沟、昆都仑河、五当沟、水涧沟、美岱沟、艾不盖河等 6 条沟河,由降水产生,年内分配极不均匀,年际变化大。年径流变差系数为0.65,年内径流主要集中在 6~9 月,该时段径流量占年径流量的56.1%~90.5%,地表水资源量区域分布也存在明显的地带性差异,总的分布趋势由乌拉山及大青山南麓向南、北两侧递减。

包头市当地地表水资源总量2.13亿 m³,地表水资源可利用量为1.03亿 m³。

3.2.1.2　地下水资源

1.水文地质

按地形地貌及地下水类型,包头市从南到北可依次划分为平原区、山丘区、内陆河闭合盆地区三大水文地质单元。

平原区是河套平原水文地质单元的一部分,位于大青山山前断裂以南、黄河以北,由山前冲洪积平原和黄河冲积平原组成。其上广泛沉积巨厚的第四系松散岩类,富含孔隙水。含水层岩性为砂砾、粗砂、中细砂、粉细砂,单井出水量大于 1 000 m³/d,矿化度一般在 1 g/L 左右。补给源主要为大气降水入渗和侧向径流补给,排泄主要以侧向径流和人工开采为主。

山丘区是平原区地下水的主要补给区,以片麻岩裂隙水为主,山区沟谷中冲积洪积层潜水次之。片麻岩风化裂隙带厚度 10~30 m 不等,水位埋深一般在 20 m 左右,单井出水量3.5~175 m³/d,地下径流条件好,矿化度小于0.5 g/L,水化学类型为 $HCO_3-Ca \cdot Mg$ 型。补给源主要为大气降水入渗补给,排泄主要以侧向径流为主。

内陆河闭合盆地又可分为高平原区和盆地两种类型,主要以碎屑岩类裂隙孔隙浅层潜水为主。含水层岩性为砂砾岩、砂岩、泥岩微胶结。含水层不连续,含水厚度 1~3 m,富水性各地不一。单井出水量一般在 72~240 m³/d,富水区高达 240~720 m³/d。矿化度一般为 1~3 g/L,个别洼地大于 5 g/L。补给源主要为降水入渗补给,排泄主要为潜水蒸发和人工开采。

2.地下水类型

包头市地下水可分为潜水和承压水两类,潜水主要赋存于Q₃沉积的沙砾组地层中,靠天然水补给,水位埋深 3~50 m。承压水赋存于Q₁₋₂沉积的沙砾石层中,埋深一般为50~120 m,在天然条件下与上层潜水无水力联系。近年来由于开采量大于补给量,地下水位有所下降。

　　3.地下水资源量

　　包头市地下水资源总量6.13亿 m³,地下水可开采总量5.12亿 m³。

　　包头市市区分布有5个规模以上地下水水源地,分别为阿尔丁水厂水源地、昆区清水池水源地、青山加压站集中式饮用水水源地、东河区清水池水源地、九原区供水站水源地。

3.2.1.3　水资源可利用总量

　　根据《内蒙古自治区水资源及其开发利用调查评价》(内蒙古自治区水利水电勘测设计院、内蒙古自治区水文总局、内蒙古自治区水事监理中心,2008年4月),包头自产多年平均水资源总量7.26亿 m³,其中地表水资源量为2.13亿 m³,地下水资源量为6.13亿 m³($M \leq 2$ g/L),重复计算量为1.00亿 m³。水资源可利用总量为6.15亿 m³,其中地表水资源可利用量为1.03亿 m³,地下水资源可开采量为5.12亿 m³,地表水资源可利用量与地下水资源可开采量之间的重复计算量为0.01亿 m³。包头市水资源量见表3-3。

表3-3　包头市水资源量　　　　　　　　(单位:万 m³)

地区	自产水				水资源总量	水资源可利用总量
	地表水		地下水($M \leq 2$ g/L)			
	资源量	可利用量	资源量	可开采量		
包头市市区	3 800	1 628	20 798.15	17 852.14	22 979.82	19 480.68
石拐区	—	—	—	2 343.32	—	2 343.32
土默特右旗	4 017	1 928	14 973.82	14 747.89	16 129.73	16 676
固阳县	10 258	5 129	14 292.43	8 711.3	20 313.23	13 840
达茂旗	3 245	1 623	11 242.44	7 551.02	13 196.87	9 174
合计	21 320	10 308	61 306.84	51 205.67	72 619.65	61 514

3.2.1.4　黄河水资源可利用量

　　黄河是包头市客水资源,目前,自治区分配给包头市的黄河取用水指标(初始水权)为每年5.5亿 m³,其中:城市和工业取水2.05亿 m³,农业灌溉取水3.45亿 m³。包头市黄河初始水权明细见表3-4。

表3-4　包头市黄河初始水权明细　　　　　(单位:万 m³)

取水口名称	初始水权分配指标
包钢水源地(昭君坟水源地)	12 000
磴口水源地	1 500
画匠营子水源地	7 000
民族团结灌区	7 000
磴口扬水灌区	18 200
沿黄小泵站	9 300
合计	55 000

　　包头市地下水饮用水水源地概况一览表见表3-5,包头市地表水饮用水水源地概况一览表见表3-6。

表 3-5　包头市地下水饮用水水源地概况一览表

序号	行政区名称	水源地名称	一级保护区 范围	面积(km²)	二级保护区 范围	面积(km²)	准保护区 范围	面积(km²)
1	昆都仑区	阿尔丁水厂	以水库1#,2#,3#,4#,5#,6#,7#,昆河1#,301B,4#,302#,5#,12口井为中心半径各200 m,靠近公路一侧以公路为界的地表区域	1.315 6	长度为昆河水库下游至丹拉公路段,宽度为西部至公路,东部至两岸的昆河河槽及至两岸的陆域	2.135 8	西起昆都仑河西岸,东至东边界,青山区北部以都仑河为界,拉山山前断裂带以南200 m至大青山南麓1~3 km的地区及相应沟谷。与昆都仑水库衔接(除去阿尔丁水厂饮用水源地二级保护区)。西起东河槽,东至东河转龙藏一昊水井一磴口一线,大青山山前断裂带以南100 m至青山北部大青山麓的1~2 km地区及相应沟谷	91.187 3
2	昆都仑区	昆区清水池	以昆河6#,7#,10#,西郊1#,3#,4#,5#,6#,7#,8#,9#,12#,12口井为中心半径各50 m以内地表区域	0.094 2	—	—		
3	青山区	青山加油站	以北郊1#,2#,4#,6#,7#,9#,10#,7口井为中心半径各50 m以内地表区域	0.055 0	—	—		
4	东河区	东河清水池	东河2#,3#,4#,5#,6#和留宝窑子水源井,6口井中心半径各50 m以内地表区域	0.047 1	—	—		
5	九原区	九原供水站	以沙河镇1#,2#,3#,6#,7#,8#,9#,10#及九原区新水源1#,2#,3#,4#,5#,6#,7#,8#,16口井为中心半径各50 m以内地表区域	0.125 6	—	—		

表3-6　包头市地表水饮用水水源地概况一览表

序号	行政区名称	水源地名称	水源保护区划分成果					
			一级保护区		二级保护区		准保护区	
			范围	面积(km²)	范围	面积(km²)	范围	面积(km²)
1	昆都仑区	黄河昭君坟水源地	水域长度为包钢1#取水口上游1 000 m至2#取水口下游100 m,宽度为至黄河两岸大堤堤顶内沿或台地[坐标1(109°41′18″E,40°29′6″N)、坐标2(109°41′17″E,40°29′6″N)连接的距离]内沿。陆域长度为沿黄河两岸相应的一级保护区水域河长,纵深为黄河两岸大堤堤顶内沿或台地[坐标1(109°41′18″E,40°29′6″N)、坐标2(109°41′17″E,40°29′6″N)连接的距离]内沿向外延伸50 m;陆域还包括包钢水厂厂界内的区域	10.310 2	水域长度为一级保护区上游边界向上延伸2 000 m及一级保护区下游边界向下延伸200 m,宽度为至黄河两岸大堤堤顶内沿。陆域长度为沿黄河两岸相应的一级和二级保护区水域河长,纵深至黄河大堤堤顶向外1 000 m一级保护区之外的陆域	18.000 3	—	—
2	九原区	黄河画匠营子水源地	水域长度为二期工程取水口上游1 000 m至一期工程取水口下游100 m;宽度为至黄河两岸大堤堤顶内沿。陆域长度为相应的一级保护区水域河长,纵深为黄河两岸匠营子水厂(含一期和二期工程)厂界内的区域	5.280 1	水域长度为一级保护区上游边界向上延伸2 000 m,下游边界向下延伸200 m,宽度为至黄河两岸大堤堤顶内沿。陆域长度为沿黄河两岸相应的一级和二级保护区水域长,纵深为至黄河大堤堤顶内沿向外延伸1 000 m一级保护区之外的陆域	11.633 2	—	

续表 3-6　水源保护区划分成果

序号	行政区名称	水源地名称	一级保护区 范围	一级保护区 面积（km²）	二级保护区 范围	二级保护区 面积（km²）	准保护区 范围	准保护区 面积（km²）
3	东河区	黄河磴口水源地	水域长度为取水口上游 1 000 m 至下游 200 m 两岸大堤堤顶内沿。宽度为至黄河两岸大堤堤顶内沿，陆域为沿两岸大堤堤顶内沿。陆域的一级保护区水域河长，纵深为黄河两岸大堤堤顶内沿向外延伸 50 m，以及澄口水厂和沉淀池门界内的区域	2.162 4	水域长度为一级保护区上游边界向上延伸 2 000 m 及一级保护区下游边界向下延伸 200 m，宽度为至黄河两岸大堤堤顶内沿。陆域长度为沿两岸相应的一级保护区和二级保护区水域河长，靠近呼包铁路一侧，以呼包铁路为界除去一级保护区之外的陆域	16.367 8		
4	昆都仑区	昆都仑水库	水域为以取水口为中心半径 300 m 范围内的水域。陆域宽为与水域一级保护区交界处的相应陆域，高为靠山一侧正常水位线以及大坝上 200 m 范围内的陆域以及正常水位线以上至坝顶外沿范围内的陆域	0.226 2	一级保护区外库区的全部水域。水库库区周边两侧山脊线以外（一级保护区以外）内的陆域，昆河上游主河道两侧山脊线以内的陆域	5.478 9	水库上游二级保护区向上延伸 15～28 km 处固阳县境内的昆都仑河干流，及其主要支流的河道及两岸河道 2 km 纵深的区域。昆都仑河巴彦淖尔市境内是从二级保护区边界向上延伸 14.5 km 的主河道及其主要汇水支流河道及两岸 1.5 km 纵深的区域	610.776 1

3.2.2　水功能区划及水质情况

包头尾闾工程入黄排污口位于二级水功能区黄河内蒙古开发利用区包头东河饮用、工业用水区上中部黄河左岸。黄河干流包头段水功能区划见表3-7。

表3-7　黄河干流包头段水功能区划

序号	一级水功能区	二级水功能区	起始断面	终止断面	长度(km)	水质目标	监测断面
1	黄河内蒙古开发利用区	黄河包头昭君坟饮用、工业用水区	黑麻淖渡口	西柳沟入口	9.3	Ⅲ	昭君坟
2		黄河包头昆都仑排污控制区	西柳沟入口	红旗渔场	12.1	—	—
3		黄河包头昆都仑过渡区	红旗渔场	包神铁路桥	9.2	Ⅲ	画匠营
4		黄河包头东河饮用、工业用水区	包神铁路桥	东兴火车站	39	Ⅲ	磴口
5		黄河土默特右旗农业用水区	东兴火车站	头道拐水文站	113.1	Ⅲ	头道拐

3.2.2.1　水功能区水质评价结果

评价以《地表水环境质量标准》(GB 3838—2002)为基本评价标准,按照《全国重要江河湖泊水功能区水质达标评价技术方案》(2014年3月)规定开展水功能区全因子达标评价。水功能区全因子达标评价项目按《地表水环境质量标准》(GB 3838—2002)中的基本项目执行,其中水温、总氮、粪大肠菌群3个因子不参与评价,具有饮用水功能的水功能区水质达标评价项目还应包括集中式生活饮用水地表水源地补充项目(硝酸盐氮、氯化物、硫酸盐、铁、锰等5项指标)。水功能区水质达标评价采用频次达标评价方法,达标率大于(含等于)80%的水功能区为达标水功能区。

各水功能区全因子评价见表3-8~表3-11。

表3-8　昭君坟饮用、工业用水区2011~2017年度全因子评价

年度	年度评价次数	年度达标次数	年度达标率(%)	达标评价结论
2011	12	2	16.7	未达标
2012	12	7	58.3	未达标
2013	12	11	91.7	达标
2014	12	8	66.7	未达标

续表 3-8

年度	年度评价次数	年度达标次数	年度达标率(%)	达标评价结论
2015	12	9	75	未达标
2016	12	12	100	达标
2017	12	12	100	达标

表 3-9　昆都仑过渡区2011~2017年度全因子评价

年度	年度评价次数	年度达标次数	年度达标率(%)	达标评价结论
2011	12	1	8.33	未达标
2012	12	4	33.33	未达标
2013	12	7	58.33	未达标
2014	12	5	41.7	未达标
2015	12	4	33.33	未达标
2016	12	12	100	达标
2017	12	12	100	达标

表 3-10　东河饮用、工业用水区2011~2017年度全因子评价

年度	年度评价次数	年度达标次数	年度达标率(%)	达标评价结论
2011	12	0	0	未达标
2012	12	5	41.7	未达标
2013	12	7	58.3	未达标
2014	12	1	8.33	未达标
2015	12	4	33.33	未达标
2016	12	10	83.33	达标
2017	12	12	100	达标

表 3-11　土默特右旗农业用水区2011~2017年度全因子评价

年度	年度评价次数	年度达标次数	年度达标率(%)	达标评价结论
2011	12	3	25.00	未达标
2012	12	4	33.33	未达标
2013	12	5	41.70	未达标
2014	12	4	33.33	未达标
2015	12	6	50.00	未达标
2016	12	10	83.33	达标
2017	12	12	100.00	达标

3.2.2.2　2017年水功能区全因子达标评价

根据《黄河流域省界水体及重点河段水资源质量状况通报》统计,2017年黄河包头段涉及的水功能区均达标。评价结果见表 3-12、表 3-13。

表 3-12　2017年度水功能区全因子达标评价结果

水功能区	年度评价次数	年度达标次数	年度达标率(%)	达标评价结论
黄河包头昭君坟饮用、工业用水区	12	12	100	达标
黄河包头昆都仑过渡区	12	12	100	达标
黄河包头东河饮用、工业用水区	12	12	100	达标
黄河土默特右旗农业用水区	12	12	100	达标

表 3-13　黄河干流包头段2017年水质状况一览表

站名	2017年逐月水质类别											
	1月	2月	3月	4月	5月	6月	7月	8月	9月	10月	11月	12月
昭君坟	Ⅲ	Ⅲ	Ⅲ	Ⅲ	Ⅲ	Ⅱ	Ⅱ	Ⅱ	Ⅱ	Ⅱ	Ⅱ	Ⅱ
红旗渔场	Ⅲ	Ⅲ	Ⅲ	Ⅲ	Ⅲ	Ⅲ	Ⅱ	Ⅱ	Ⅱ	Ⅱ	Ⅱ	Ⅱ
画匠营	Ⅲ	Ⅲ	Ⅲ	Ⅲ	Ⅲ	Ⅲ	Ⅱ	Ⅱ	Ⅱ	Ⅱ	Ⅱ	Ⅱ
磴口	Ⅲ	Ⅲ	Ⅲ	Ⅲ	Ⅲ	Ⅲ	Ⅱ	Ⅱ	Ⅱ	Ⅲ	Ⅲ	Ⅲ
头道拐	Ⅲ	Ⅲ	Ⅲ	Ⅲ	Ⅲ	Ⅲ	Ⅲ	Ⅱ	Ⅱ	Ⅲ	Ⅱ	Ⅱ

3.2.2.3　水功能区水质评价

依据《内蒙古自治区水资源公报》,2013~2018年包头市水功能区水质评价见表 3-14,2013~2018年包头市水功能区达标评价见表 3-15。依据《黄河流域地表水质量状况通报》,2020年水功能区水质状况见表 3-16。

表 3-14　2013～2018 年包头市水功能区水质评价

范围	年份	评价河长 (km)	全因子分类河长 (km)						主要超标项目	评价河长 (km)	双因子分类河长 (km)						主要超标项目
			I类	II类	III类	IV类	V类	劣V类			I类	II类	III类	IV类	V类	劣V类	
	2013	198.70						198.70	氨氮、化学需氧量、氟化物	198.70						198.70	化学需氧量、氨氮
	2014	260.00		89.40	170.60					260.00		89.40	170.60				
考核的国家重要水功能区	2015	260.00		89.40		170.60				260.00		89.40	170.60				挥发酚
	2016	198.10		170.60	27.50					198.10		198.10					
	2017	198.10		159.10	39.00					198.10		198.10					
	2018	260.0		221.0	39.0					260.00	27.50	232.50					
自治区级水功能区	2015	253.40						253.40	化学需氧量、氨氮	336.50		60.00				276.50	化学需氧量、氨氮
	2016	253.40			60.00		35.10	158.30	氨氮、总磷、化学需氧量	336.50			111.20		48.00	177.30	化学需氧量、氨氮
	2017	253.40			95.10			158.30	氨氮、总磷、氟化物	336.50		111.20	48.00		19.00	158.30	化学需氧量、氨氮
	2018	253.40		35.10	60.00	158.30			氟化物、硫酸盐、氯化物	336.50		336.50					化学需氧量、氨氮、高锰酸盐指数

表 3-15　2013~2018年包头市水功能区达标评价

年份	水功能区监测数(个)	水功能区参与评价数(个)	全因子		双因子	
			达标个数(个)	达标率(%)	达标个数(个)	达标率(%)
2013	8	7	4	57.1	4	57.1
2014	7	6	3	50.0	6	100.0

范围	年份	水功能区总数	全因子				双因子			
			未参评个数	参评个数	达标个数	达标率(%)	未参评个数	参评个数	达标个数	达标率(%)
考核的国家重要水功能区	2015	7	1	6	0	0	1	6	6	100.0
	2016	7	2	5	3	60.0	2	5	5	100.0
	2017	7	2	5	4	80.0	2	5	5	100.0
	2018	7	1	6	5	83.3	1	6	6	100.0
自治区级水功能区	2015	7	4	3	0	0	1	6	0	0
	2016	7	4	3	0	0	1	6	2	33.3
	2017	7	4	3	1	33.3	1	6	3	50.0
	2018	7	4	3	1	33.3	1	6	5	83.3

表 3-16　2020年水功能区水质状况一览表

时间	断面位置	断面	流量 (m³/s)	本次评价水质	水质目标
2月	内蒙古自治区包头市	昭君坟		Ⅲ	Ⅲ
	内蒙古自治区包头市	红旗渔场		Ⅱ	Ⅲ
	内蒙古自治区包头市	画匠营	690	Ⅲ	Ⅲ
	内蒙古自治区包头市	磴口		Ⅱ	Ⅲ
	内蒙古自治区托克托县	头道拐	697	Ⅱ	Ⅲ
4月	内蒙古自治区包头市	昭君坟		Ⅱ	Ⅲ
	内蒙古自治区包头市	红旗渔场		Ⅱ	Ⅲ
	内蒙古自治区包头市	画匠营	1 270	Ⅱ	Ⅲ
	内蒙古自治区包头市	磴口		Ⅱ	Ⅲ
	内蒙古自治区托克托县	头道拐	1 240	Ⅱ	Ⅲ
6月	内蒙古自治区包头市	昭君坟		Ⅲ	Ⅲ
	内蒙古自治区包头市	红旗渔场		Ⅲ	Ⅲ
	内蒙古自治区包头市	画匠营	934	Ⅲ	Ⅲ
	内蒙古自治区包头市	磴口		Ⅲ	Ⅲ
	内蒙古自治区托克托县	头道拐	1 040	Ⅱ	Ⅲ
8月	内蒙古自治区包头市	昭君坟		Ⅱ	Ⅲ
	内蒙古自治区包头市	红旗渔场		Ⅲ	Ⅲ
	内蒙古自治区包头市	画匠营	2 080	Ⅲ	Ⅲ
	内蒙古自治区包头市	磴口		Ⅱ	Ⅲ
	内蒙古自治区托克托县	头道拐	1 790	Ⅲ	Ⅱ

3.2.2.4　包头市排水及再生水利用情况

1.排水情况

区域黄河包头东河饮用、工业用水区有2处泄洪河道,3处排污口,自上而下分别为右岸的达拉特电厂(蒙达发电有限公司)排污口、左岸的万水泉污水处理厂排污口、二道沙河(西河)、东河和华资实业股份有限公司(含包头铝业产业园区废污水),见表3-17。

表 3-17　包神铁路桥—头道拐河段主要入河排污口基本情况一览表

序号	名称	黄河两岸	纬度(N)	经度(E)	入黄口位置	行政区	废污水种类
1	达拉特电厂废水入黄口	右岸	40°31′41.5″	109°54′45.3″	包神铁路桥下游约0.6 km	鄂尔多斯	工业废水生活污水
2	万水泉污水处理厂	左岸	40°31′52.7″	109°56′35.1″	包神铁路桥下游约3.3 km	包头	工业废水生活污水
3	二道沙河(含尾闾工程、二道沙河污水收集干管)	左岸	40°31′51.8″	109°58′52.5″	包神铁路桥下游约16.3 km	包头	工业废水生活污水
4	东河	左岸	40°32′12.9″	110°02′29.8″	包神铁路桥下游约16.9 km	包头	工业废水生活污水
5	华资实业	左岸	40°33′6.61″	110°11′26.68″	包神铁路桥下游约37.1 km	包头	工业废水生活污水

2.再生水利用情况

2018年包头市(盟)污水处理再生水利用量见表 3-18。

表 3-18　2018年包头市(盟)污水处理再生水利用量

序号	县级行政区	污水处理再生水厂名称	再生水生产能力(万 m³/d)	再生水年实际生产量(万 m³)	污水处理再生水利用量(万 m³)		
					工业	城镇环境	合计
1	青山区	北郊水质净化厂	8.00	2 044	389	481	870
2	东河区	东河东水质净化厂	4.00	1 168	726	30	756
3	九原区	万水泉污水处理厂					
4	九原区	南郊污水处理厂	5.50	1 606	883		883
5	达茂旗	达茂旗百灵庙镇污水处理厂					
6	土右旗	土右旗九峰山污水处理厂	2.00	330	193	78	271
7	固阳县	固阳县金山镇污水处理站	1.00	219		143	143
8	白云区	白云区污水处理厂	0.40	146		145	145
9	石拐区	石拐区污水处理厂	0.70	128	61		61
10	昆都仑区	包钢污水处理总厂	19.20	4 764	3 202		3 202
	合计		40.80	10 405	5 454	877	6 331

3.3　水资源开发利用现状分析

3.3.1　供水工程与供水量、用水量、用水结构

2011~2018年包头市供、用水情况见表3-19。

表3-19　2011~2018年包头市供、用水情况一览表　　　（单位:万 m³）

年份	供水量							用水量					
	地表水源供水量				地下水源供水量	再生水供水量	总量	农业用水量	工业用水量				生活用水量、社会综合	总量
	蓄水工程	引水工程	提水工程	总量					工业用新水量	工业重复用水量	总量		
2011	1 792	283	61 680	63 755	38 698	6 315	108 768	69 905	31 215	247 490	278 705	7 648	108 768
2012	2 031	100	57 038	59 169	37 209	6 642	103 020	66 007	29 032	230 182	259 214	7 981	103 020
2013	1 951	0	56 404	58 355	36 625	7 482	102 462	65 026	28 253	224 006	252 259	9 183	102 462
2014	2 395	0	57 066	59 461	37 991	5 292	102 744	65 610	26 429	211 670	238 099	10 705	102 744
2015	2 638	0	62 070	64 708	36 157	5 068	105 933	69 210	25 198	201 811	227 009	11 525	105 933
2016	2 527	0	61 290	63 817	37 104	4 772	105 693	67 840	25 581	204 878	230 459	12 272	105 693
2017	1 532	0	61 459	62 991	37 700	5 074	105 765	66 397	26 615	213 159	239 774	12 753	105 765
2018	2 011	0	62 137	64 148	36 549	6 331	107 028	64 948	28 622	231 578	260 200	13 458	107 028

注:2017年水资源公报地表水源供水量总量值与分项值相差186万 m³,原蓄水工程供水量为1 346万 m³,"修正后"蓄水工程供水量为1 532万 m³。

3.3.2　用水水平

2014~2018年包头市主要用水指标统计见表3-20,2018年主要用水指标对照情况见表3-21。

表3-20　2014~2018年包头市主要用水指标统计

用水指标	2014年	2015年	2016年	2017年	2018年
人均当地动态水资源量(m³)	289	196	—	—	—
人均用水量(m³)	367	374	370	367	372
万元 GDP 用水量(m³/万元)	—	—	27.33	30.66	—
万元工业增加值用水量(m³)	16.73	15.27	14.62	14.80	—
工业平均水重复利用率(%)	88.9	88.9	88.9	88.9	—
农田灌溉亩均用水量(m³/亩)	283	245	243	239	241
城镇生活用水指标[L/(人·d)]	101	103	98	106	114
农村生活用水指标[L/(人·d)]	50	65	67	58	59

表 3-21　2018年主要用水指标对照

用水指标	包头市	内蒙古自治区	全国
人均用水量（m³）	372	758	432
农田灌溉亩均用水量（m³/亩）	241	279	365
城镇生活用水指标[L/(人·d)]	114	95	225
农村生活用水指标[L/(人·d)]	59	83	89

注：①内蒙古自治区数据来自《内蒙古自治区水资源公报》；
　　②全国用水指标数据来自《中国水资源公报》。

由表 3-21 可知，2018年包头市人均用水量、农田灌溉亩均用水量、农村生活用水指标低于内蒙古自治区及全国用水水平，城镇生活用水指标低于全国用水水平。

3.4　最严格水资源管理制度完成情况

2015~2017年度，包头市完成用水总量、用水效率、农田灌溉水有效利用系数、国家重要江河湖泊水功能区水质达标率控制指标，年度考核均为满分，见表 3-22。

表 3-22　包头市最严格水资源管理制度考核目标完成情况

年份	用水总量（亿 m³）		用水效率（m³/万元）				农田灌溉水有效利用系数		国家重要江河湖泊水功能区水质达标率	
	用水总量控制指标	实际完成情况	万元工业增加值用水量	实际完成情况	万元 GDP 用水量	实际完成情况	农田灌溉水有效利用系数	实际完成情况	水功能区限制纳污	实际完成情况
2015	10.88	10.59	大于等于23%	30.6%			大于等于0.55	0.556	控制指标达标率为70%	100%
2016	10.83	10.57	15 m³/万元以下或较 2015 年下降5%	14.62	50 m³/万元以下或较 2015 年下降6%	27.33	0.56	0.560	80%	100%
2017	10.79	10.58	15 m³/万元以下或较 2015 年下降6%	14.79	50 m³/万元以下或较 2015 年下降9.2%	30.66	0.57	0.570	76.4%	100%
2020	10.65（控制指标）	10.70（2018年用水量）					2017年农田灌溉亩均用水量 239，2018年农田灌溉亩均用水量 241	100%		100%（2018年）
2030	11.87（控制指标）									

3.5　开发利用潜力分析

3.5.1　社会经济发展及用水水平预测

3.5.1.1　社会经济发展指标

包头市社会经济发展指标，现状根据《包头市2014年国民经济和社会发展统计公报》

确定;规划水平年结合《包头市城市总体规划(2012—2020)》《包头市现代产业发展规划》提出的"工业产业前端产业向山北地区转移的布局方案"和各相关部门提出的专业规划以及旗(县、区)发展规划分析确定,见表 3-23。

表 3-23　包头市社会经济发展预测

规划年	行政区域	人口(万人)			农田灌溉(万亩)	牲畜(万头只)	第二产业(亿元)	第三产业(亿元)
		城镇	农村	合计				
2020	市区	270	5	275	41.96	56.39	2 016.09	2 531.40
	石拐区	2		2	3.33	10.14	74.67	13.83
	土右旗	21.8	19.2	41	130.35	240.83	161.79	130.03
	固阳县	5.2	7.8	13	30.71	170.48	99.56	27.67
	达茂旗(含白云矿区)	7	2	9	33.65	189.48	136.89	63.63
	合计	306	34	340	240	667.32	2 489	2 766.56

3.5.1.2　用水水平预测

根据《包头市2014年国民经济和社会发展统计公报》《包头市城市总体规划(2012—2020)》和水利部《关于节水型社会建设试点工作指导意见》《节水型城市目标导则》,结合包头市节水型社会建设的目标要求以及包头市水资源开发利用现状,用水行业结构及其用水水平现状综合确定,见表 3-24。

表 3-24　规划水平年用水水平预测

分类项目	现状用水水平	2020年用水水平
万元工业增加值取水量(m³/万元)	15.27	16 以下
工业平均水重复利用率(%)	88.9	90
农田亩均灌溉用水量(m³/亩)	283	270
城镇居民生活日均用水量[L/(人·d)]	50~80	60~100
农村居民生活日均用水量[L/(人·d)]	50	50

3.5.2　需水量预测

包头市国民经济发展需水量预测包括居民日常生活用水,第一产业、第二产业、第三产业用水量以及生态环境需水量。需水量预测采用定额法进行。

2020年国民经济发展需水量118 993.10万 m³,见表 3-25。

表 3-25　各行业需水量预测汇总　　　　　　（单位:万 m³）

行政区域	2020年					
	居民生活需水量	第一产业需水量	第二产业需水量	第三产业需水量	生态需水量	合计
市区	9 946.25	12 375.34	29 602.67	3 978.50	2 598.92	58 501.68
石拐区	43.80	670.62	1 096.395	17.52	26.35	1 854.685
土右旗	827.82	39 170.85	2 375.50	331.128	185.31	42 890.61
固阳县	256.23	5 614.20	1 461.86	102.492	108.79	7 543.572
达茂旗	189.80	5 837.33	2 010.08	75.92	89.39	8 202.52
合计	11 263.90	63 668.34	36 546.50	4 505.56	3 008.76	118 993.10

3.5.3　可供水量预测

包头市的可供水水资源有地下水、当地地表水、黄河客水城市污水厂再生水、城市雨水等。可供水量预测分析是在各种水源可利用量约束下,根据现有供水工程和规划期内修建的水源工程设施的供水能力,预测各类水源的可供水量。当工程供水能力大于可利用水量时,可供水量等于可利用量;当工程供水能力小于可利用量时,可供水量等于工程供水能力。

根据上述可供水分析结果,包头市规划水平年可供水量为118 062.74万 m³,其中常规水资源为102 208.99万 m³,非常规水资源为15 853.75万 m³,见表3-26。

表 3-26　可供水量分析　　　　　　（单位:万 m³）

规划年	行政区域	常规水资源				非常规水资源			可供水量合计
		地下水	黄河水	地表水	合计	再生水	雨洪水	合计	
2020	市区	14 281.71	23 100	1 675	39 056.71	12 329.41	1 790	14 119.41	53 176.12
	石拐区	1 894.65	0	650	2 544.65	174.506 4		174.506 4	2 719.16
	土右旗	11 797.90	31 900	3 616	47 313.90	821.356 2	0	821.356 2	48 135.26
	固阳县	6 097.91	0	375	6 472.91	352.317 6	0	352.317 6	6 825.23
	达茂旗	6 040.82	0	780	6 820.82	386.154	0	386.154	7 206.94
	合计	40 112.99	55 000	7 096	102 208.99	14 063.75	1 790	15 853.75	118 062.74

3.5.4　供需水平衡分析

由于石拐新区已纳入城市北部供水工程,在供需平衡中把石拐区的城镇生活、第三产业和生态用水纳入市区进行统一平衡。2020年全市需水量预测为118 993.1万 m³,通过全社会节水,农田高效节水灌溉和新修水源工程等工程及非工程措施,全市可供水量(不包括再生水等非常规水源)预测达到102 208.99万 m^3,缺水16 784.11万 m^3,考虑非常规水源后,包头市可供水量将达到118 062.74万 m^3,缺水930.36万 m^3,见表3-27。

表 3-27　水资源供需平衡　　　　　　　　　(单位:万 m^3)

行政区域	2020年				
	可供水量(常规水源)	可供水量(考虑非常规水源后)	需水量	余缺水量(常规水源)	余缺水量(考虑非常规水源后)
市区	39 056.71	53 176.12	58 501.68	−19 444.97	−5 325.56
石拐区	2 294.65	2 719.16	1 854.685	689.965	864.475
土右旗	47 524.9	48 135.26	42 890.61	4 423.29	5 244.65
固阳县	6 472.91	6 825.23	7 543.572	−1 070.662	−718.342
达茂旗	6 820.82	7 206.97	8 202.52	−1 381.70	−995.55
合计	102 169.99	118 062.74	118 993.10	−16 784.11	−930.36

3.5.5　缺水分析及对策

包头市是我国北方严重缺水城市之一,2014年包头市水资源用水总量为10.27亿 m^3,随着工业发展、居民生活及生态用水需求量的增长,包头市缺水问题依然十分严峻。在充分考虑"十三五"期间全市大力开展的农田节水灌溉、城市供水管网节水改造等节水措施基础上,通过定额分析法进行预测,2020年包头市蓄水总量将达到11.90亿 m^3,其中随工业增加值刚性增长,工业需水量的增长成为包头市需水总量增长的主要原因。

按照"三条红线"控制指标要求,包头市在2020年水资源用水指标需控制在10.65亿 m^3 以下。包头市在"十三五"期间将规划建设一批水源工程,增加可供水量2 863万 m^3,同时还规划建设一批支撑县城经济发展和工业发展的供水工程,有效缓解包头市区域间的缺水问题。在充分考虑"三条红线"对用水总量的控制指标要求及规划工程新增供水的情况下,通过预测包头市2020年常规水源的可供水量为10.23亿 m^3,将缺水1.68亿 m^3,受水资源、用水控制指标以及工程建设等因素的限制,包头市缺水问题依然十分严峻。通过分析可知,包头市需水总量增加的主要原因为工业需水量的刚性增长,结合这一特点,剩余缺水问题可以通过再生水、雨水等非常规水源的利用予以解决,包头市现状再生水利用率为30%,"十三五"期间通过相关工程及非工程措施,将包头市再生水利用率提高至65%,增加非常规水源可供水量1.58亿 m^3,可供水量将达到11.81亿 m^3,缺水0.93亿 m^3,有效缓解包头市缺水问题。

"十三五"期间,通过全社会的节约用水、农田高效节水灌溉工程、水源及供水工程和大力发展非常规水资源的建设,到2020年包头市水资源紧缺状况得到有效缓解,基本实现供需平衡。

3.6　区域水资源开发利用存在的主要问题

3.6.1　再生水回用率低

包头市经过十几年的工作,污水再生利用取得了长足的进步,工艺技术路线已趋成熟,但污水再生利用尚未形成有效的激励机制,再生水配套管网建设相对滞后,现有再生水回用管网仅能供给个别电力企业和覆盖局部城市绿地化用水,由于再生水用户少且用水量不足,已建成的再生水供水设施供水能力不能得到充分发挥,管网工程建设不能满足再生水集中回用的需求。2018年再生水回用量仅有6 331 m^3,而处理能力高达40.8万m^3/d。

3.6.2　污水资源化缺乏统筹管理

城镇生活污水处理回用设施建设、运营与水资源利用及水污染防治分属包头市住房和城乡建设局、水务集团、环保等部门管理,污水资源化缺乏统一管理机制和完善的优惠支持政策,城镇污水处理与利用设施独立运行,未能形成污水再生利用设施的规模、用水途径、布局及建设方式的总体设计与系统集成,制约再生水"分类、分质"利用。

3.6.3　集中排污加大磴口水源地风险

2000年以来实施的四道沙河改道、污水截流,污水引入西河后排入黄河,逐渐加大了黄河包头东河饮用、工业用水区画匠营取水口以下河段的污染负荷,包头市目前大约70%的废污水通过尾闾工程、二道沙河集中排放,现状污染物排放量超过了水功能区纳污能力,集中排放加大了磴口水源地风险。

第 4 章　取用水合理性分析

　　包钢新、旧体系都属于已建项目,旧体系1954年开始建设,新体系于 2012 年 3 月开工建设,主体工程自 2013 年 9 月陆续建成投入试运行,2016 年 12 月 8 日工程全部投入运行。

　　包钢取用水合理性分析在相关产业政策分析的基础上,调查取、供、用、产、耗、排水量,取用水计量设施、用水管理、节水措施等基本情况,依据《水利部关于开展规划和建设项目节水评价工作的指导意见》《水利部关于印发钢铁等十八项工业用水定额的通知》、行业标准、环评批复等,以钢铁工业用水定额、现状节水潜力综合分析核定企业合理用水量,识别现状企业用水管理存在的主要问题,提出整改建议。

4.1　用水技术分析

4.1.1　生产工艺分析

　　包钢现状主体生产系统包括原料、选矿、烧结、球团、焦化、炼铁、炼钢、连铸、轧钢,形成了一套完整的钢铁联合企业生产体系,此外还有热电等辅助生产系统。

4.1.1.1　选矿工序

　　包钢厂区内选矿厂工艺流程主要分为自产矿选矿工艺和蒙古矿选矿工艺两部分。自产原矿从白云鄂博矿区开采后经过火车运输到选矿厂,经过破碎、磨矿、磁选、浮选后得到最终精矿,再通过过滤脱水后得到品位65.5%、含水 11% 以下的自产铁精矿送炼铁厂。蒙古矿从蒙古采购,通过火车运送到选矿厂,经过磨矿、磁选、浮选后得到最终精矿,通过过滤脱水后得到品位67.5%、硫小于1.0%、含水 11% 以下的低硫蒙古铁精矿送仓储中心。

4.1.1.2　烧结、球团工序

　　(1)烧结工序。含铁原料在原料场中经过配矿、混匀成为一种化学成分均匀的混匀矿,混匀矿及合格熔剂(石灰石和白云石)由原料场用胶带机送至烧结机的配料槽,烧结、球团及块矿返矿用胶带机运入配料槽,生石灰采用密封罐车运输,气动输入配料槽,燃料采用胶带机运到烧结厂内,燃料经粗破碎及细碎处理后,成品运入配料槽储存。含铁原料、熔剂、燃料经自动配料后进入一次混合室和二次混合室,再经布料器给入烧结机上的混合料矿槽。混合料由圆辊给料机、辊式布料器组成的布料装置均匀地布在烧结机台车上,经点火、保温、抽风过程进行烧结,烧结机烧成的烧结饼经破碎、冷却及筛分整粒,分出铺底料、产品用矿,分别用胶带机送入烧结室、冷返矿配料槽及成品矿槽,成品矿用胶带机送至高炉矿仓。

　　(2)球团工序。铁精矿粉、膨润土、焦炭、白云石粉等在配料室按质量比例自动配料,配成的混合料经混合后,加水湿润造球,经梭式布料机两层辊筛筛选,把不合格的生球通过湿返料运输胶带机系统返回,把大小合格的生球均匀铺在带式焙烧机上,利用焙烧机的

燃烧系统和风流系统,使生球完成从干燥到冷却的整个加热过程。冷却后的球团矿通过胶带机送往成品分级站。通过底边料分离器分出大于 9 mm 粒级的成品作为铺底料、边料用,其他成品球团矿用成品胶带机系统运至高炉矿槽,也可以通过胶带机送至料场堆存。

4.1.1.3　焦化工序

焦化工序大致分三部分,即炼焦工艺、熄焦工艺和化产系统。

炼焦工艺是将洗精煤等混合,由装煤车装入焦炉炭化室,经高温干馏形成块状焦炭,并同时产生荒煤气。荒煤气汇集到炭化室顶部空间,经过上升管,桥管进入集气管,700 ℃左右的荒煤气在桥管内被氨水喷洒冷却至 90 ℃左右后送至煤气净化车间,焦炉煤气经过化产回收后送往焦炉煤气柜供用户使用。焦炉加热采用焦炉煤气和高炉煤气,由外部管道引入,焦炉加热产生的废气经烟囱排入大气。当炭化室内的焦炭成熟后,由推焦机推出经拦焦机导入熄焦罐内,并由焦罐车送至干熄焦设备进行熄焦,熄焦后的焦炭经筛分,合格粒度的焦炭通过胶带运输机送往高炉作燃料及还原剂使用,碎焦供烧结使用。

化产系统包括冷鼓、电捕、硫铵工段、粗苯工段、脱硫工段等,主要的化工产品有煤焦油、粗苯、硫铵、多氨盐、硫黄等。

4.1.1.4　炼铁工序

将烧结矿、球团矿和少量块矿配入适量焦炭、石灰石等装入高炉,通过焦炭的还原作用排除矿石中的氧,通过造渣作用把铁与杂石分开,再通过渗碳作用吸收碳素生成铁,铁水由罐车送至炼钢处使用。高炉渣由出铁场的渣沟流出,1#、5# 高炉炉渣由渣口放出装罐送往高炉渣场堆存,3#、4#、6#、7#、8# 高炉炉渣全部冲制水渣后综合利用。

4.1.1.5　炼钢工序

以高炉铁水为主要原料,由炼铁厂用铁水罐车热装送至炼钢厂,先进行铁水脱硫预处理,然后送至转炉,采用顶底复吹工艺冶炼,转炉出钢进行炉外二次精炼后,合格钢水送连铸浇注,经结晶器、弯曲段、扇形段、二冷段喷淋冷却后得到产品连铸坯,送至轧钢厂使用。生产流程主要为铁水预处理、转炉冶炼和连铸。

4.1.1.6　连铸和轧钢工序

连铸和轧钢工序根据各种产品的不同类型分别由薄板厂、钢管公司、轨梁厂、长材厂、特钢分公司等分厂生产。

薄板厂由炼钢区域以及热轧、冷轧、镀锌和宽厚板四条板材生产线组成,具备年产钢 400 万 t、成品板材 400 万 t 的生产能力。按区域分,薄板厂包括炼钢区域、热轧区域(铸机和轧机区域)、冷轧区域、镀锌区域、硅钢区域、精整热处理区域等六大区域。

钢管公司产品及设备特点分成六个作业区:φ400 作业区、φ180 作业区、石油管作业区、φ159 作业区、φ460 作业区、制钢二部。

轨梁厂有 1# 中型万能轧钢生产线和 2# 大型万能轧钢生产线,主要产品有钢轨、百米轨、型轨、方钢等,运用于铁路、桥梁、高层建筑、电站锅炉、衡器、起重设备、港口、煤矿、机车制造等行业。

长材厂生产工艺为热轧生产工艺,将钢锭(钢坯)加热至 1 150 ℃以上,采用不同孔型的轧辊轧制出各种类型的钢材。

特钢分公司生产工艺为热轧生产工艺,将钢锭(钢坯)加热至1 150 ℃以上,采用不同孔型的轧辊轧制出各种类型的钢材。

4.1.1.7　火力发电

包钢火力发电主要燃用焦炉、高炉副产品煤气向厂区供热蒸汽、供电等,包含包钢旧体系热电厂的发电作业部、热力作业部(二机二炉、CCPP)以及新体系 CCPP。

4.1.2　用水工艺分析

包钢各分厂用水种类众多,主要分为设备冷却循环水用水、工艺用水、劣质水用水系统、生活用水、消防用水、绿化用水等。

4.1.2.1　设备冷却循环用水

根据不同设备的循环冷却水水质不同,大致可分为净环冷却水系统、浊环冷却水系统和除盐水循环水系统。净环冷却水系统水质较好,旧体系多使用黄河澄清水和回用水作为补充水,新系统使用生产水作为补充水。浊环冷却水系统水质较差,经用户使用后,水温增高,水质变差,浊环回水经预处理后再上冷却塔冷却后循环使用,浊环冷却水主要由炼铁炼钢、轧钢工艺使用。除盐水循环水系统主要供给对水质要求较高的生产线用水(如锅炉用水、汽化烟罩补水、板式换热器内循环冷却水等)。

4.1.2.2　工艺用水

包钢每个工序用水众多,按各分厂的工序包钢主要的生产工艺有选矿、烧结球团、焦化、炼铁、炼钢、轧钢等。

1.选矿工序

选矿工艺用水主要为尾矿库处理后的回用水和包钢总排处理后的回用水。

2.烧结、球团工序

烧结、球团工艺用水主要为拌料用水、烟气脱硫净化系统用水和余热发电系统用水。其中旧体系烧结拌料一烧、三烧车间使用回用水,四烧车间拌料使用黄河新水;烟气脱硫净化系统中一烧脱硫系统为半干法脱硫,不使用水源,三烧脱硫系统使用回用水,四烧脱硫系统使用黄河新水;四烧余热发电使用脱盐水用于锅炉补水。新体系拌料和烟气脱硫系统用水均使用生产水,余热锅炉使用二级除盐水,用于锅炉补水。球团工艺拌料使用循环水池串联水进行补水,烟气脱硫系统使用生产水。

3.焦化工序

焦化工序工艺用水主要为脱盐水站用水,干熄焦系统用水,副产精制工艺补水,酚氰废水处理站消泡、加药等用水等。

旧体系焦化脱盐水站使用黄河澄清水制取脱盐水,供给焦化干熄焦锅炉使用;干熄焦系统使用黄河澄清水;副产精制工艺补水和酚氰废水处理站消泡、加药补水为回用水。旧体系焦化厂内还有深井水,主要用于生活、焦化换热站和6#换热站软水供应和除盐水站水池补水。

新体系焦化干熄焦系统补水,炉顶水封水,酚氰废水处理站消泡、加药补水等工艺用水为生产水;干熄焦锅炉使用二级除盐水,由稀土钢二级除盐水管网供给;横管初冷器使用一级除盐水,补满后循环,用量较少,用量小于3 000 m³/a。

4.炼铁工序

炼铁工艺用水主要为高炉循环冷却水、喷煤作业部用水、电动鼓风机站用水、水冲渣用水等。旧体系炼铁厂 4#、6# 高炉冷却壁、炉底、风口二套、热风炉等循环冷却用水为软水密闭循环系统,采用蒸发式空冷器降温。高炉净循环水系统、喷煤作业部设备冷却用水等为开式环水系统,采用机械通风式冷却塔降温;4#、6# 高炉冲渣用水使用焦化酚氰废水处理站处理后的酚氰废水,3# 高炉冲渣水使用回用水。

新体系炼铁厂高炉工序用水自管网接入泵房供水,高炉循环冷却水使用生产水、一级除盐水,煤气喷雾降温用水、电动鼓风机站用水使用生产水,冲渣水设计使用焦化厂处理后的酚氰废水,根据生产运行实际情况,目前稀土钢炼铁高炉冲渣未完全使用酚氰废水,部分冲渣用水为生产水。

5.炼钢工序

炼钢厂用水主要为转炉炉体循环冷却水、氧枪循环冷却水、精炼设备循环冷却水、转炉汽化冷却系统用水、蒸发冷却器用水、煤气冷却器用水、铸机循环冷却用水等。

旧体系炼钢厂铸机结晶器和精炼炉用水系统采用闭路循环水系统,3# 铸机闭路循环水系统采用空冷器降温,6#、7#、5# 铸机闭路循环水系统,采用板式换热器降温。转炉炉体、氧枪冷却、煤气冷却器、铸机净环、铸机浊环等用水为开式循环水系统,采用机械通风式冷却塔降温。

新体系炼钢铸机结晶器、闭路设备冷却、LF 精炼炉等用水采用一级除盐水密闭循环水系统、板式换热器降温。炼钢净环水系统、浊环水系统、煤气冷却器等用水为开式循环水系统,采用机械通风式冷却塔降温。

6.轧钢

轧钢工序主要工艺用水为循环冷却水系统补水、配制乳化液用水、酸洗用水等。

旧体系薄板厂、钢管公司、轨梁厂、长材厂、特钢分公司等用水种类有黄河澄清水、脱盐水、除盐水、回用水、生活水、软水等。

新体系热轧、冷轧主要用水有生产水、一级除盐水、二级除盐水和生活水等。

7.火力发电

发电作业部主要用水为黄河新水和地下水,黄河新水用于化水车间制除盐水以及循环冷却水补水,少量地下水用于生活。

CCPP 主要用水为一级除盐水和黄河澄清水,一级除盐水用于发电机空冷器、润滑油冷却器、控制油冷却器等,黄河澄清水用于煤冷水及循环水吸水池补水。

二机二炉主要用水为一级除盐水和生产水,一级除盐水用于锅炉系统制蒸汽,生产水用于循环水吸水池补水。

鼓风作业部主要用水为黄河新水,用于循环水吸水池补水。

软水站主要用水为黄河澄清水和黄河新水,黄河澄清水用于炼钢软水站制作软水,黄河新水用于轧钢软水站制作软水。

4.1.2.3　劣质水用水系统

高炉冲渣和钢渣焖渣用水对水质要求不高,目前使用焦化酚氰废水。

4.1.2.4　生活用水

厂区生活用水由黄河澄清水制成,主要用于职工餐饮、洗浴、办公楼用水等,统一由厂区生活水管网供给各用水点。

4.1.2.5　消防用水

消防用水水源由生活给水管网提供,同时在各厂区建有消防水池,为储备用水。

4.1.2.6　绿化用水

包钢绿化用水分为三部分:厂区内部绿化用水、宋昭公路苗圃和河西公园用水、大青山绿化用水,其中大青山绿化用水由白云鄂博矿浆管线输送的澄清水供给。厂区绿化用水旧体系由黄河新水、黄河澄清水、生活水和回用水组成,新体系使用生产水作为绿化水源。根据当地气候,包钢仅在非采暖季进行绿化喷洒。

4.1.3　节水技术分析

包头市地处缺水地区,包钢多年来始终把节水放在企业发展的重要位置,2012年新体系未建成投产,取用黄河水量已达到11 054.82万 m³,现状水平年2018年黄河原水取水量11 441.38万 m³,在生产线不断延伸,2018年钢产量达到1 432万 t,北方稀土供水、新增项目用水的大背景下,包钢总的用水量基本保持不变,实现了"十二五"总体规划"增产不增水"的发展目标,节水效果逐步体现。

包钢近几年实施的主要节水措施见表 4-1,包钢近期规划实施的主要节水措施见表4-2。

4.2　用水情况及水量平衡

4.2.1　用水类别

(1)旧体系用水主要包括黄河新水、澄清水、过滤水、生活水、脱盐水、除盐水、蒸汽、软水、循环冷却水、回用水等。

(2)新体系用水主要包括生活水、一级脱盐水、二级除盐水、蒸汽、热水、勾兑水、循环冷却水等。

(3)全厂地下水用水情况。

①选矿厂过滤一车间配药及真空泵间接冷却水用水由地下水供给,焦化厂3#井地下水供换热站补水,焦化厂4#井地下水用于脱盐水站补水。

②生活用水包括职工饮用水、食堂用水、洗浴用水、洗衣用水、采暖用水等。

③绿化、喷洒少量用水,部分市政管网未涉及的区域,采用地下水环保降尘。

依据《内蒙古包钢钢联股份有限公司生活取用地下水水资源论证报告》(包头市水务局于2020年1月17日进行审查,3月9日出具技术审查意见),现状对用于生产、降尘和绿化等的地下水积极寻找替换水源,2022年底前全部替换。

表4-1　包钢近几年实施的主要节水措施一览表

单位		节水措施名称	节水措施内容	节余水量
供动力总厂	热力作业部	降真空凝汽器改造	5#、7#发电机低真空供热改造,将原有凝汽器改造为换热面积更大、隔板强度更高的凝汽器,将5#、7#机排汽压力提高(降低真空)运行,利用汽轮机的排汽热量加热热网回水;改造后,在采暖期通过采暖水代替原有循环水作为机组的冷却水	每采暖季节约新水80~100 m³/h
	给水二部	排泥泵反冲洗改造	利用二号排泥泵站铺设一条管道接入黄河二干线至H5闸门处,将虹吸滤池反冲洗水送入澄清池,减少水量损失	21.9万 m³/a
	发电作业部	电除尘冲洗水、煤冷器冷却水改造	通过将机组循环水代替部分原电除尘冲洗水、煤冷器补水,减少一次新水	60 m³/h
	发电作业部	中节能余热回收项目	将5#、7#发电机循环水通过采暖水代替,并调整系统运行,将背压机和5#发电机冷却系统由6#发电机循环水全部代替,降低生产新水的用量	每采暖季约节约新水34万 m³
	污水处理部	发生器水源改造	将深度处理系统二氧化氯发生器水源由生活水改为生产冲洗水,可省大量生活水	24.5万 m³/a
金属制造公司		高炉水冲渣补水改造	新体系高炉水冲渣补水改为焦化酚氰废水,节约生产用水量	40 m³/h
		滤器反冲洗运行方式改造	炼钢一级除盐水池旁滤器反冲洗及1#净环旁滤器反冲洗排水约为180 m³/次,平均每日反冲洗3次,排水量约为(180×3)540 t/d,针对这部分水量进行回收可节约新水	20万 m³/a
		转炉汽化系统排水改造	转炉汽化系统的连排、定排水汇集到排污降温池,经降温后送至煤冷水泵站作为补水,可大量减少生产新水	22万 m³/a

续表 4-1

单位	节水措施名称	节水措施内容	节余水量
	一烧车间烟气脱硫净化系统改造	一烧车间烟气脱硫净化系统进行半干法除氟除硫技术改造	年节约用水量 200 万 t
	气浮机出水改造	一生化将气浮机由使用中水资源改为使用生化出水，减少新水消耗	20 m³/h
	压滤机、气浮机系统出水改造	二生化将带式压滤机、气浮机等均改为系统出水回配水，减少新水消耗	30 m³/h
煤焦化工分公司	生化消泡水改造	通过敷设管道，将生化消泡水改为系统出水，减少新水消耗	10 m³/h
	焦炉炉顶上升管水封水回收改造	回收焦炉炉顶上升管水封水，减少新水消耗	5 m³/h
	三回循环水改造	将除盐水排水回用于三回循环水，节约回用水量	40 m³/h
	三回收蒸汽冷凝水回收改造	对三回制冷站 4 台溴化锂吸收式制冷机组产生的蒸汽冷凝水进行回收，用于 3# 干熄焦制水站作为运行补水	20 m³/h
	六高炉排水方式改造	改变六高炉助燃风机排水方式，由直排式改为软水密闭循环，节约冷却水消耗量	40 m³/h
炼铁厂	烧结区域生产排水改造	烧结区域涉及余热发电系统和烧结生产工艺的生产排水由全部排入雨排系统改为在烧结区域循环。收集烧结出的生产污水近 150 t/h，经新污水处理站处理回用为生产新水，可减少黄河新水	130 万 m³/a
	取样器冷却水回收改造	将烧结余热锅炉取样器冷却水全部回收应用在烧结区域循环水系统，回收水量 30 t/h，可减少循环水系统的补水量	26 万 m³/h

续表 4-1

单位	节水措施名称	节水措施内容	节余水量
薄板厂	提高宽厚板循环水利用率	采取申级用水的方法，减少生产新水、脱盐水的补充，在保证循环水水质的前提下，尽最大努力提高循环水利用率。加强对液位的管理，在保证循环水水质的前提下，掌握好一次过滤水和脱盐水的补水比例，做到尽量不溢流，少排水或不排水。加强倒班管理尤其是点检质量，要及时发现问题及时处理，杜绝跑、冒、滴、漏。加强药品投加管理，减少水因水质情况恶化而造成的换水	年减少排水量 30 万 m³
	减少宽厚板过滤罐反清洗次数	宽厚板区域一个过滤罐反清洗用水 80 m³ 左右，共 11 个滤罐。每个反清洗周期约消耗水 880 m³，反清洗主要直接影响反清洗水量消耗。在保证供水水质的前提下，减少反清洗周期就减少了排水量。目前通过优化过滤罐运行水平的情况下，减少反清洗次数，达到最优的反清洗效果，根据情况减小各过滤罐清洗的程序，以最小的清洗频率，达到最优的反清洗效果	每年能减少用水量 50 万 m³ 左右
	宽厚板精整区域超声波探伤水回用改造	宽厚板精整区域超声波探伤设备用水原设计为轧钢净环水，设计用水量为 100～150 m³/h，其回水通过渣沟回到浊环系统，从而造成中心泵站净环系统溢流，造成水资源的浪费。通过对其进行工艺设备改造，将超声波探伤水能够全部通过旁滤系统过滤后回收到轧钢净环水系统中，从而既减小了净环水系统补水量，又解决了轧钢浊环水溢流的问题	80～100 m³/h
	宽厚板浊水处理站化学除油水反冲洗水改造	宽厚板区域浊水处理站 9 台化学除油器反冲洗水原设计为一次滤后水，用量约为 30 m³/h，经过改造，利用化学除油器的出水，实现浊环水的循环利用，从而节约 1 新水量	30 m³/h
	替换冷轧现场卫生清扫和厕所冲洗用水	热轧区域充分利用现场条件通过技术改造利用 C 系统排污水代替冷轧现场卫生清扫和厕所冲洗用水每小时节约一次滤后水 15 m³	全年节水 13 万 m³

续表 4-1

单位	节水措施名称	节水措施内容	节余水量
薄板厂	热轧排污水重复使用	利用 C 系统排污水代替污泥压滤机反冲洗用水和 RH 泵站冷却塔喷淋用水	每年节约脱盐水 9.5 万 m³
	热轧反洗水重复使用	对 B4/B7/C2/C3/G 过滤器反洗水进行回收经过沉淀上清液重新使用	年节水 5 万 m³
	CSP 区 C 系统二次上塔系统的改造	CSP 区域由于生产线生产能力的扩大,原冷却系统的冷却能力不够,夏季为保证生产线冷却水温度要求,需要对系统补充新水,造成新水的浪费。经过对系统进行改造,新增一次上塔供水系组,通过对各系统冷却水量的调整,进一步降低了系统供水问题,解决了依靠补充新水降温的问题	每小时可节约新水消耗 300 m³
	冶炼区汽化系统除盐水改造	冶炼区转炉汽化系统原使用除盐水,目前转炉年产量为 320 万 t,所用除盐水约为 23 万 m³/年。目前除盐水价格为 14 元/m³,脱盐水价格为6.8元/m³,差额为7.2元/m³	年效益:23 万 m³/年×7.2元/m³＝165.6万元/年
计量设施		为规范各二级单位用水管理,2019年包钢统一要求绘制各单位能源三级网路图,同时针对二三级用水网络计量图,实现了黄河新水、回用水计量任务,同时为严格控制绿化用水问题,包钢已经安排共计 25 台套,安装总厂安装了 8 套流量计分典型区域安装了 8 套流量计	

表4-2　包钢近期规划实施的主要节水措施一览表

序号	节水措施
1	现有老旧机组仍采用离子交换树脂进行制水，制水损失偏高，同时由于包钢热电厂除承担公司内部生产、生活用气外，还承担300万m²市政供热任务，所以水耗较高。目前包钢正在进行2×180 MW余压余气节能排管高效发电机组置换老系列发电机组，新建项目已考虑各工艺节水措施，进一步优化系统，达到循环水串级综合利用，项目投产后小机组将全数淘汰，在满足现状用汽需求情况下，可增加发电量13亿kWh，可较现状减少工业净水用量12万m³，减少除盐水用量49万m³
2	目前老区CCPP正在进行回用水代替循环水的节水措施，项目实施后可节约大量黄河水。现包钢已将CCPP循环水循环倍率由3~4提升至4~5，氯离子浓度控制指标由300~500 mg/L提升至500~600 mg/L，减少用水量。同时，包钢正在进行循环水系统试验电化学处理设施以及冷却塔多波双功能收水器等新型节水技术改造
3	充分发挥包钢深度处理的能力，将勾兑水约500 m³/h，提高中水回用率，送至老区降低燃机、薄板厂的工序耗水量，降低黄河新水消耗，降低包钢外排水量
4	炼铁厂4#高炉密闭循环系统改造，将空冷器小循环泵管道泵系统改为21#泵站供循环水大循环水系统，降低黄河新水消耗150 m³/h
5	建立有效的再生水利用激励机制，结合用户实际情况做到"优质水优用，低质水低用"，新建管网增加绿化使用回用水的面积
6	包钢按照能源三级网络图逐步完善各系统计量器具，同时加大计量维护力度，按照包钢总体降本的要求，没有计量就没有降本的理念，增加计量仪表费用投入，实现合理用水
7	引进电化学等先进节水设备，降低循环水系统补水量
8	加大冷却塔维护力度，降低因水温高造成的不正常排水，同时降低冷却塔的水量损失
9	按照分流分治的原则开展污水治理工作，在降低污染物排放的同时，降低黄河新水消耗，如包钢已经开展的五烧脱硫废水处理、焦化酚氰废水深度处理等一批污水治理项目尽快实施

4.2.2　水量平衡

按照《企业用水统计通则》(GB/T 26719—2011)、《企业水平衡测试通则》(GB/T 12452—2008)开展全厂水平衡测试工作。

(1)涉水相关资料收集:①2009~2019年6月全厂生产原料、水、能源消耗、产品产量统计报表,取、供、用、耗、排水台账资料(收集到各分厂、用水车间及用水单元)和相关报表;②用水、节水的相关规章制度;③全厂工艺流程图、用水节点计量设施安装位置图;④用水节水技术改造情况。

(2)涉水数据统计分析:统计分析收集到的包钢涉水计量数据(包括台账、涉水系统控制界面截图、泵站运行数据等),并与各单元涉水专业技术人员对接,对各级用水单元、全厂进行初步水量平衡。

(3)全厂水平衡测试:查清包钢全厂取、供、用、产、耗、排水情况,包含蒸汽平衡;绘制用水工艺流程图;查清各用水工艺流程用水节点计量设施安装运行情况;取、供、用、排水系统水量测定与计算(包括产、耗水)等。

(4)现场实测:选取2018年12月、2019年6月开展现场水平衡测试工作。根据水量平衡计算分析结果、现场实测结果,针对缺失数据、存在问题的节点开展多次现场补充测量工作(给水二部四号澄清池开展了三天进水量测试)。

(5)水平衡测试结果:根据现场水平衡实测数据、现场计量表统计数据、包钢厂区结算数据等完成包钢黄河水、澄清水、回用水等各类水源平衡图,完成包钢各分厂水平衡测试,绘制水量平衡图。

期间多次与包钢相关技术人员对接,并针对水平衡存在问题的数据进行多次补充测试,最终完成全厂以及各个分厂的水量平衡。

4.2.2.1　全厂水量平衡图

包钢现状取用黄河水主要去向有:①包钢内部火力发电,包括旧体系热电厂发电作业部、热力作业部(二机二炉、CCPP)以及新体系CCPP,包含供市政蒸汽;②包头第一热电厂及其异地扩建工程;③白云鄂博矿区;④厂区外部绿化;⑤公司钢铁联合企业。钢铁联合企业主要用水户包括选矿、焦化(老、新体系)、烧结(老、新体系)、球团、炼铁(老、新体系)、炼钢(老、新体系)、薄板厂、钢管公司、轨梁厂、长材厂、特钢分公司、稀土钢热轧、稀土钢冷轧。

节水评价主要评价火力发电及钢铁联合企业部分(钢铁联合企业指标计算不包含选矿厂),论证研究开展过程中,进行了2018年12月和2019年6月两次水平衡测试。包头钢铁(集团)有限责任公司2018年12月、2019年6月水平衡总图分别见图4-1、图4-2;内蒙古包钢金属制造有限责任公司(新体系)2018年12月、2019年6月水平衡总图分别见图4-3、图4-4。水平衡测试期间包钢取用排水量见表4-3。

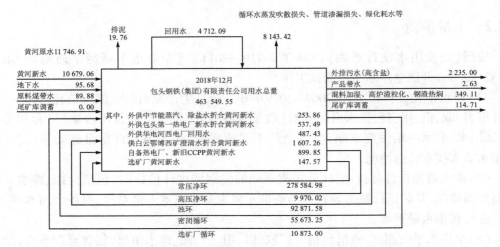

图 4-1　包头钢铁(集团)有限责任公司2018年12月水平衡总图　(单位:m³/h)

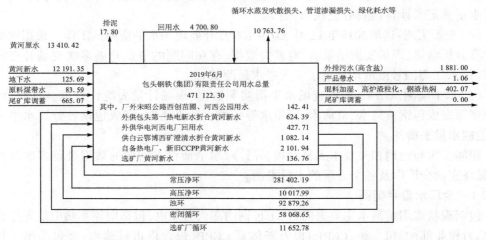

图 4-2　包头钢铁(集团)有限责任公司2019年6月水平衡总图　(单位:m³/h)

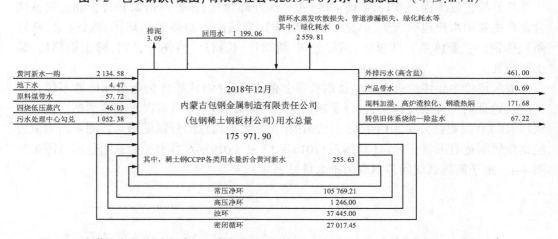

图 4-3　内蒙古包钢金属制造有限责任公司(新体系)2018年12月水平衡总图　(单位:m³/h)

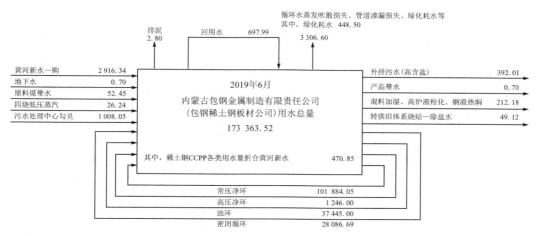

图 4-4 内蒙古包钢金属制造有限责任公司(新体系)2019 年 6 月水平衡总图 (单位:m³/h)

包头钢铁(集团)有限责任公司 2018 年 12 月、2019 年 6 月取用黄河新水量 10 679.06 m³/h、12 191.35 m³/h(分别折合黄河原水 11 746.91 m³/h、13 410.42 m³/h)。

表 4-3 水平衡测试期间包钢取用排水量一览表

	小时水量(m³/h)			年水量(万 m³/a)		
	12 月	6 月	平均值	12 月	6 月	平均值
包钢取水量(黄河原水)	11 746.91	13 410.42	12 578.665	10 290.293	11 747.527	11 018.910
包钢排水量(进入尾闾工程)	2 235	1 881	2 058	1 957.86	1 647.756	1 802.808
稀土钢取水量(黄河新水)	2 134.58	2 916.34	2 525.46	1 869.892	2 554.714	2 212.303
稀土钢排水量(排往包钢总排污水处理中心)	461.0	392.01	426.505	403.836	343.400	373.618

4.2.2.2 分厂现状水量平衡图

分厂水量平衡图主要涉及:1.选矿、2.烧结、3.稀土钢烧结、4.球团、5.焦化、6.稀土钢焦化、7.炼铁、8.稀土钢炼铁、9.炼钢、10.稀土钢炼钢、11.薄板厂、12.钢管公司、13.轨梁厂、14.长材厂、15.特钢分公司、16.稀土钢热轧、17.稀土钢冷轧、18.火力发电。

各分厂水量平衡图中,括号外数据为 2018 年 12 月平均小时量数据,括号内数据为 2019 年 6 月平均小时量数据,见图 4-6~图 4-15。

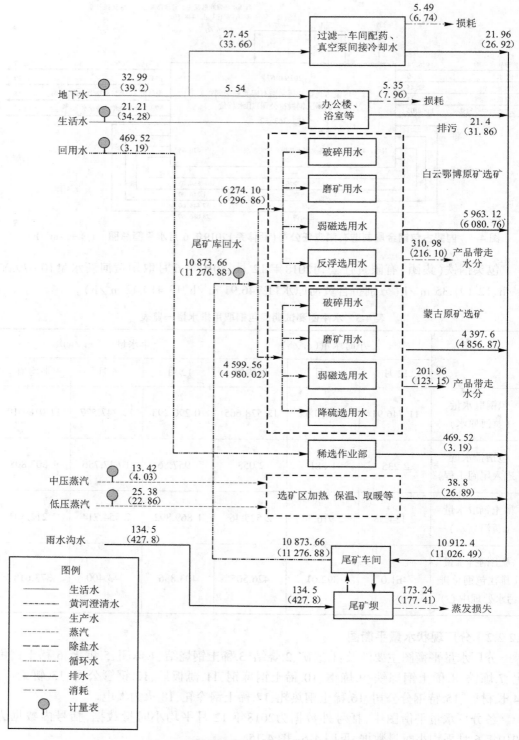

图 4-5　选矿厂水量水平衡图　（单位：t/h）

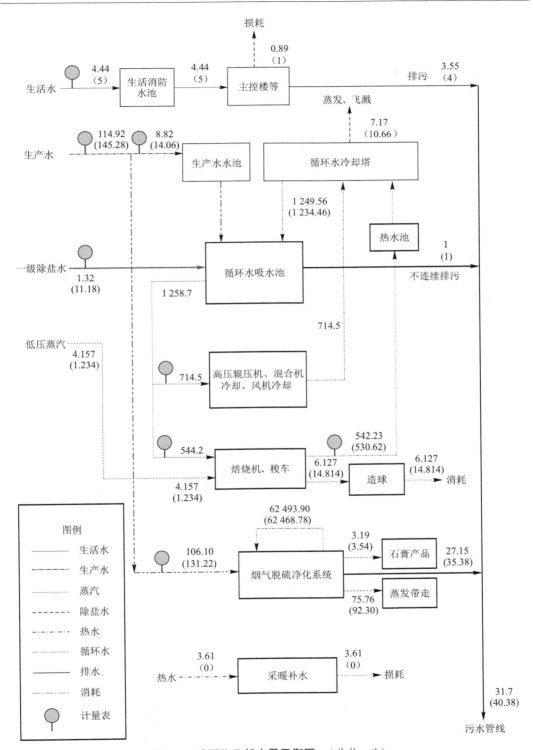

图 4-6　球团作业部水量平衡图　（单位：t/h）

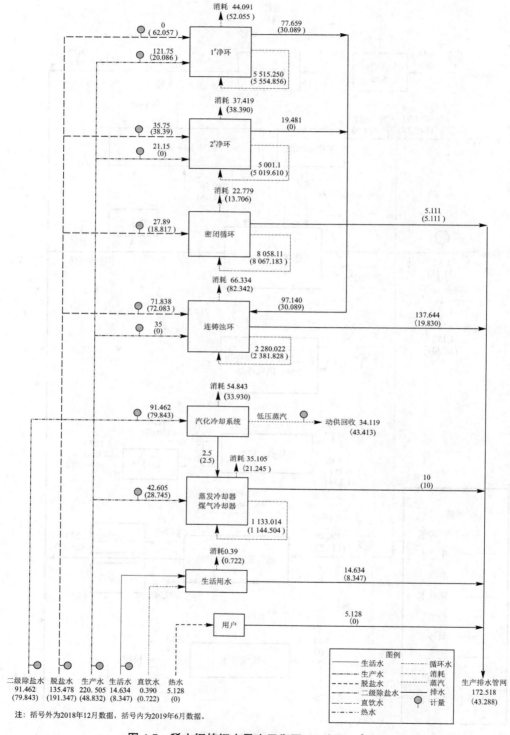

图 4-7 稀土钢炼钢水量水平衡图 （单位：m³/h）

注：括号外为2018年12月数据，括号内为2019年6月数据。

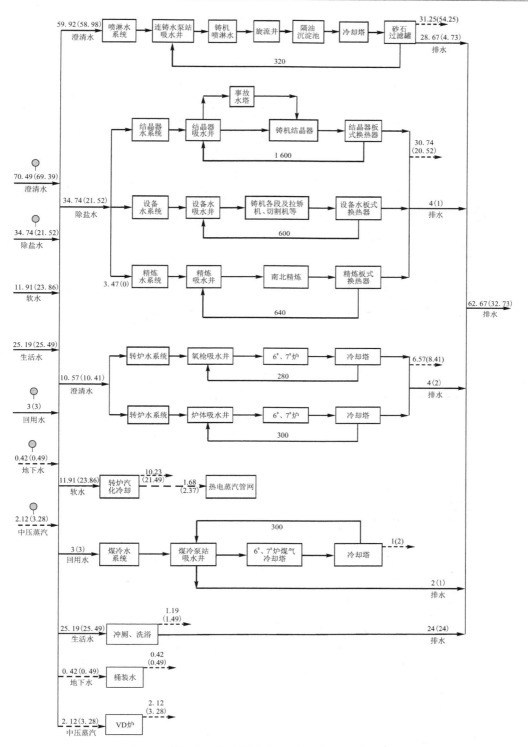

图 4-8　钢管公司制钢二部水量水平衡图　（单位:m³/h）

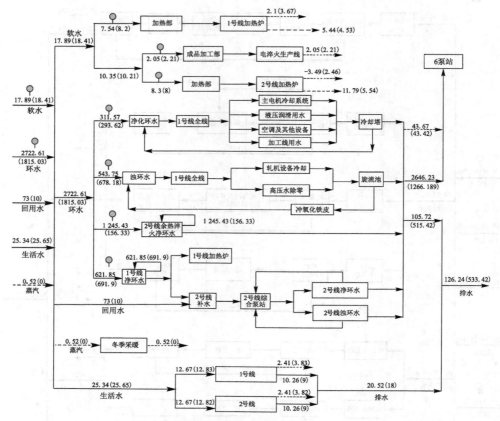

图 4-9　轨梁厂水量水平衡图　（单位：m³/h）

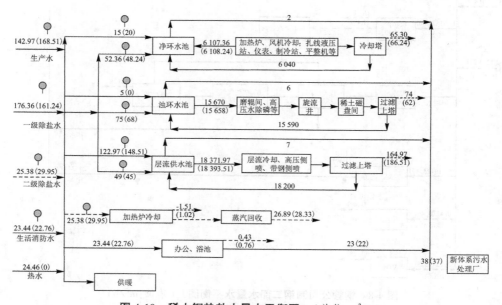

图 4-10　稀土钢热轧水量水平衡图　（单位：m³/h）

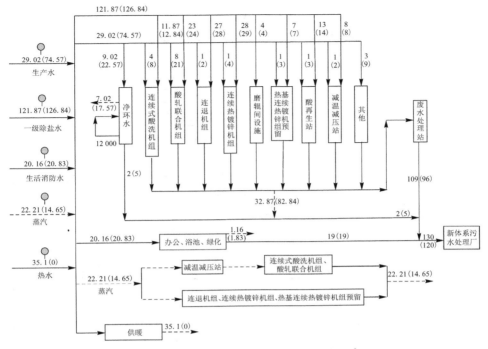

图 4-11　稀土钢冷轧水量水平衡图　（单位：m³/h）

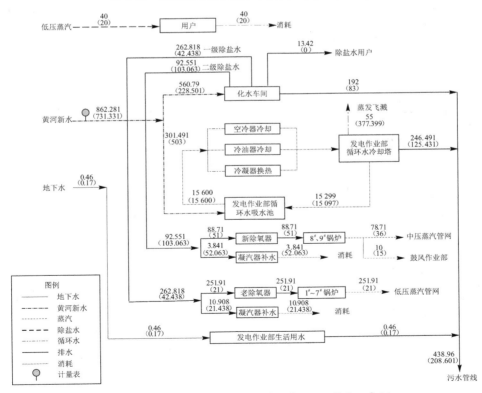

图 4-12　热电厂发电作业部水量水平衡图　（单位：m³/h）

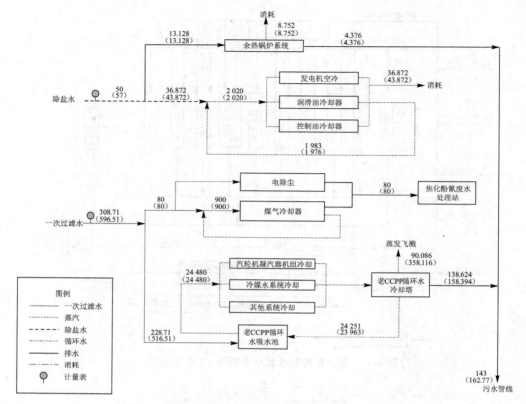

图 4-13　热电厂老 CCPP 水量水平衡图　（单位：m³/h）

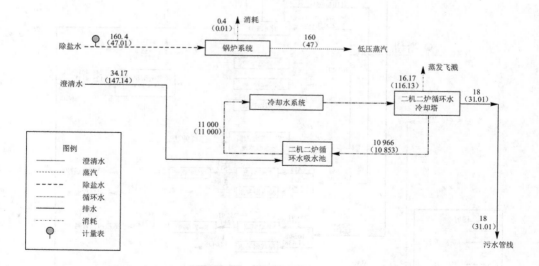

图 4-14　热电厂二机二炉水量水平衡图　（单位：m³/h）

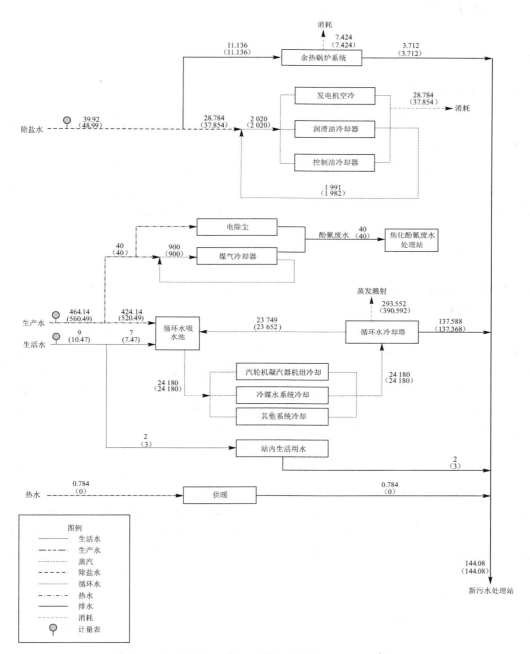

图 4-15　新体系 CCPP 水量水平衡图　（单位:m³/h）

4.3　现状用水水平评价

4.3.1　符合性分析

4.3.1.1　钢铁联合企业政策符合性分析

（1）2011年6月国发〔2011〕21号《国务院关于进一步促进内蒙古经济社会又好又快发展的若干意见》："（二十）改造提升传统产业。利用高新技术改造提升冶金、建材、轻纺等传统产业,提高企业技术装备水平和产品竞争力。推进钢铁产品结构调整和换代升级,发展高强度轿车用钢、高档电力用钢、大型石油管材等产品,不断提高特种钢和优质钢比重,建设包头钢铁基地。提高水泥、玻璃、陶瓷等建材行业生产水平,鼓励发展新型建筑材料。支持发展轻纺、服装、地毯生产加工以及民族手工业和民族特需用品,扩大产业规模,提高产品档次。"

（2）依据《钢铁工业"十二五"发展规划》（2011年）,西部地区已有钢铁企业要加快产业升级,结合能源、铁矿、水资源、环境和市场容量适度发展。新疆、云南、黑龙江等沿边地区,积极探索利用周边境外矿产、能源和市场,发展钢铁产业。充分发挥攀西钒钛资源和包头稀土资源优势,发展具有资源综合利用特色的钢铁工业。

（3）《内蒙古开发区"十二五"总体发展规划》（2015年）："（三）冶金建材业。钢铁工业以包钢—黑柳沟工业集中区为依托,加快资源勘查和采选冶一体化进程,支持包钢与国内大型企业联合重组升级扩能,重点发展百米高速钢轨,高强度机械用钢、汽车用钢、建筑用钢,抗腐蚀抗大变形管线钢、高档电力用钢、工模具钢、特殊大锻材、高级无缝管等附加值高、市场竞争力强的产品。加强冶金废旧产品回收利用和废渣的综合利用,打造冶金及其废弃物采选冶—深加工—再生—再加工循环产业链。"

（4）依据内蒙古自治区经济和信息化委员会文件《内蒙古自治区经济和信息化委员会关于包钢"十二五"结构调整规划配置钢铁产能的批复》（内经信原工字〔2013〕339号）："根据自治区钢铁工业'十二五'发展规划,结合自治区淘汰落后产能情况,现批复如下:'十二五'末,包钢规划新增生铁585万吨、粗钢638万吨、钢坯630万吨、商品钢材576万吨,总量分别达到1 540万吨、1 674万吨、1 640万吨、1 542万吨。'十一五'期间,自治区淘汰炼铁落后产能906万吨、炼铁55万吨,按照国家新增钢铁产能通过淘汰钢铁落后产能等量或减量置换解决的要求,自治区同意将'十一五'期间淘汰的生铁落后产能等量置换给包钢,支持包钢产品结构调整和换代升级,促进包钢健康可持续发展。"

4.3.1.2　各分厂符合性分析

各分厂主要依据产业政策以及产业结构调整指导目录、法律法规、节能减排综合工作方案及规划、水资源保护规划、项目批复文件、排放标准等进行符合性分析,见表4-4~表4-13。

表 4-4　烧结、球团工序与国家产业政策符合性分析

序号	文件名称	相关要求	实际情况	符合性
1	内蒙古"十三五"规划	"以先进环保技术装备推广应用为重点,加强介电电泳、生物膜处理、烟尘回收及脱硫脱硝技术研发与利用,推进先进环保产业发展"	1.炼铁厂烧结区一烧、三烧、四烧车间均配套建设烟气脱硫净化装置。 2.稀土钢炼铁厂烧结作业部 2×500 m² 烧结机均配套建设烟气脱硫净化装置。 3.球团作业部配套建设大型静电除尘和大型低压反吹布袋除尘器,并配套建设有烟气脱硫、氟净化系统	是
2	"十三五"节能减排综合工作方案	"强化节能环保标准约束,严格行业规范、准入管理和节能审查,对电力、钢铁、建材、有色、化工、石油石化、船舶、煤炭、造纸、制革、染料、焦化、电镀等行业中,环保、能耗、安全等不达标或生产工艺落后的企业和产能,要依法依规有序退出。" "分区域、分流域制定实施钢铁、水泥、平板玻璃、锅炉、造纸、印染、化工、农副食品加工、原料药制造、制革、电镀设施,升级改造环保设施,确保稳定达标。""选择具有示范作用、辐射效应的园区和城市,统筹整合钢铁、水泥、电力等高耗能企业的余热余能资源和区域用能需求,实现能源梯级利用"	1.二烧 4×90 m² 烧结机已全部淘汰;已建设四烧余热锅炉用于回收余热资源。 2.稀土钢炼铁厂烧结作业部 2×500 m² 烧结机均配套建设余热资源。 3.淘汰老区 4 座 8 m² 竖炉和一座 160 m² 烧结机,新建一台 624 m² 带式焙烧机	是
3	内蒙古自治区节能减排"十三五"规划	"进一步调整工业内部结构,控制高耗能行业新增产能,对钢铁、有色、建材、石化、化工等行业实行能耗等量或减量置换。" "钢铁冶金行业,推广煤调湿、烧结余热发电、高炉脱湿鼓风、烧结漏风改造、燃气蒸汽联合循环发电等技术。建立钢铁行业全流程绿色生产,能源循环利用。" "以燃煤机组超超低排放改造为重点,对电力、钢铁、有色、建材、石化、焦化、化工等重点行业实施综合治理"	1.二烧 4×90 m² 烧结机已全部淘汰,建设 2×210 m² 烧结机;四烧余热锅炉回收余热资源产生蒸汽供发电机组发电。 2.余热锅炉回收余热资源产生蒸汽供发电机发电。 3.淘汰老区 4 座 8 m² 竖炉和一座 160 m² 烧结机,新建一台 624 m² 带式焙烧机	是

续表 4-4

序号	文件名称	相关要求	实际情况	符合性
4	产业结构调整指导目录（2019年本）	鼓励类："钢铁行业超低排放技术"，"脱硫废液资源化、再利用用化技术"。限制类："180 m² 以下烧结机 120 万 t/a 以下的球团设备"。淘汰类："钢铁生产用环形烧结机,90 m² 以下烧结机,8 m² 以下球团竖炉"	1.厂区近期将进行超低排放改造。2.厂区目前的烧结机规模为一烧车间 2×210 m² 烧结机,三烧车间 1×265 m² 烧结机,四烧车间 2×265 m² 烧结机,二烧 4×90 m² 烧结机已全部淘汰。3.稀土钢炼铁厂烧结作业部建设规模为 2×500 m² 烧结机。4.淘汰老区 4 座 8 m² 竖炉和一座 160 m² 焙烧机,新建一台 624 m² 带式焙烧机	是

表 4-5 相关文件关于烧结、球团脱硫废水要求的符合性分析

序号	文件名称	相关要求	实际情况	符合性
1	产业结构调整指导目录（2019年本）	鼓励类："脱硫废液资源化利用"	炼铁厂烧结区、稀土钢烧结作业部和球团作业部脱硫废水处理后直接排放,未进行资源化利用	否
2	钢铁工业水污染物排放标准（GB 13456—2012）	总砷、总铅等第一类污染物需要在"车间或生产设施废水排放口"达标	根据2020年4月30日和5月1日的监测结果显示:1.炼铁厂烧结区三烧脱硫废水第一类污染物总砷共检出 7 次,其他污染物均达标。2.稀土钢烧结作业部脱硫废水第一类污染物总砷共检出 7 次,其他污染物均达标。3.球团作业部脱硫废水第一类污染物总砷共检出 8 次,其他污染物均达标	是

续表 4-5

序号	文件名称	相关要求	实际情况	符合性
3	包头市环境保护局批复（包环管字 [2011]82 号）	同意四烧脱硫项目实施，并要求"本工程产生的脱硫废水和设备冲洗废水经处理后回用，循环及冷却水达到《污水综合排放标准》（GB 8978—1996）三级要求，排入包钢总排污水处理厂"	四烧脱硫废水处理后直接排放至包钢总排污水处理中心，未进行回用	否
4	内蒙古自治区环境保护厅关于包头钢铁（集团）有限责任公司炼铁厂新建 1×1 260 m³ 高炉工程竣工环境保护验收的意见（内环验 [2011]65 号）	三烧车间"设备循环冷却水排污水和生活污水送包钢总排污水处理厂"	三烧车间脱硫废水未进行回用，设备冷却水和生活污水排往包钢总排污水处理厂	是
5	内蒙古自治区环境保护厅环境保护验收（内环验 [2011]69 号）	2011 年 8 月 22 日进行了竣工环境保护验收"关于包头钢铁（集团）公司炼铁厂一烧干法除氟脱硫工程竣工环境保护验收的意见"	一烧脱硫系统目前为半干法脱硫	是

表 4-6 焦化工序与国家产业政策符合性分析

序号	文件名称	相关要求	实际情况	符合性
1	黄河流域水资源保护规划（2016 ~ 2030 年）	流域内所有超总量排放的企业、直排干支流的化工企业、排放重金属等有毒有害物质的企业，炼焦、造纸、食品酿造、石油加工等重点行业企业及所有严重污染隐患的其他企业实行清洁生产强制审核，所有焦化行业实施深度处理与零排放	焦化厂和稀土钢焦化厂酚氰废水未进行深度处理，未实现零排放	否
2	内蒙古"十三五"规划	1."以先进环保技术装备推广应用为重点，加强介电泳、生物膜处理、烟尘回收及脱硫脱硝技术研发与利用，推进环保产业发展。" 2."推动聚氯乙烯、焦化、电石等传统产业技术进步和升级换代，大力发展精细化工"	焦化厂和稀土钢焦化厂有多种下游产品：煤焦油、粗苯、硫铵、多氨盐和硫黄等	是

续表 4-6

序号	文件名称	相关要求	实际情况	符合性
3	"十三五"节能减排综合工作方案	1."强化节能环保标准约束,严格行业准入管理和节能审查,对电力、钢铁、建材、有色、化工、石油石化、船舶、煤炭、造纸、制革、染料、焦化、电镀等行业中,环保、能耗、安全等不达标或生产、使用淘汰类产品的企业和产能,要依法依规有序退出。" 2."分区域、分流域制定实施钢铁、水泥、平板玻璃、锅炉、造纸、印染、化工、农副食品加工、原料药制造、制革、电镀等重点行业,统筹整合园区和城市,电力等高耗能企业的余热能源和区域资源梯级利用,实现能源梯级利用"方案,升级改造环保设施,确保稳定达标。 3."选择具有示范作用、辐射效应的园区和城市,统筹整合钢铁、水泥、电力等高耗能企业的余热能源和区域资源梯级利用,实现能源梯级利用"	焦化厂和稀土钢焦化厂配备余热回收利用、干熄焦余热初冷器余热回收装置	是
4	内蒙古自治区节能减排"十三五"规划	1."进一步调整工业内部结构,控制高耗能行业新增产能,对钢铁、煤炭、有色、建材、石化、化工等行业严格实行能耗等量或减量置换。" 2."钢铁冶金行业。推广煤调湿、烧结余热发电、高炉脱湿鼓风、煤气联合蒸汽联合循环发电等技术。建立钢铁行业全流程绿色生产、能源循环利用。" 3."以燃煤机组超低排放改造为重点,对电力、钢铁、有色、建材、石化、化工等重点行业实施综合治理"	1.焦化厂 1#~4# 焦炉(65 孔炭化室高度 4.3 m)分别于 2013 年 6 月和 12 月拆除。 2.稀土钢焦化厂 1#~4# 焦炉炭化室高度均为 7 m。	是
5	产业结构调整指导目录(2019 年本)	1.鼓励类:"脱硫废液资源化利用,焦化废水深度处理回用;" 2.限制类:"钢铁联合企业未同步配套建设干熄焦、装煤、推焦除尘装置的炼焦项目""顶装焦炉炭化室高度<6.0 m,捣固焦炉炭化室高度<5.5 m,100 万 t/a 以下焦化项目;" 3.淘汰类:"炭化室高度小于 4.3 m 焦炉(3.8 m 及以上捣固焦炉除外);未配套干熄焦装置的钢铁企业焦炉"	1.焦化厂现有焦炉炭化室高度均为 6 m;稀土钢焦化厂现有焦炉炭化室高度均为 7 m; 2.焦化厂 1#~4# 焦炉(65 孔炭化室高度 4.3 m)已拆除; 3.焦化厂和稀土钢焦化厂现有焦炉均配套干熄焦装置	是

表 4-7　相关文件关于焦化酚氰废水要求及废水回用技术符合性分析

序号	文件名称	相关要求	实际情况	符合性
1	黄河流域水资源保护规划（2016~2030 年）	所有焦化行业实施深度处理与零排放	焦化厂和稀土钢焦化厂酚氰废水未进行深度处理，未实现零排放，超滤和反渗透处理系统正在建设中	
	产业结构调整指导目录（2019年本）	鼓励类：焦化废水深度处理回用		
	本部实施项目第二步项目竣工环境保护验收监测报告（2013 年 11 月，中国环境监测总站对包钢结构调整总体发展规划本部实施项目第二步项目竣工环境保护验收监测报告）	报告对酚氰废水去向情况进行了检查。检查结果发现，已落实环评提出的要求，现将酚氰废水回用于炼废水回用设施总体已改造完成，出水全部用于炼铁水冲渣系统和钢渣焖渣，不排入包钢总排铁水冲渣系统和钢渣焖渣污水处理中心		
2	炼焦化学工业污染物排放标准（GB 16171—2012）	苯并（a）芘等第一类污染物需要在"车间或生产设施废水排放口达标"	根据2020年4月30日和5月1日内蒙古标际检验检测有限公司对包钢焦化厂和稀土钢焦化厂监测点位2天共8次的现状监测结果，对照《炼焦化学工业污染物排放标准》（GB 16171—2012）、《钢铁工业水污染物排放标准》（GB 13456—2012）的要求进行评价： 1. 焦化酚氰废水出水一类污染物苯并（a）芘未检出，苯并（a）芘两天日均值超标。 2. 稀土钢焦化酚氰废水出水检出苯并（a）芘第一类污染物，苯并（a）芘两天日均值超标。其他检测因子中 COD 超标 1 次，一天日均值超标；BOD 超标 8 次，两天日均值超标；挥发酚超标 8 次，两天日均值超标；pH、悬浮物、氨氮、总氮、总磷、石油类、氰化物检测结果达标	否
	项目环境影响报告书［2007 年 6 月原国家环境保护总局对项目环境影响报告书行了批复（环审［2007］226 号）］	"采取有效可行的技术措施，降低水中氟化物的排放浓度；研究去除水中多环芳烃污染物的治理技术，进一步完善污水处理设施"		
	焦化厂七号焦炉扩建项目竣工环境保护验收［2011 年 8 月，内蒙古自治区环境保护厅"关于包钢（集团）公司焦化厂七号焦炉扩建项目竣工环境保护验收的意见"（内环验［2011］71 号）］	"焦化酚氰污水经厌氧-好氧生物脱氮处理工艺处理后，经混凝沉淀、过滤、超滤和反渗透处理后，回用于炼铁厂高炉冲渣、原料场洒水等，不得外排" "原则同意焦化厂七号焦炉建项目通过竣工环境保护验收，并要求'生化废水处理站'采取增建一级活性炭吸附装置等有效措施，确保一类污染物 BaP 车间排放口达标"		

续表 4-7

序号	文件名称	相关要求	实际情况	符合性
3	包头市环境保护局"关于内蒙古包钢稀土钢板材有限责任公司项目的环保备案意见"(包环管字〔2016〕102 号)	4 座 60 孔 7 m 焦炉,配套建设了 2 套 200 t/h 干熄焦装置,地面站,2 台 95 t/h 干熄焦锅炉,1 台 25 000 kW 抽凝式汽轮发电机组和 1 台 12 000 kW 背压机组以及煤气净化回收装置,脱硫废液提盐装置,焦油渣制型煤装置,精煤筒仓,酚氰废水处理装置等达到备案条件,同意进行环保备案		—
4	国家鼓励的工业节水工艺、技术和装备目录(2019年)	焦化废水高级催化氧化深度处理技术:该技术采用"初级电催化氧化+中和曝气+强化沉淀+二级电催化氧化+电絮凝+电气浮+超滤+反渗透"的组合工艺处理焦化废水,强化焦化废水污染物去除效果,保证出水水质满足工业新水质标准,可用于生产产水充水回用于系统,进而起到节水效果		—
		焦化废水再生回用及近零排放集成技术:该技术通过蒸氨预处理,高效脱硫脱氰药剂,碳生物氧化及强化硝化-沉淀耦合,混凝沉淀,臭氧催化氧化,多膜组合脱盐等工艺组合,实现焦化废水资源回用及近零排放。产水率可稳定达到 80%以上		
		电磁强化焦化废水深度处理技术:该技术应用电磁场、电磁力、特定介质及药剂的相互协同作用,发生电磁效应、非热效应及热效应,对溶解于水中的难降解有机、无机物质有很好的去除效果,且在特定氧化剂和特定介质存在的条件下,去除废水中的有害物质。与膜系统(反渗透膜)配合使用,可实现焦化废水高效回用		

表 4-8　焦化厂酚氰废水处理系统及其他项目审批和落实情况符合性分析

序号	文件名称	相关要求	实际情况	符合性
1	原国家环境保护总局对项目环境影响报告书进行了批复（环审〔2007〕226号）	"焦化酚氰污水经厌氧-好氧生物脱氮处理工艺处理后，经混凝沉淀、过滤、超滤和反渗透处理后，回用于炼铁厂高炉冲渣，原料场洒水等，不得外排"	焦化酚氰废水处理系统（二生化）于2007年8月获包头市环保局批准，对原有系统进行改造，改造后实际处理能力为550 m³/h（环评设计750 m³/h），其中酚氰废水处理能力为350 m³/h。采用A/O处理工艺，处理二回收车间、三回收车间、氯、苯加氢车间、燃气轮机（CCPP）等的含酚、氰、氨氮废水及煤气水封厂高炉生活污水。处理后的酚氰废水目前回用于炼铁厂高炉冲渣和热焖渣，超滤和反渗透处理系统正在建设中	否
2	包头市环保对包钢焦化酚氰废水处理系统改造升级项目验收批复（包环建验字〔2009〕4号）	"采取有效可行的技术措施，降低水中氟化物的排放浓度；研究去除水中多环芳烃经污染物的治理技术，进一步完善污水处理设施"		
3	内蒙古包头市环境保护局关于包钢焦化厂新建项目配套辅助工程竣工环境保护验收的批复（包环验〔2011〕29号）	"高炉煤气和焦炉煤气水封冷凝水收集在煤气水封槽中有专用的煤气冷凝水拉运车，每天定时送到焦化厂含酚总排废水处理后，排入包钢总排水经处理治。经检测包钢总排水中的 COD_{Cr}、挥发酚、氨氮、石油类、铜等主要污染物浓度均符合《钢铁行业水污染物排放标准》（GBJ 13456—92）中的一级标准，氟化物的浓度符合《污水综合排放标准》（GB 8978—1996）中一类标准"	2020年4月30和5月1日的监测结果显示，焦化酚氰废水进水有苯并（a）芘一类污染物检出，苯并（a）芘均检测因子中悬浮物一天日均值均超标。其他天日均值均超标；石油类超标1次。pH、COD、BOD_5、氨氮、总磷检测结果达标；硫化物、挥发酚、苯、氰化物未检出	

续表4-8

序号	文件名称	相关要求	实际情况	符合性
4	内蒙古自治区环境保护厅关于包钢（集团）公司焦化厂七号焦炉扩建项目竣工环境保护验收的意见（内环验[2011]71号）	"原则同意焦化厂七号焦炉扩建项目通过竣工环境保护验收,并要求二生化废水处理站取增建一级活性炭吸附装置等有效措施,确保一类污染物 BaP 车间排放口达标"	一级活性炭吸附装置已投运。2020年4月30日和5月1日的监测结果显示,焦化酚氰废水进水有苯并（a）芘等第一类污染物检出,苯并（a）芘两天日均值超标	否
5	中国环境监测总站对包钢结构调整总体发展规划本部实施项目第二步项目竣工环境保护验收监测报告	报告对酚氰废水去向情况进行了检查。检查结果发现,已落实环评提出的要求,现酚氰废水回用设施已改造完成,出水全部用于炼铁水冲渣系统和钢渣焖渣,不排入包钢总排污水处理中心		—

表4-9 炼铁厂炼铁区产业政策、相关文件符合性分析

序号	文件名称	相关要求	实际情况	符合性
1	国家鼓励的工业节水工艺、技术和装备目录（2019年）	循环水冷却技术:表面蒸发空冷器、高效空冷器,循环冷却水空冷节水装置,蒸气凝水回收装置,机械通风冷却塔除雾技术	4#、6#高炉软水密闭循环冷却方式采用国家鼓励的"表面蒸发空冷器"	部分采用
2	产业结构调整指导目录（2019年本）	淘汰类:400 m³ 及以下炼钢用生铁高炉,200 m³ 及以下铁合金生产用高炉,200 m³ 及以下铸造用生铁高炉。限制类:有效容积400 m³ 以上1 200 m³ 以下炼钢用生铁高炉;1 200 m³ 及以上但达不到环保、能耗、安全等强制性标准的炼钢用生铁高炉	无淘汰类生产装置	是

续表 4.9

序号	文件名称	相关要求	实际情况	符合性
3	钢铁工业调整升级规划（2016—2020年）	全面完成烧结脱硫，干熄焦，高炉余压回收等改造，淘汰高炉煤气湿法除尘，转炉一次烟气干能耗水工艺装备等	5座高炉均配套有煤粉喷吹，煤气干法除尘，煤气回收，余压发电，铁渣处理等节能环保工艺技术装置	是
4	钢铁行业规范条件（2015年）	现有钢铁企业高炉有效容积>400 m³，高炉须配套煤粉喷吹，煤气净化回收利用和余压发电装置及固废集中处理装置和循环利用措施等	工信部公告的符合《钢铁行业规范条件》企业（第一批）	是
5	国家环境保护总局关于包头钢铁（集团）有限责任公司结构调整总体发展规划本部实施项目环境影响报告书的批复〔环审〔2007〕226 号〕	焦化酚氰污水经厌氧—好氧生物脱氮处理工艺处理后，经混凝沉淀，过滤，超滤和反渗透处理后，回用于炼铁厂高炉冲渣，原料场洒水等，不得外排	酚氰污水处理后用于高炉冲渣	是
6	包头钢铁（集团）有限责任公司结构调整总体发展规划本部实施项目第二步验收环评批复〔环验〔2014〕109 号〕	炼焦和焦油加工废水经酚氰废水处理站处理后回用于高炉冲渣和钢渣闷渣，烧结脱硫废水，高炉冲渣水经沉淀后循环使用，煤气冷凝水，净环水，浊环水，地面冲洗水，生活污水等经包钢总排水经包钢处理中心和深度处理设施处理后回用与河西电厂和包钢生产系统	酚氰污水处理后用于 4#，6#高炉冲渣，高炉冲渣水沉淀后循环使用。净环水，地面冲洗水，生活污水等排入包钢总排水处理中心。3#高炉使用循环水冲渣，冲渣水沉淀后循环使用，有排水进入排水管至总排	否

表 4-10　稀土钢炼铁厂产业政策符合性分析

序号	文件名称	相关要求	实际情况	符合性
1	产业结构调整指导目录（2019年本）	淘汰类:400 m³ 及以下炼钢用生铁高炉,200 m³ 及以下炼钢用高炉,200 m³ 及以下铸造用生铁高炉。限制类:有效容积400 m³ 以上1 200 m³ 以下炼钢用生铁高炉;1 200 m³ 及以上但达不到环保、能耗、安全等强制性标准的炼钢用生铁高炉	无淘汰类生产装置	是
2	钢铁工业调整升级规划（2016—2020年）	全面完成烧结脱硫,干熄焦,高炉余压回收等改造,淘汰高炉煤气湿法除尘,转炉一次烟气湿法除尘等高耗水工艺装备等	2 座高炉均配套有煤粉喷吹,煤气干法除尘,煤气回收,余压发电,铁渣处理等节能环保工艺技术装置	是

表 4-11　炼钢厂产业政策、批复文件符合性分析

序号	文件名称	相关要求	实际情况	符合性
1	产业结构调整指导目录（2019年本）	淘汰类:30 t 及以下炼钢转炉（不含铁合金转炉）。限制类:公称容量30 t 以上 100 t 以下炼钢转炉;公称容量100 t 及以上但达不到环保、能耗、安全等强制性标准的炼钢转炉	无淘汰类生产装置。1#、2#、3#转炉（80 t）属于限制类	是
2	钢铁工业调整升级规划（2016—2020年）	全面完成烧结脱硫,干熄焦,高炉余压回收等改造,淘汰高炉煤气湿法除尘,转炉一次烟气湿法除尘等高耗水工艺装备等	现有转炉设备配套有烟气干法除尘,煤气回收,蒸汽回收等装置,除尘灰循环利用措施等	是

续表 4-11

序号	文件名称	相关要求	实际情况	符合性
3	钢铁行业规范条件（2015 年）	现有钢铁企业转炉>400 m³，高炉须配套煤气净化回收利用和余压发电装置，配套企业固废的处理装置和循环利用措施等	工信部公告的符合《钢铁行业规范条件》企业（第一批）	是
4	国家环境保护总局关于包头钢铁（集团）有限责任公司结构调整总体发展规划本部实施项目环境影响报告书的批复（环审〔2007〕226 号）	生产废水和生活污水排入包钢总排污水处理厂	生产废水和生活污水排入包钢总排行水处理厂	是
5	《包头钢铁（集团）有限责任公司结构调整总体发展规划本部实施规划第二步试验收环评批复》（环验〔2014〕109 号）	煤气冷凝水、净环水、浊环水、地面冲洗水、生活污水等经包钢总排水处理中心和深度处理设施处理后回用与河西电厂和包钢生产系统	净环水、浊环水、地面冲洗水、生活污水等排入包钢总排水处理中心	是

表 4-12　稀土钢炼钢工序产业政策符合性分析

序号	文件名称	相关要求	实际情况	符合性
1	产业结构调整指导目录（2019年本）	淘汰类：30 t 及以下炼钢转炉（不含合金转炉）。限制类：公称容量 30 t 以上 100 t 以下炼钢转炉；公称容量 100 t 及以上但达不到环保、安全等强制性标准的炼钢转炉	无淘汰类生产装置	是
2	钢铁工业调整升级规划（2016—2020年）	全面完成烧结脱硫、干熄焦、高炉余压回收等改造，淘汰高炉煤气湿法除尘、转炉一次烟气传统湿法除尘等高耗水工艺装备等	现有转炉设备配套有烟气干法除尘、煤气回收、蒸汽回收等装置，除尘灰循环利用措施等	是

表 4-13 轧钢工序与相关批复符合性分析表

序号	文件名称	相关要求	实际情况	符合性
1	中华人民共和国环境保护部"关于包头钢铁（集团）有限责任公司冷轧薄板工程竣工环境保护验收意见的函"（环验〔2012〕25号）	工程产生的含铬废水、含酸碱废水、含油及乳化液废水分别经预处理后排入包钢总排水污水处理站，含铬废水处理站出口总铬、六价铬排放浓度均符合《污水综合排放标准》（GB 8978—1996）表 1 标准；废水处理总出口各项监测因子排放浓度均符合《钢铁工业水污染物排放标准》（GB 13456—92）表 3 二级标准和《污水综合排放标准》（GB 8978—1996）表 1 标准	按照水质检测报告，依据现行排放标准评价，达标排放	是
2	内蒙古包头市环境保护局文件"关于包钢薄板厂增加 F7 轧机项目竣工环境保护验收的批复"（包环验〔2011〕25号）	生产废水循环使用，为保持水质，少量含有 SS 和油的废水在本厂区旋流井除去氧化铁皮后排入包钢总排污水处理站，经监测包钢总排口 pH、SS、油类的排放浓度均满足《钢铁工业水污染物排放标准》二级标准限制（热轧生产线）	按照水质检测报告，依据现行排放标准评价，达标排放	是
3	内蒙古自治区环境保护厅文件"负责验收的环境保护行政主管部门意见"（内环验〔2009〕28号）（石油套管加工线）	建设了生产废水处理系统，生产废水处理后污水处理厂	—	是
4	内蒙古包头市环境保护局文件"关于包钢钢联股份有限公司轨梁厂 100 米长尺钢轨改造工程配套建设型钢加工线项目竣工环境保护验收的批复"（包环验〔2011〕23号）	生产设备冷却水排入包钢轨梁厂 6 循环水泵站，经处理后回用，不外排，生活污水排入厂区下水管网，进入包钢总排	—	是

续表 4-13

序号	文件名称	相关要求	实际情况	符合性
5	关于包头钢铁（集团）有限责任公司棒材厂精整生产线技术改造项目竣工环境保护验收的批复（包环验〔2011〕31 号）	生产废水经棒材厂污水处理站处理后循环使用，处理后的废水中 pH、COD$_{Cr}$、SS、石油类、氰化物、铁等主要污染物浓度均符合《钢铁工业水污染物排放标准》（GB 13456—1992）一级标准及《污水综合排放标准》（GB 8978—1996）二级标准。生活污水经化粪池处理后排入包钢总排污水处理厂	—	是
6	关于包头钢铁（集团）有限责任公司新建高速线材工程竣工环境保护验收的批复"（包环验〔2011〕32 号）	生产废水经线材厂污水处理站处理后循环使用，处理后的废水中 pH、COD$_{Cr}$、SS、石油类、氰化物、铁等主要污染物浓度均符合《钢铁工业水污染物排放标准》（GB 13456—1992）一级标准及《污水综合排放标准》（GB 8978—1996）二级标准。生活污水经化粪池处理后排入包钢总排污水处理厂	—	是
7	内蒙古包头市环境保护局文件"关于包钢 φ120 无缝钢管生产线工程竣工环境保护验收的批复"（包环验〔2011〕28 号）	生产废水经油循环水处理系统处理后返回生产线循环使用，不外排；芯棒喷涂石墨悬浊液多余部分收集至悬浊液回收箱循环使用；生活污水排入包钢污水处理厂	—	是

4.3.2　现状用水水平分析

（1）《水利部关于印发钢铁等十八项工业用水定额的通知》（水节约〔2019〕373号）工业用水定额：钢铁用水定额。

钢铁联合企业用水定额见表4-14、用水定额一览表见表4-15。

表4-14　钢铁联合企业用水定额　　　　　　　　　（单位：m³/t 粗钢）

产品名称		领跑值	先进值	通用值
粗钢	含焦化生产、含冷轧生产	3.1	3.9	4.8
	含焦化生产、不含冷轧生产	2.4	3.2	4.5
	不含焦化生产、含冷轧生产	2.2	2.8	4.2
	不含焦化生产、不含冷轧生产	2.1	2.3	3.6

表4-15　用水定额一览表　　　　　　　　　　（单位：m³/t）

产品名称	领跑值	先进值	通用值
烧结矿	0.18	0.22	0.38
球团矿	0.11	0.14	0.34
焦炭	0.70	1.23	2.73
生铁	0.24	0.42	1.09
转炉炼钢	0.36	0.52	0.99
电炉炼钢	0.55	1.05	1.74
棒材	0.34	0.38	0.70
线材	0.38	0.41	1.26
型钢	0.29	0.31	0.79
中厚板	0.36	0.38	0.74
热轧板带	0.38	0.45	0.91
冷轧板带	0.40	0.61	1.40
无缝钢管	0.30	0.86	1.56

注：1.领跑值为节水标杆，用于引领企业节水技术进步和用水效率的提升，可供严重缺水地区新建（改建、扩建）企业的水资源论证、取水许可审批和节水评价参考使用；先进值用于新建（改建、扩建）企业的水资源论证、取水许可审批和节水评价；通用值用于现有企业的日常用水管理和节水考核。

　　2.依据《内蒙古自治区行业用水定额标准》（2019年），焦炭通用值1.9，先进值1.4，领跑值1.2。

单位时间内，按照产品数量核算的单位产品用水量按下式计算：

$$V_{ui} = \frac{V_i}{Q}$$

式中　V_{ui}——单位产品用水量，m³/t；

　　　　V_i——在一定的计量时间（年）内，钢铁企业用于生产钢铁产品的用水量，m³；

Q——在一定的计量时间(年)内,钢铁企业生产钢铁产品的产量,t。

(2)《水利部关于印发钢铁等十八项工业用水定额的通知》(水节约〔2019〕373 号)工业用水定额:火力发电机组用水定额。

火力发电机组用水定额见表 4-16。

表 4-16　火力发电机组用水定额　　　　　〔单位:$m^3/(MW \cdot h)$〕

类型	机组冷却形式	机组容量	领跑值	先进值	通用值
燃煤发电	循环冷却	<300 MW	1.73	1.85	3.20
		300 MW 级	1.60	1.70	2.70
		600 MW 级	1.54	1.65	2.35
		1 000 MW 级	1.52	1.60	2.00
	直流冷却	<300 MW	0.25	0.30	0.72
		300 MW 级	0.22	0.28	0.49
		600 MW 级	0.20	0.24	0.42
		1 000 MW 级	0.19	0.22	0.35
	空气冷却	<300 MW	0.30	0.32	0.80
		300 MW 级	0.23	0.30	0.57
		600 MW 级	0.22	0.27	0.49
		1 000 MW 级	0.21	0.24	0.42
燃气-蒸汽联合循环	循环冷却	<300 MW	0.90	1.00	2.00
		300MW 级及以上	0.75	0.90	1.50
	直流与空气冷却		0.17	0.20	0.40

注:1.供热机组用水量可在本定额的基础上增加因对外供热、供汽不能回收而增加的用水量;

2.当机组采用再生水时,再生水部分的定额指标按以下方式进行调整:

a)循环冷却机组定额调整系数为1.2;

b)空气冷却机组定额调整系数为1.1;

c)直流机组不予调整。

3.领跑值为节水标杆,用于引领企业节水技术进步和用水效率的提升,可供严重缺水地区新建(改建、扩建)企业的水资源论证、取水许可审批和节水评价参考使用;先进值用于新建(改建、扩建)企业的水资源论证、取水许可审批和节水评价;通用值用于现有企业的日常用水管理和节水考核。

4.先进值为新建(改建、扩建)企业设计阶段平均单位发电量用水量。

单位时间内,按照发电量核算的单位发电量用水量按下式计算:

$$V_{ui} = \frac{V_i}{Q}$$

式中　V_{ui}——单位发电量用水量,$m^3/(MW \cdot h)$;

　　　V_i——在一定计量时间(年)内,生产过程中用水量总和(包括生产用水,辅助生产用水,以及厂内办公楼、绿化、职工食堂、非营业的浴室和保健站、卫生间等附属生产用水),m^3,采用直流冷却系统的企业用水量,不包括从江、河等水体取水用于凝汽器及其他换热器开式冷却并排回原水体的水量;企业从直流冷却水(不包括海水)系统中取水用作其他用途,则该部分计入企业用水水量;

Q——在一定计量时间(年)内的发电量,MW·h。

包钢旧体系、稀土钢黄河新水制水得率见图4-16。

4.3.2.1　全厂(钢铁联合企业)用水定额评价

2018年12月,包钢全厂钢铁联合企业单位产品用水量4.64 m³/t;2019年6月单位产品用水量4.51 m³/t。全厂钢铁联合企业平均用水定额为4.575 m³/t,满足水利部钢铁联合企业用水定额中的通用值4.8 m³/t。

2018年12月,旧体系钢铁联合企业部分取用黄河新水5 390.41 m³/h,生铁产量659 206 t,粗钢产量754 749 t,单位产品用水量5.31 m³/t粗钢;2019年6月,钢铁联合企业部分取用黄河新水和地下水合计5 621.58 m³/h,生铁产量739 494 t,粗钢产量889 201 t,单位产品用水量4.75 m³/t粗钢。

旧体系钢铁联合企业部分取用黄河新水和地下水平均用水定额为5.03 m³/t,不满足水利部钢铁联合企业用水定额中的通用值4.8 m³/t粗钢。

新体系钢铁联合企业部分,2018年12月取用黄河新水和地下水合计2 193.93 m³/h,生铁产量503 294 t,粗钢产量419 725 t,单位产品用水量3.44 m³/t粗钢。

2019年6月取用黄河新水和地下水合计2 607.82 m³/h,生铁产量543 063 t,粗钢产量462 896 t,单位产品用水量4.06 m³/t粗钢。

新体系钢铁联合企业部分取用黄河新水和地下水平均用水定额为3.75 m³/t,满足水利部2019年12月9日印发的钢铁联合企业用水定额中的用水定额先进值(3.9 m³/t粗钢)要求。

表4-17　现状用水定额评价一览表

项目	吨钢取水量(m³/t)			钢铁联合企业用水定额(m³/t粗钢)		
	12月	6月	平均值	领跑值	先进值	通用值
旧体系钢铁联合企业	5.31	4.75	5.03	3.1	3.9	4.8
新体系	3.44	4.06	3.75			
全厂钢铁联合企业	4.64	4.51	4.575			

4.3.2.2　钢铁联合企业各分厂用水定额评价

钢铁联合企业各分厂用水定额评价见表4-18。

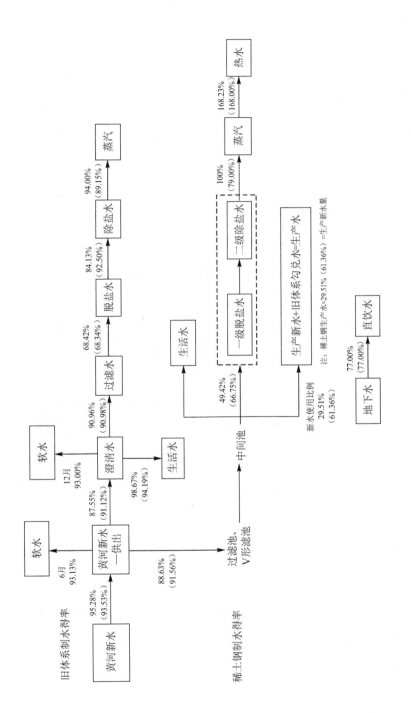

图 4-16　包钢旧体系、稀土钢黄河新制水得率

表 4-18　钢联合企业各分厂现状用水定额评价一览表

（单位：m³/t）

序号	分厂名称		指标计算结果			满足标准	用水定额标准			备注
			12月	6月	平均值		领跑值	先进值	通用值	
1	烧结		0.296	0.256	0.276	通用值	0.18	0.22	0.38	
2	稀土钢烧结		0.186	0.185	0.185 5	先进值	0.11	0.14	0.34	
3	球团		0.134 9	0.202 3	0.168 6	通用值				
4	焦化		3.916	4.96	4.438	不满足	0.70	1.23	2.73	
5	稀土钢焦化		0.734	1.274	1.004	先进值				《内蒙古自治区行业用水定额标准》（2019年）
6	选矿厂		0.303 7	0.186 3	0.245	领跑值	0.55	0.65	0.75	
7	焦化		3.827	4.870	4.348 5	不满足	1.2	1.4	1.9	
8	稀土钢焦化		0.579	1.224	0.901 4	领跑值				
9	炼铁厂炼铁区		0.745	0.641	0.693	通用值	0.24	0.42	1.09	
	炼铁厂炼铁区（含汽鼓）		1.086	1.07	1.078	通用值	0.24	0.42	1.09	
10	稀土钢高炉工序		0.425	0.532	0.478	通用值	0.24	0.42	1.09	《工业用水定额：钢铁》（水利部 2020年2月1日）
11	炼钢厂		1.112	0.786	0.949	先进值	0.36	0.52	0.99	
12	稀土钢炼钢工序		0.558	0.282	0.42	先进值	0.36	0.52	0.99	
13	薄板厂	冶炼	0.63	0.82	0.72	通用值	0.36	0.52	0.99	转炉
		热轧	0.90	0.92	0.91	通用值	0.38	0.45	0.91	
		冷轧	0.97	0.67	0.82	通用值	0.40	0.61	1.40	
		宽厚板	0.78	0.80	0.79	通用值	0.29	0.31	0.79	

续表 4-18

序号	分厂名称		指标计算结果			满足标准	用水定额标准			备注
			12月	6月	平均值		领跑值	先进值	通用值	
14	钢管公司	φ159、φ460	1.84	1.53	1.68	不满足	0.30	0.86	1.56	—
		φ180	0.47	0.42	0.45	先进值	0.30	0.86	1.56	
		φ400	0.48	0.49	0.49	先进值	0.30	0.86	1.56	停产
		石油套管	—	—	—	—	—	0.86	1.56	
		制钢二部	1.07	0.80	0.94	通用值	0.36	0.52	0.99	转炉炼钢
15	轨梁厂		—	—	—	—	—	—	—	—
16	长材厂	线材作业区	0.36	0.69	0.52	通用值	0.38	0.41	1.26	
		棒材作业区	0.30	0.17	0.24	领跑值	0.34	0.38	0.70	
		带钢作业区	停产	0.69	0.69	通用值	0.29	0.31	0.79	
17	特钢分公司		0.55	0.49	0.52	通用值	0.34	0.38	0.70	
18	稀土钢冷轧		0.36	0.23	0.29	领跑值	0.40	0.61	1.40	
19	稀土钢热轧		0.33	0.31	0.32	领跑值	0.38	0.45	0.91	
20	发电作业部		5.455	11.455	8.455	不满足	1.73	1.85	3.20	燃煤发电循环冷却
21	老 CCPP		4.092	3.164	3.628	不满足	0.90	1.00	2.00	燃气-蒸汽联合循环冷却
22	二机二炉		3.667	5.270	4.468	不满足	1.73	1.85	3.20	燃煤发电循环冷却
23	新 CCPP		2.918	2.740	2.829	不满足	0.90	1.00	2.00	燃气-蒸汽联合循环冷却

4.3.3　现状水重复利用率评价

在一定时间内,生产过程再生水的重复利用量与总用水量的比值,计算公式为:

$$R = \frac{V_r}{V_i + V_r} \times 100\%$$

式中　R——重复利用率,%;

　　　　V_r——一段时间内,生产过程中的重复用水量,m^3;

　　　　V_i——一段时间内,生产过程中的新水补充量,m^3。

现状水重复利用率指标一览表,见表4-19。

表4-19　现状水重复利用率指标一览表

标准名称	评价指标	标准要求			备注
		一级	二级	三级	
《清洁生产标准 铁矿采选业》(HJ/T 294—2006)	生产水复用率(%)	≥95	≥90	≥85	
《钢铁行业(烧结、球团)清洁生产评价指标体系——烧结工序》	生产水复用率(%)	≥92	≥89	≥80	
《钢铁行业(烧结、球团)清洁生产评价指标体系——球团工序》	生产水复用率(%)	≥95	≥90	≥80	
《焦化行业清洁生产水平评价标准》(YB-T 4416—2014)	生产水复用率(%)	≥95 新建企业	≥85 现有企业		
《钢铁行业(高炉炼铁)清洁生产评价指标体系》(2018年12月29日)	生产水复用率(%)	≥98.0	≥97.5	≥97.0	
《钢铁行业(炼钢)清洁生产评价指标体系》(国家发改委、生态环境部、工业和信息化部,2018年12月29日)	生产水复用率(%)	≥98	≥97	≥96	转炉炼钢
		≥98	≥96	≥94	电炉炼钢
《清洁生产标准 钢铁行业》(HJ/T189—2006)	生产水复用率(%)	≥95	≥93	≥90	
《清洁生产标准 钢铁行业(中厚板轧钢)》(HJT 318—2006)	生产水复用率(%)	≥98	≥96	≥94	
《清洁生产标准 钢铁行业(炼钢)》(HJ/T 428—2008)	生产水复用率(%)	≥98	≥97	≥96	
《内蒙古自治区行业用水定额标准》(DB15/T 385—2015)(净定额,即不考虑从水源到用水户之间的损失)	生产水复用率(%)	94			钢压延加工,线材、角钢等
	生产水复用率(%)	96			转炉炼钢
	生产水复用率(%)	94			电炉炼钢

续表 4-19

标准名称	评价指标	标准要求			备注
		一级	二级	三级	
钢铁行业（钢压延加工）清洁生产评价指标体系（国家发改委、生态环境部、工业和信息化部，2018年12月29日）	工业用水重复利用率（%）	≥98		≥95	热压延工序（中厚板、棒线材、带钢）
		≥95	≥94	≥93	冷压延工序（冷轧卷带、热镀锌）

钢铁联合企业各分厂现状水重复利用率评价见表 4-20。

表 4-20　钢铁联合企业各分厂现状水重复利用率评价一览表

序号	分厂名称		指标计算结果（%）			满足标准	备注
			12 月	6 月	平均值		
1	烧结厂		92.79	92.00	92.39	一级	
2	稀土钢烧结		90.28	97.75	94.01	一级	
3	球团		95.32	91.04	93.18	二级	
4	焦化厂		95.72	95.36	95.54	满足新建企业 95%	新建企业 95；现有企业 85
5	稀土钢焦化		99.47	97.63	98.55	满足新建企业 95%	
6	选矿厂		99.14	99.45	99.29	一级	
7	炼铁厂炼铁区		97.1	96.1	96.6	三级≥97.0%	《钢铁行业（高炉炼铁）清洁生产评价指标体系》
	炼铁厂炼铁区（含汽鼓）		97.5	96.6	97.0	三级	
8	稀土钢高炉工序		97.5	97.6	97.5	二级	
9	炼钢厂		97.4	97.3	97.3	二级	《钢铁行业（炼钢）清洁生产评价指标体系》
10	稀土钢炼钢工序		97.4	98.3	97.8	二级	
11	薄板厂	冶炼	95.51	93.15	94.33	三级≥96%	转炉，采用2018年新标准，2006年标准满足二级
		热轧	98.76	98.54	98.65	一级	
		冷轧	96.85	97.05	96.95	一级	
		宽厚板	99.30	99.06	99.18	一级	

续表 4-20

序号	分厂名称		指标计算结果(%)			满足标准	备注
			12月	6月	平均值		
12	钢管公司	φ159、φ460	99.32	99.28	99.30	一级	
		φ180	99.40	99.37	99.38	一级	
		φ400	—	—	—		
		石油套管	96.70	92.63	94.66	三级≥95%	循环量 90 m³/h
		制钢二部	95.63	96.19	95.91	三级≥96%	转炉炼钢
13	轨梁厂		—	—	—		
14	长材厂	线材作业区	99.92	99.07	99.49	一级	
		棒材作业区	—				回用水
		带钢作业区	停产				回用水
15	特钢分公司		98.34	98.61	98.48	一级	
16	稀土钢冷轧		99.06	99.29	99.18	一级	
17	稀土钢热轧		99.64	99.57	99.60	一级	

4.3.4 现状生活用水水平评价

依据《内蒙古自治区行业用水定额》(2019年版,内蒙古自治区水利厅,2019年12月),100万以上特大城市居民生活日用水量为 135 L/(人·d)。

全厂职工人均生活日用水量

$$V_{lf} = \frac{V_{ylf}}{n}$$

式中　V_{lf}——全厂职工人均生活日水量,L/(人·d);

　　　V_{ylf}——全厂日用于生活的水量,L;

　　　n——全厂职工总人数,人。

现状生活用水定额评价一览表见表4-21。

表 4-21　现状生活用水定额评价一览表

序号	分厂名称	指标计算结果[L/(L·d)]			满足标准	备注
		12月	6月	平均值		
1	烧结	1 076	112	594	不满足	1 859人
2	稀土钢烧结	4 268	4 240	4 254	不满足	186 人
3	球团	895	994	944	不满足	141 人
4	焦化厂(地下水)	127.45	127.45	127.45	满足	1 819人
	焦化厂三回收(生活水)	980	1 040	1 010	不满足	100 人

续表 4-21

序号	分厂名称		指标计算结果[L/(L·d)]			满足标准	备注
			12 月	6 月	平均值		
5	稀土钢焦化		1 404	452	928	不满足	907 人
6	选矿厂（地下水）		139.96	139.96	139.96	不满足	950 人
	选矿厂破碎区域(生活水)		651	1 081	866	不满足	170 人
7	炼铁厂炼铁区		888	898	893	不满足	2 200人
8	稀土钢高炉工序		845	534	690	不满足	1 376人
9	炼钢厂		354	159	257	不满足	737 人
10	稀土钢炼钢工序		452	273	362	不满足	798 人
11	薄板厂	冶炼	763.68	783.04	773.36	不满足	550 人
		热轧	763.68	783.04	773.36	不满足	415 人
		冷轧	763.68	783.04	773.36	不满足	570 人
		宽厚板	763.68	783.04	773.36	不满足	565 人
12	钢管公司	ϕ159、ϕ460	2 444.16	2 303.86	2 373.51	不满足	1 100人
		ϕ180	113.46	156.32	134.89	满足	
		ϕ400	135	135	135	满足	
		石油套管	—	—	—		
		制钢二部	1 244.93	1 291.69	1 268.31	不满足	590 人
13	轨梁厂		547.32	568.06	557.69	不满足	1 350人
14	长材厂	线材作业区	1 272.22	1 401.28	1 336.75	不满足	400 人
		棒材作业区	2 407.76	2 043.32	2 225.54	不满足	300 人
		带钢作业区	3 207.60	3 294.31	3 250.96	不满足	300 人
15	特钢分公司		71.99	430.12	251.06	不满足	725 人
16	稀土钢冷轧		763.94	778.36	771.15	不满足	750 人
17	稀土钢热轧		1 110.29	1 063.10	1 086.70	不满足	600 人
18	热电厂		135	135	135	满足	320 人
19	新 CCPP		960	1 440	1 200	不满足	50 人

4.3.5　废污水回用率

水平衡测试期间全厂废污水回用率一览表见表 4-22。

表 4-22　水平衡测试期间全厂废污水回用率一览表

时间	废污水总量（m³/h）	回用量（m³/h）	回用率（%）
2018年12月	7 408.09	4 712.09	63.61
2019年6月	6 973.82	4 700.8	67.41

4.3.6　绿化用水水平评价

依据《内蒙古自治区行业用水定额》，林业灌溉定额、绿化用水定额见表 4-23、表 4-24。

表 4-23　林业灌溉定额一览表

行业类别	林业种类	灌溉保证率（%）	畦灌（m³/hm²）	管灌（m³/hm²）	滴灌（m³/hm²）
林木育苗	苗圃	50	2 550	2 550	1 950
		75	3 150	2 700	2 400
造林和更新	速生林	50	1 350	1 200	1 050
		75	2 100	1 800	1 650

表 4-24　绿化用水定额一览表

行业类别	林业名称	定额单位	定额值	等级
城市绿化管理	绿化	L/(m²·d)	2.9	通用
			1.0	先进

包钢绿化用水分为三部分：厂区内部绿化用水、宋昭公路苗圃和河西公园用水、大青山绿化用水，其中大青山绿化用水由白云鄂博精矿浆管道输送及供水管道输送的澄清水供给。包钢厂区绿化用水统计一览表见表 4-25，包钢绿化用水统计计算一览表见表 4-26。

表 4-25　包钢厂区绿化用水统计一览表　　　　　（单位：m³/d）

厂区绿化	新水	黄河澄清水	生活水	生产水	回用水	合计
实际用水量	178.57	71.68	202.73	448.5	107.41	
折算新水量	190.92	84.11	252.55	321.36		848.94

表 4-26　包钢绿化用水统计计算一览表

区域	绿化面积（万 m²）	实际用水量（m³/h）	实际用水定额		《内蒙古自治区行业用水定额》		
			m³/hm²	L/(m²·d)	m³/hm²	L/(m²·d) 先进值	L/(m²·d) 通用值
厂区内部	1 965.6	848.94		1.04		1	2.9
河西公园	34	45.76	6 896		1 200		
宋昭公路苗圃	22.35	96.65	22 159		2 550		
大青山	97.516 9	65.13	3 422		1 200		

4.4　现状节水潜力分析

4.4.1　非工程措施

4.4.1.1　加强节水宣传教育

加强节约用水宣传与教育,制定和完善节水管理办法,逐级落实责任,形成全员推进节水工作的良好氛围,加大节水减排工作的宣传力度,提高职工节水意识。利用电子屏、QQ群、微信公众号等媒体宣传水资源法规政策、节水科普知识、节水成果、节水先进人物事迹及公司节水减排动态,让广大职工掌握日常工作、生活中的节水知识和方法,提高节水意识。

4.4.1.2　制订并落实用水计划

按照《水利部关于印发〈计划用水管理办法〉的通知》(水资源〔2014〕360号),按时向各级水行政主管部门上报本年度取水工作总结和下年度用水计划。制定完备的水资源考核制度,计划用水管理已经全面实施,落实总量控制,将用水指标层层分解,按月下达用水指标,定期对各用水计划执行情况进行考核,并将节水工作落实情况、完成情况,纳入本单位经济考核。

4.4.1.3　规范用水台账记录

建立完整的管网信息、技术档案,各级的取用水台账、水计量器具台账等完备可查,健全用水原始记录和统计台账,能够及时编报本年度取水工作总结表。

4.4.1.4　规范生活用水管理

现状用水评价包钢生活用水量整体偏大,调查了解,旧体系生活用水没有安装计量设施,且部分生活用水补充工业用水。各分厂应严格执行《内蒙古自治区行业用水定额》规定的135 L/(人·d)定额要求,安装计量表,并进行考核,杜绝生活用水浪费等问题。

4.4.1.5　落实相关节水要求

按照《节水型社会建设"十三五"规划》《内蒙古自治区水污染防治三年攻坚计划》《国家节水行动方案》《产业结构调整指导目录》(2019年本,中华人民共和国国家发展和改革委员会令第29号)等要求,制定落实相关节水规划,进一步筛选厂区落后、淘汰的设备机组。

4.4.2　工程措施

4.4.2.1　加大废污水源头治理,劣质水源头治理,就地利用

酚氰废水、脱硫废水、冷轧废水作为包钢厂区主要风险点,依据《内蒙古自治区环境保护条例》,含有国家规定的第一类污染物之一的废水,应采取闭路循环和回收措施,禁止稀释排放。

焦化、CCPP酚氰废水下一步在焦化车间增加深度处理设施,确保新、老焦化车间酚氰废水全部回用,深度处理后的脱盐水用于焦化厂厂区循环水系统补水,浓盐水用于炼铁冲渣、热焖渣和烧结拌料等工序。

4.4.2.2　浓盐水的集中收集处理、回用

在对全公司除盐水、废水处理系统整合提升的基础上,逐步建立浓盐水专用管网,集中收集输送浓盐水,避免混入污水系统。

目前,除新体系外的其他制备工序产生的浓盐水就地排放,进入老总排污水处理系统,这部分废水既影响外排指标,又影响自备污水处理系统处理成本及处理效果,应逐步进行集中收集处理。集中收集处理的同时,充分发挥钢铁生产工艺流程消纳废水的优势。

消纳废水的主要环节有高炉冲渣工序、烧结混料、料场喷洒、铸铁、炼钢焖渣、料场喷洒等工序。其中烧结、球团拌料用浓盐水约162.38 m³/h;高炉冲渣补浓盐水约198.23 m³/h;转炉焖渣用浓盐水约15 m³/h。浓盐水替换旧体系烧结一、三烧车间回用水,四烧用澄清水,新体系烧结生产水(勾兑水)球团现状拌料用循环水。

4.4.2.3　加强用水计量器具配备

计量设施是用水管理的基础工作,目前包钢一级计量设施完好,用水有绿化和生活水计量仪表缺失,旧体系生活用水只有总计量设施,旧体系各分厂工艺用水大部分无计量,增加了生产过程水量的管控难度。新体系根据现场调查,各分厂计量表部分有损坏,或被水淹没,部分用水计量结算数据根据经验值估算,各分厂排水大多无计量。

建议定期对计量仪表运行与维护情况进行跟踪监督管理,确保相关数据真实有效。退水计量器具的配备方面存在较大不足,应按照有关规定对各生产实体配备退水计量器具,严格按表计量,杜绝无表、估表现象。加大工艺用水计量表安装,并加强计量表的维护管理,保证其完好、准确,保障供、用、排水量数据的准确可靠,为节水减排提供分析依据。

4.4.2.4　杜绝跑、冒、滴、漏现象

供水管网大多年代久远,应加强管网维修改造,考虑到常规水源投运时间较早,供输水管网缺少系统改造更新,下一步包钢应把节水工作的重点放在供输水系统的排查更新改造上,减少工艺管道及设备的跑、冒、滴、漏。有重点地、有计划地进行管网及供水设施的改造工作,有效避免爆管事件,减少供水管网漏失。

4.4.2.5　加强绿化用水管理、进行滴灌技术改造

包钢绿化用水分为三部分:厂区内部绿化用水、宋昭公路苗圃和河西公园用水、大青山绿化用水,其中大青山绿化用水由白云矿浆管线输送的澄清水供给。厂区内部绿化用水定额基本满足内蒙古用水定额先进值,河西公园、宋昭公路苗圃、大青山用水量不能满足内蒙古用水定额,偏差较大(绿化用水无计量,采用水平衡测试期间水量计算)。包钢加大绿化用水计量设施,持续推广厂区、周边滴灌技术改造,降低绿化用水量,提高绿化用水计量率,杜绝漫灌、水龙头常开浪费水资源的现象,制定有效监管措施。进一步丈量统计绿化面积,禁止优水劣用。

4.4.2.6　通过开展水平衡测试,查找节水潜力

依据《内蒙古自治区节约用水条例》等相关要求,每3~5年开展一次水平衡测试,通过系统测试,查清企业用水现状,分析用水的合理性,查找用水管理中的薄弱环节和节水潜力。

4.4.3　现状用水优化措施

现状节水评价水量主要优化措施如下:①回用水置换选矿厂生产使用地下水;②核减烧结、球团拌料使用生产水、回用水,置换使用浓盐水;③酚氰废水深度处理后的脱盐水置换焦化厂生产使用地下水、澄清水、生产水等;④核减炼铁厂高炉冲渣生产水、回用水,冲渣水置换使用浓盐水;⑤核减钢管公司生活人均超定额用水量;⑥核减绿化超定额用水量。

各分厂水量优化措施一览表见表4-27~表4-34。

表 4-27　选矿厂水量优化措施一览表

（单位：m³/h）

分厂名称	核减水量				回用水		增加水量				备注
	生活水 12月	生活水 6月	生产水 12月	生产水 6月	12月	6月	处理后回用的脱盐水 12月	处理后回用的脱盐水 6月	生产水 12月	生产水 6月	（深度处理系统产水率按照50%计算）
选矿厂	地下水：0.197	地下水：0.197	27.45（用于工业生产的地下水量）	33.66（用于工业生产的地下水量）	139.63（回用水，其中27.45替换用于工业生产的地下水）	456.46（回用水，其中33.66替换用于工业生产的地下水）					生活用水按照人均定额135 L/（人·d）核定

表 4-28　烧结区水量优化措施一览表

（单位：m³/h）

分厂名称	核减水量				增加水量						备注
	生活水 12月	生活水 6月	生产水 12月	生产水 6月	浓盐水 12月	浓盐水 6月	处理后回用的脱盐水 12月	处理后回用的脱盐水 6月	生产水 12月	生产水 6月	（深度处理系统产水率按照50%计算）
烧结拌料			86.6（其中回用水44，新水量42.6）	84.6（其中回用水45，新水量39.6）	86.6（拌料用水，其中烧结脱硫废水深度处理后浓盐水16.84，还需补充浓盐水69.76）	84.6（拌料用水，其中烧结脱硫废水深度处理后浓盐水16.355，还需补充浓盐水68.245）					烧结脱硫废水12月和6月分别为39.31和26.06；合理性分析后减掉四烧结脱硫定额用水量后的废水量12月和6月分别为33.68和32.71；深度脱盐后产生脱盐水16.84和16.355，产生浓盐水16.84和16.355
四烧结脱硫			34.05（黄河新水，其中超定额用水量17.21，深度处理后回用的脱盐水替换16.84）	27.285（黄河新水，其中超定额用水量10.93，深度处理后回用的脱盐水替换16.355）			16.84（替换生产水）	16.355（替换生产水）			

续表 4-28

（单位：m³/h）

分厂名称	核减水量				增加水量						备注
	生活水		生产水		液盐水		处理后回用的脱盐水		生产水		（深度处理系统产水率按照50%计算）
	12月	6月	12月	6月	12月	6月	12月	6月	12月	6月	
稀土钢烧结			84.74（生产水，其中烧结拌料用水65，其他用水19.74）	95.225（生产水，其中烧结拌料用水73，其他用水22.225）	65（拌料用水，其中烧结脱硫废水深度处理后浓盐水19.74，还需补充浓盐水45.26）	73（拌料用水，其中烧结脱硫废水深度处理后浓盐水22.225，还需补充浓盐水50.775）	19.74（替换脱硫系统生产水）	22.225（替换脱硫系统生产水）			稀土钢烧结脱硫废水12月和6月分别为39.48和44.45；深度处理后产生脱盐水19.74和22.225，产生浓盐水19.74和22.225

表 4-29 稀土钢球团作业部水量优化措施一览表

（单位：m³/h）

分厂名称	核减水量				增加水量						备注
	生活水		生产水		液盐水		处理后回用的脱盐水		生产水		（深度处理系统产水率按照50%计算）
	12月	6月	12月	6月	12月	6月	12月	6月	12月	6月	
球团			一级除盐水：1.32；生产水6.85；串联用水量：1.97	一级除盐水：8.255；生产水0.06；脱硫系统生产水：47.858；串联用水量：13.58	1.97（拌料用水）	13.58（拌料用水，其中球团脱硫废水深度处理后浓盐水11.24，还需补充浓盐水2.34）	8.17	11.24			稀土钢球团脱硫废水12月和6月分别为27.15和35.38；合理性分析后减掉球团定额水量的脱硫超额水量分别为27.15和22.48；深度处理后产生脱盐水13.575和11.24，产生浓盐水13.575和11.24

表 4-30　焦化厂水量优化措施一览表

（单位：m³/h）

分厂名称	核减水量						增加水量				备注
	生产水		生活水		浓盐水		处理后回用的脱盐水		生产水		
	12月	6月	12月	6月	12月	6月	12月	6月	12月	6月	
煤气净化系统循环水补水	37.26（回用水）	0					163.34（其中酚氰废水处理后回用的脱盐水119.42,外部系统补入脱盐水43.92）	126.92（其中酚氰废水处理后回用的脱盐水81.5,外部系统补入脱盐水45.42）			焦化厂酚氰废水12月和6月分别为200.31,200.31,2019年11月5#、6#焦炉复产后预计酚氰废水量增加至300.47。按照包钢深度处理系统设计产水率为68%计算
脱盐水站和6#换热站	22.3（用于工业的地下水量）	29.02（用于工业的地下水量）					22.3（酚氰废水处理后回用的脱盐水）	29.02（外部系统补入脱盐水28.36,黄河澄清水0.66）			计算,深度处理后产生脱盐水204.32和204.32,产生浓盐水96.15和96.15;外部系统12月和6月再为焦化厂补入处理后脱盐水43.92和45.42,两者合计248.24和249.74
2#～3#干熄焦循环水补水	210.57（黄河澄清水）	281.38（黄河澄清水）					36.6（酚氰废水处理后回用的脱盐水）	61.80（酚氰废水处理后回用的脱盐水）			
2#～3#干熄焦锅炉、干熄焦装置、除氧水泵等	26（黄河澄清水）	32（黄河澄清水）					26（酚氰废水处理后回用的脱盐水）	32（酚氰废水处理后回用的脱盐水）			

续表 4-30

（单位：m³/h）

分厂名称	核减水量 生产水 12月	核减水量 生产水 6月	核减水量 生活水 12月	核减水量 生活水 6月	增加水量 浓盐水 12月	增加水量 浓盐水 6月	增加水量 处理后回用的脱盐水 12月	增加水量 处理后回用的脱盐水 6月	增加水量 生产水 12月	增加水量 生产水 6月	深度处理系统产水率按照68%计算
7#～8#焦炉熄焦池、炉顶水封水等	40（黄河澄清水）	50（黄河澄清水）					40（回用水）	50（回用水）			
稀土钢焦化厂	82.99（生产水）	80.04（生产水）					82.99（酚氰废水处理后回用的脱盐水）	80.04（酚氰废水处理后回用的脱盐水）			稀土钢酚氰废水12月和6月分别为165.98和160.08。按照包钢深度处理系统设计产水率为68%计算，深度处理后产生脱盐水112.87和108.85，产生浓盐水53.11和51.23；外部系统12月和6月再为焦化厂补水83.02和71.13，合计195.89和179.98
稀土钢焦化厂N18机组							112.9（其中酚氰废水处理后回用的脱盐水29.88，另有其他系统补充盐水83.02）	99.94（生产水，其中酚氰废水处理后回用的脱盐水28.81，另有其他系统补充盐水71.13）	101（黄河澄清水）	101（黄河澄清水）	

表4-31 炼铁水量优化措施一览表

（单位：m³/h）

分厂名称	核减水量								增加水量			
	回用水		生产水		酚氰废水		生活水		浓盐水		核减排水量	
	12月	6月	12月	6月	12月	6月	12月	6月	12月	6月	12月	6月
炼铁厂炼铁区	66（3#高炉冲渣用循环水，改用浓盐水）	209（3#高炉冲渣用循环水，改用浓盐水）			61.876（4#,6#高炉冲渣用水，改用浓盐水）	71.726（4#,6#高炉冲渣用水，改用浓盐水）			90.839（3#、4#、6#高炉冲渣用水）	105.299（3#、4#、6#高炉冲渣用水）	37.037	175.426
稀土钢高炉工序			43.4（7#,8#高炉冲渣用水，改用浓盐水）	39.293（7#,8#高炉净水加强水质控制，减少补水37.084；7#,8#高炉冲渣用水2.209，改用浓盐水）	51.305（7#,8#高炉冲渣用水，改用浓盐水）	103.387（7#,8#高炉冲渣用水，改用浓盐水）	21.813（超定额核减）	12.247（超定额核减）	94.706（7#,8#高炉冲渣用水）	105.596（7#,8#高炉冲渣用水）	21.813	49.331

表 4-32　钢管公司水量优化措施一览表

（单位：m³/h）

分厂名称	核减水量								增加水量		备注
	其他水种		生活水		排水量		耗水量				
	12月	6月	12月（超定额核减生活水量）	6月（超定额核减生活水量）	12月	6月	12月	6月	12月	6月	
钢管公司	159,460		12	13	10.15	12.13	1.85	0.87			

表 4-33　绿化水量优化措施一览表

用水区域	绿化面积（万 m²）	实际用水量（m³/h）	实际用水定额		《内蒙古自治区行业用水定额》			预留水量（m³/h）	核减水量（m³/h）	节水潜力分析后用水定额
			m³/hm²	L/(m²·d)	m³/hm²	L/(m²·d) 先进值	L/(m²·d) 通用值			
厂区内部	1 965.6	848.94		1.04		1	2.9	848.94		基本满足《内蒙古用水定额》行业用水定额 75% 先进值
河西公园	34	45.76	6 896		1 200			11.94	33.82	满足内蒙古用水定额 75% 保证率管灌 1 800 m³/hm²
宋昭公路苗圃	22.35	96.65	22 159		2 550			13.74	82.91	满足内蒙古用水定额 75% 保证率管灌 3 150 m³/hm²
大青山	97.516 9	65.13	3 422		1 200			34.26	30.87	满足内蒙古用水定额 75% 保证率管灌 1 800 m³/hm²

注：①现状河西公园、大青山防护林取 50% 保证率定额值 1 200 m³/hm²，宋昭公路苗圃取 50% 保证率苗圃灌 2 250 m³/hm²。
②每年 4~10 月为用水期，按照内蒙古用水定额 75% 保证率预留。

表 4-34　火力发电水量优化措施一览表

（单位：m³/h）

序号	分厂名称	核减水量 黄河新水 6月	12月	核减 澄清水 6月	12月	核减 一次过滤水 6月	12月	核减 除盐水 6月	12月	核减 地下水 6月	12月	核减 生产水 6月	12月	核减 生活水 6月	12月	增加水量 黄河新水 6月	12月	增加 澄清水 6月	12月	增加 一次过滤水 6月	12月	耗水量变化 6月	12月	排水量变化 6月	12月	酚氰废水量变化 6月	12月
1	发电作业部	356.743（超定额核减）								0.17（地下水关停）	0.46（地下水关停）						103.262（按装机定额通用值预留水量）					-273.361		-83.552	+102.802		
2	老CCPP			10.802（超定额核减）		160.637（超定额，煤冷、电除尘减少40）		37.476（超定额核减）													62.092（按装机定额通用值预留水量，煤冷、电除尘减少40）	-114.28		-43.833	+102.092	-40	-40
3	二机二炉																		98.546（按装机定额通用值预留水量）					-10.802	98.546		
4	新CCPP							35.834（超定额核减）	26.764（超定额核减）			287.55（超定额，煤冷、电除尘减少10）	188.735（超定额，煤冷、电除尘减少10）	2.719（超定额核减）	1.719（超定额核减）							-230.578	-160.728	-85.535	-46.49	-10	-10

4.5　现状用水量核定

现状用水量核定考虑包钢实际情况,通过实施节水潜力后,全厂用水定额达到《水利部关于印发钢铁等十八项工业用水定额的通知》(水节约〔2019〕373号)中规定的通用值4.8 m³/t用水定额要求,其中新体系满足先进值3.9 m³/t用水定额要求。

4.5.1　节水评价前后水量变化情况

节水评价后包钢取用排水量核定见表4-35。

表 4-35　节水评价后包钢取用排水量统计一览表

项目		小时水量(m³/h)			年水量(万 m³/a)		
		12月	6月	平均值	12月	6月	平均值
包钢取水量(黄河原水)	现状	11 746.91	13 410.42	12 578.665	10 290.293	11 747.528	11 018.911
	节水评价后	10 871.91	12 568.06	11 719.985	9 523.793	11 009.621	10 266.707
包钢排水量(进入尾闾工程)	现状	2 235	1 881	2 058	1 957.86	1 647.756	1 802.808
	节水评价后	1 468	1 468	1 468	1 285.968	1 285.968	1 285.968
稀土钢取水量(黄河新水)	现状	2 134.58	2 916.34	2 525.46	1 869.892	2 554.714	2 212.303
	节水评价后	1 871.44	2 273	2 072.22	1 639.381	1 991.148	1 815.265
稀土钢排水量(排往包钢总排污水处理中心)	现状	461	392.01	426.505	403.836	343.401	373.618
	节水评价后	394.83	269.1	331.965	345.871	235.732	290.801

节水评价后,2020年12月包头钢铁(集团)有限责任公司水平衡图见图4-17;2020年6月包头钢铁(集团)有限责任公司水平衡图见图4-18;2020年12月内蒙古包钢金属制造有限责任公司水平衡图见图4-19;2020年水平6月内蒙古包钢金属制造有限责任公司水平衡图见图4-20。

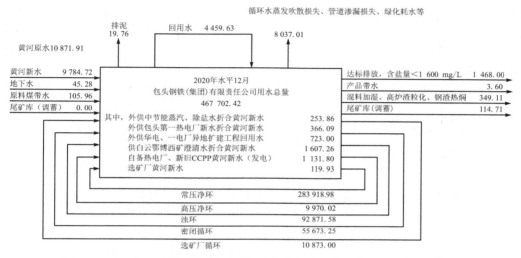

图 4-17　2020 年 12 月包头钢铁(集团)有限责任公司水平衡图 　(单位:m³/h)

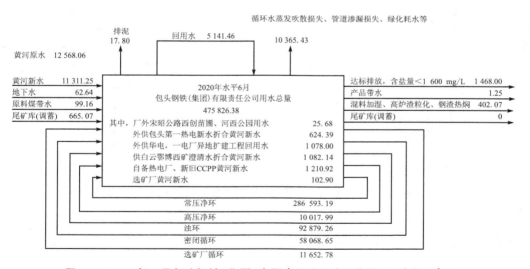

图 4-18　2020 年 6 月包头钢铁(集团)有限责任公司水平衡图 　(单位:m³/h)

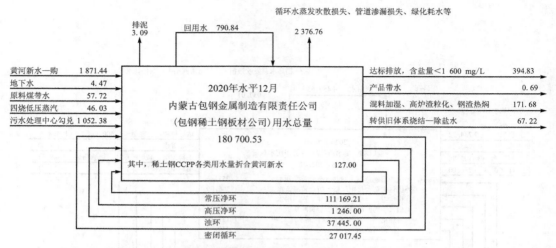

图 4-19　2020 年 12 月内蒙古包钢金属制造有限责任公司水平衡图　（单位：m³/h）

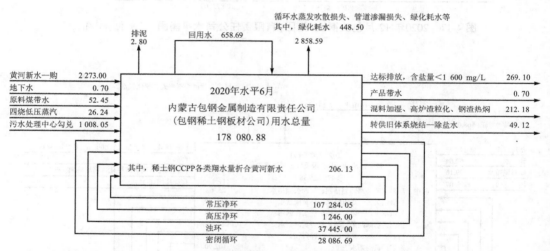

图 4-20　2020 年 6 月内蒙古包钢金属制造有限责任公司水平衡图　（单位：m³/h）

4.5.2　合理用水量核定后用水水平

节水潜力分析后,全厂用水定额评价见表 4-36,其他分厂用水指标评价见表 4-37～表 4-39。绿化用水定额评价见表 4-40,废污水回用率见表 4-41。

表 4-36　节水评价后用水定额评价一览表

项目		吨钢取水量（m³/t）			钢铁联合企业用水定额（m³/t 粗钢）		
		12 月	6 月	平均值	领跑值	先进值	通用值
旧体系——钢铁联合企业	现状	5.31	4.75	5.03	3.1	3.9	4.8
	节水评价后	4.50	5.08	4.79			
新体系	现状	3.44	4.06	3.75			
	节水评价后	3.17	3.40	3.285			
全厂钢铁联合企业	现状	4.64	4.51	4.575			
	节水评价后	4.02	4.50	4.26			

4.6　包钢近期技改、规划项目需水量

包钢近期技改、规划项目需水量见表 4-42,需专题研究规划项目与相关政策的符合性、用水的合理性、用水水平。

4.7　包钢核发取水许可证建议

现状通过节水潜力分析后,全厂用水定额达到《水利部关于印发钢铁等十八项工业用水定额的通知》(水节约〔2019〕373 号)中规定的钢铁联合企业通用值4.8 m³/t 用水定额要求,其中新体系满足先进值3.9 m³/t 用水定额要求。

依据《国务院关于印发水污染防治行动计划的通知》(国发〔2015〕17 号),到2020年,电力、钢铁、纺织、造纸、石油石化、化工、食品发酵等高耗水行业达到先进定额标准;依据《节水型社会建设"十三五"规划》(国家发展改革委、水利部、住房和城乡建设部,2017 年 1 月)的要求,到2020年,重点统计钢铁企业吨钢取水量降至3.2 m³/t;依据《内蒙古自治区水污染防治三年攻坚计划》(内政办发〔2018〕96 号)的要求,到2020年,电力、钢铁、纺织、造纸、石油石化、化工、食品发酵等高耗水行业达到先进定额标准。

由于包钢旧体系现状用水定额5.03 m³/t 距离《水利部关于印发钢铁等十八项工业用水定额的通知》中规定的通用值4.8 m³/t 尚有一定的差距,需通过节水措施达到通用值4.8 m³/t 要求,考虑包钢实际情况,本次旧体系用水定额按照通用值4.8 m³/t 控制,新体系按照先进值3.9 m³/t 用水定额控制,但应专题研究节水规划,2025年全厂用水定额达到《水利部关于印发钢铁等十八项工业用水定额的通知》(水节约〔2019〕373 号)中规定的先进值3.9 m³/t 用水定额要求。

包钢核发取水许可证结合《水利部关于印发钢铁等十八项工业用水定额的通知》用水定额要求,考虑包钢可能最大合理用水需求提出核发取水许可证建议。

包钢黄河水用水主要考虑 7 部分:①钢铁联合企业;②厂区内部火力发电;③包头第一热电厂老厂、白云鄂博矿区;④外供市政蒸汽;⑤选矿厂;⑥厂区外部绿化;⑦规划需水。

表4-37 节水评价后用水定额评价一览表

(单位:m³/t)

序号	分厂名称		指标计算结果 12月	6月	平均值	满足标准	用水定额标准 领跑值	先进值	通用值	备注
1	烧结		0.246	0.214	0.230	通用值	0.18	0.22	0.38	《内蒙古自治区行业用水定额标准》(2019年)
2	稀土钢烧结		0.156	0.128	0.142	领跑值				
3	球团		0.125 3	0.114 5	0.119 9	先进值	0.11	0.14	0.34	
4	焦化		1.617	2.077	1.847	通用值	0.7	1.23	2.73	
5	稀土钢焦化		1.001	1.456	1.228	先进值				
6	选矿厂		0.258 7	0.148 3	0.203 5	领跑值	0.55	0.65	0.75	
7	焦化		1.614	1.901	1.757 5	通用值	1.2	1.4	1.9	
8	稀土钢焦化		0.846 8	1.405 3	1.126	领跑值				
9	炼铁厂炼铁区		0.745	0.641	0.693	通用值	0.24	0.42	1.09	《工业用水定额 钢铁》(水利部2020年2月1日)
	炼铁厂炼铁区(含汽敷)		1.086	1.07	1.078	通用值	0.24	0.42	1.09	
10	稀土钢高炉工序		0.365	0.475	0.42	先进值	0.24	0.42	1.09	
11	炼钢厂		1.112	0.786	0.949	通用值	0.36	0.52	0.99	
12	稀土钢炼钢工序		0.558	0.282	0.42	先进值	0.36	0.52	0.99	
13	薄板厂	冶炼	0.63	0.82	0.72	通用值	0.36	0.52	0.99	转炉
		热轧	0.90	0.92	0.91	通用值	0.38	0.45	0.91	
		冷轧	0.97	0.67	0.82	通用值	0.40	0.61	1.40	
		宽厚板	0.78	0.80	0.79	通用值	0.29	0.31	0.79	

续表 4-37

（单位：m³/t）

序号	分厂名称		指标计算结果				用水定额标准			备注
			12月	6月	平均值	满足标准	领跑值	先进值	通用值	
14	钢管公司	φ159、φ460	1.71	1.41	1.56	通用值	0.30	0.86	1.56	
		φ180	0.47	0.42	0.45	先进值	0.30	0.86	1.56	
		石油套管	0.48	0.49	0.49	先进值	0.30	0.86	1.56	
		φ400	—	—	—	通用值	0.30	0.86	1.56	
	制钢二部		1.07	0.80	0.94	通用值	0.36	0.52	0.99	转炉炼钢
15	轧梁厂		—	—	—	—	—	—	—	生产用回用水
16	长材厂	线材作业区	0.36	0.69	0.52	通用值	0.38	0.41	1.26	
		棒材作业区	0.30	0.17	0.24	领跑值	0.34	0.38	0.70	
		带钢作业区	停产	0.69	0.69	通用值	0.29	0.31	0.79	
17	特钢分公司		0.55	0.49	0.52	通用值	0.34	0.38	0.70	取棒材用水定额
18	稀土钢冷轧		0.36	0.23	0.29	领跑值	0.40	0.61	1.40	
19	稀土钢热轧		0.33	0.31	0.32	领跑值	0.38	0.45	0.91	
20	发电作业部		3.2	3.2	3.2	通用值	1.73	1.85	3.20	
21	老 CCPP		2.0	2.0	2.0	通用值	0.90	1.00	2.00	
22	二机二炉		3.2	3.2	3.2	通用值	1.73	1.85	3.20	
23	新 CCPP		1.0	1.0	1.0	先进值	0.90	1.00	2.00	

表 4-38　节水评价后水重复利用率评价一览表

序号	分厂名称		指标计算结果(%)			满足标准	备注
			12 月	6 月	平均值		
1	烧结厂		93.88	94.56	94.22	一级	钢铁行业(烧结、球团)清洁生产评价指标体系——烧结工序
2	稀土钢烧结		90.61	98.34	94.47	一级	
3	球团		95.64	94.72	95.18	一级	钢铁行业(烧结、球团)清洁生产评价指标体系——球团工序
4	焦化厂		97.49	97.37	97.43	满足新建企业 95%	焦化行业清洁生产水平评价标准(YB-T 4416—2014)
5	稀土钢焦化		99.20	98.57	98.88	满足新建企业 95%	
6	选矿厂		98.92	99.08	99.00	一级	清洁生产标准 铁矿采选业(HJ/T 294—2006)
7	炼铁厂炼铁区		97.00	96.30	96.60	2018 年 12 月满足三级 97%	钢铁行业(高炉炼铁)清洁生产评价指标体系(2018 年 12 月 29 日)
	炼铁厂炼铁区(含汽鼓)		97.40	96.70	97.10	三级	
8	稀土钢高炉工序		97.50	97.70	97.60	二级	
9	炼钢厂		97.30	97.30	97.30	二级	钢铁行业(炼钢)清洁生产评价指标体系(2018 年 12 月 29 日)
10	稀土钢炼钢工序		97.30	98.30	97.80	二级	
11	薄板厂	冶炼	95.27	92.91	94.09	三级 ≥96%	转炉,采用2018年新标准,2006年标准满足二级
		热轧	98.71	98.48	98.59	一级	
		冷轧	96.50	96.69	96.60	一级	
		宽厚板	99.25	99.00	99.13	一级	
12	钢管公司	ϕ159、ϕ460	98.68	98.70	98.69	一级	
		ϕ180	99.40	99.37	99.38	一级	
		ϕ400	—	—	—		
		石油套管	96.70	92.63	94.66	三级 ≥95%	循环量 90 m^3/h
		制钢二部	95.02	95.54	95.28	三级 ≥96%	转炉炼钢
13	轨梁厂		—	—	—		

续表 4-38

序号	分厂名称		指标计算结果(%)			满足标准	备注
			12 月	6 月	平均值		
14	长材厂	线材作业区	99.33	98.48	98.90	一级	
		棒材作业区	99.60	99.59	99.60	一级	回用水
		带钢作业区	停产	97.61	97.61	一级	回用水
15	特钢分公司		98.34	98.14	98.24	一级	
16	稀土钢冷轧		98.90	99.12	99.01	一级	
17	稀土钢热轧		99.58	99.51	99.54	一级	

表 4-39　节水评价后生活用水定额评价一览表

序号	分厂名称		指标计算结果[L/(人·d)]			备注
			12 月	6 月	平均值	
1	烧结		134.99	134.99	134.99	内蒙古自治区行业用水定额标准 135 L/(人·d)
2	稀土钢烧结		134.97	134.97	134.97	
3	球团		135	135	135	
4	焦化		134.99	134.99	134.99	
5	焦化厂三回收		135	135	135	
6	稀土钢焦化		134.98	134.98	134.98	
7	选矿厂		134.98	134.98	134.98	
8	选矿厂破碎区域		134.96	134.96	134.96	
9	炼铁厂炼铁区		135	135	135	
10	稀土钢高炉工序		135	135	135	
11	炼钢厂		135	135	135	
12	稀土钢炼钢工序		135	135	135	
13	薄板厂	冶炼	135	135	135	
		热轧	135	135	135	
		冷轧	135	135	135	
		宽厚板	135	135	135	

续表 4-39

序号	分厂名称		指标计算结果[L/(人·d)]			备注
			12 月	6 月	平均值	
14	钢管公司	φ159、φ460	135	135	135	
		φ180	113.46	156.32	134.89	
		φ400	—	—	—	
		石油套管	135	135	135	包含 φ400 作业区预留 210 人、φ180 作业区 300 人 100 L/(人·d)的洗浴用水
		制钢二部	135	135	135	
15	轨梁厂		135	135	135	
16	长材厂	线材作业区	135	135	135	
		棒材作业区	135	135	135	
		带钢作业区	135	135	135	
17	特钢分公司		71.99	135	103.50	
18	稀土钢冷轧		135	135	135	
19	稀土钢热轧		135	135	135	
20	热电厂		135	135	135	
21	新 CCPP		135	135	135	

表 4-40　节水评价后绿化用水定额评价一览表

区域	绿化面积（万 m²）	用水量（m³/h）	用水定额		内蒙古自治区行业用水定额			灌溉方式
			m³/hm²	L/(m²·d)	m³/hm²	L/(m²·d)	L/(m²·d)	
厂区	1 965.6	1 008.89		1.23	1		2.9	管灌、滴灌
河西公园	34	11.94	1 799		1 800			管灌
宋昭公路苗圃	22.35	13.74	3 150		3 150			畦灌
大青山	97.516 9	34.26	1 800		1 800			管灌
备注					75%保证率	先进值	通用值	

表 4-41　节水评价后废污水回用率一览表

时间	废污水总量（m³/h）	回用量（m³/h）	回用率（%）
2018 年 12 月	6 322.47	4 459.63	70.54
2019 年 6 月	6 878.56	5 141.46	74.75

表 4-42 包钢近期技改、规划项目需水量一览表

序号	用水项目名称	用水类别	流量 (m³/h 或 t/h)	折合黄河新水量 (m³/h)	折合黄河原水量 (m³/h)	折合黄河原水量 (m³/a)	备注	实施进度安排	备注
1	焦化出厂煤气增设 ADA 脱硫工艺项目(三回收)	蒸汽	0.7	1.65	1.83	15 178.56	初步设计报告,年工作日 345 d	已实施	技改
		过滤水	1	1.30	1.45	11 991.49			
2	焦化出厂煤气增设 ADA 脱硫工艺项目(一回收)	蒸汽	0.7	1.65	1.83	15 178.56	参照三回收 ADA 初步设计报告,345 d	已实施	技改
		过滤水	1	1.30	1.70	14 066.97			
3	5#、6#焦炉上升管荒煤气余热回收	除盐水	50	107.92	119.91	1 050 396.34	项目方案设计、技术服务协议	已实施	技改
4	北方稀土冶炼分公司用水	过滤水	124.02	161.65	179.61	1 573 397.63	结算表 2020 年 1~7 月平均供水量数据	已实施	新增
5	5#~10#焦炉增设脱硫脱硝装置	过滤水	100	130.34	144.82	312 821.37	总包方设计,初步设计,间断使用,按照 90 d 计算	2020 年 10 月	技改
		生活水	25	30.74	34.16	73 777.25			
		过滤水	20	26.07	28.96	62 564.27			
6	焦化厂煤气脱硫脱氮工艺改造及 VOC 治理项目	过滤水	153	199.42	221.58	1 941 056.58	初步设计报告	2020 年 12 月	技改
		蒸汽	10.34	24.37	27.08	237 206.62			
7	焦化老区蒸汽系统优化改造项目	过滤水	110	143.38	159.31	1 395 530.87	总经理办公会会议纪要,初步设计报告	2020 年 10 月	技改
8	北方稀土地表水置换地下水	生活水	51	62.71	69.68	610 383.76	北方稀土冶炼分公司 2019 年地下水资源税缴费凭证,按照年度取水计划预留	2020 年 12 月	新增

续表 4-42

序号	用水项目名称	用水类别	流量（m³/h 或 t/h）	折合黄河新水量（m³/h）	折合黄河原水量（m³/h）	折合黄河原水量（m³/a）	备注	实施进度安排	备注
	小计						7 313 550.26 m³/a，其中：技改项目用水5 129 768.872 m³/a；新增项目用水2 183 781.38 m³/a		
9	白云鄂博矿资源综合利用工程供热技术改造项目	过滤水	210	273.72	304.13	2 664 195.30	可行性研究报告	2021年12月	技改
10	焦化、选矿厂地表水置换地下水	生活水	110.41	135.76	150.85	1 321 420.99	水平衡测试报告，取计量表与仪器测试数据平均值	2021年12月	新增
11	包钢钢管公司新建铁水预处理系统除尘项目	过滤水	5	6.52	7.24	63 433.22	初步设计	2021年12月	技改
12	包钢金属制造有限责任公司五烧2#500 m²烧结机机头烟气脱硫脱硝改造	蒸汽	28.05	66.11	73.46	643 486.04	初步设计	2021年12月	技改
		过滤水	42	54.74	60.83	532 839.06			
		生活水	3	3.69	4.10	35 904.93			
13	包钢钢管公司制钢作业区 KR 脱硫扒渣设备改造工程	过滤水	1	1.30	1.45	12 686.64	初步设计，根据循环量估算	2021年12月	技改
14	30万 t/年焦油加工改扩建项目	生活水	1	1.23	1.37	11 968.31	初步设计报告	2022年12月	技改
		软水	16.5	21.02	23.36	204 617.38			
		蒸汽	19.06	44.92	49.91	437 249.34			
		过滤水	60	78.21	86.89	761 198.66			

续表 4-42

序号	用水项目名称	用水类别	流量(m³/h 或 t/h)	折合黄河新水量(m³/h)	折合黄河原水量(m³/h)	折合黄河原水量(m³/a)	备注	实施进度安排	备注
15	1#~4#焦炉及 7#,8#焦炉上升管荒煤气余热热回收项目	除盐水	50	107.92	119.91	1 050 396.34	比照 5#,6#焦炉上升管荒煤气余热回收项目技术协议	2022年12月	技改
16	冷轧酸再生新增脱硅装置工程	蒸汽	9.3	21.92	24.35	213 348.31		2022年12月	技改
		除盐水	22	47.48	52.76	462 174.39			
		生活水	1.5	1.84	2.05	17 952.46	初步设计报告		
		过滤水	12	15.64	17.38	152 239.73			
		回用水	59						
17	碳化法钢铁渣综合利用项目	过滤水	36.88	48.07	53.41	467 883.44	可行性研究报告	2022年12月	新增
18	烧结烟气脱硫产物资源化利用中试验证线建设项目	过滤水	3.5	4.56	5.07	44 403.26		2022年12月	技改
		除盐水	0.2	0.43	0.48	4 201.59	可行性研究报告		
		生活水	0.75	0.92	1.02	8 976.23			
19	炼钢厂 5#铸机新建 RH 真空精炼项目	软水	6.05	7.71	8.56	75 026.37	初步设计	2023年12月	技改
		过滤水	30	39.10	43.45	380 599.33			
20	旧体系炼铁厂一、二、三烧结机更新改造	蒸汽	40	94.28	104.75	460 070.60	初步设计,蒸汽按照 183 d 计算	2023年12月	技改
		除盐水	40	86.33	95.93	421 309.65			
21	钢管公司管加工新增管体车丝大线	过滤水	0.05	0.07	0.07	634.33	初步设计	2023年12月	新增

续表 4-42

序号	用水项目名称	用水类别	流量（m³/h 或 t/h）	折合黄河新水量（m³/h）	折合黄河原水量（m³/h）	折合黄河原水量（m³/a）	备注	实施进度安排	备注
22	钢管公司 φ159 作业区热处理 2# 线建设	过滤水	56	72.99	81.10	710 452.08	初步设计	2023年12月	新增
23	2×4 150 m³ 高炉电动鼓风机项目	过滤水	130	169.44	188.27	1 649 263.76	比照新区高炉初步设计	2023年12月	新增
24	北方稀土冶炼分公司、华美公司规划用水	过滤水	377.08	491.49	546.11	4 783 879.83	规划说明，规划用水 428.08 m³，置换地下水 51 m³	2023年12月	新增
	小计			2 789.94	3 100.19	24 905 361.85			
	合计						17 591 811.59 m³/a，其中：技改项目用水8 933 534.44 m³/a；新增项目用水：8 658 277.15 m³/a		

注：折算系数为水平衡测试期间折算系数的平均值；黄河新水量折算黄河原水量折算系数为0.9。

4.7.1　钢铁联合企业用水情况

包钢旧体系用水定额按照通用值4.8 m³/t 控制,新体系按照先进值3.9 m³/t 用水定额控制。依据内蒙古自治区经济和信息化委员会文件《内蒙古自治区经济和信息化委员会关于包钢"十二五"结构调整规划配置钢铁产能的批复》(内经信原工字〔2013〕339 号):"根据自治区钢铁工业'十二五'发展规划,结合自治区淘汰落后产能情况,现批复如下:'十二五'末,包钢(包头厂区)规划新增生铁585 万 t、粗钢638 万 t、钢坯630 万 t、商品钢材576 万 t,总量分别达到1 540万 t、1 674万 t、1 640万 t、1 542万 t,炼钢系统生产规模见表4-43,包钢现阶段钢铁联合企业可能最大用水量见表4-44。

表 4-43　炼钢系统生产规模　　　　　　　　　　　　(单位:万 t)

炼钢厂	生铁	粗钢	钢坯	商品钢材
旧体系	955	1 036	1 010	966
新体系	585	638	630	576
合计	1 540	1 674	1 640	1 542
2018年实际产量	1 481	1 525	1 438	1 432
2019年实际产量	1 481	1 546	1 456	1 450

表 4-44　钢铁联合企业可能最大用水量

用水对象	用水类别	用水指标 (m³/t)	粗钢 设计规模 (万 t)	黄河新水 用水量 (m³/a)	折合黄河原水量 (m³/a)
钢铁联合企业部分 (旧体系)	黄河新水	4.8	1 036	49 728 000	55 253 333.33
钢铁联合企业部分 (新体系)	黄河新水	3.9	638	24 882 000	27 646 666.67
合计			1 674	74 610 000	82 900 000

根据报告书2.3节2012~2019年生产规模统计,包钢下一个生产周期生产规模可能与2018年、2019年生产规模水平持平。

4.7.2　厂区内部火力发电

包钢厂区内部火力发电用水包含 4 部分:旧体系发电作业部、二机二炉、旧体系CCPP、新体系 CCPP。根据用水水平分析,包钢厂区内部火力发电用水水平偏低,不能满足《水利部关于印发钢铁等十八项工业用水定额的通知》中火力发电机组用水定额要求,包钢厂区内部火力发电应制订火力发电改造计划并落实实施。考虑到包钢火力发电燃用焦炉、高炉副产煤气,可减少钢铁企业大气污染物直接排放,具有环境效益,且火力发电汽轮机组改造也需要一定的时间,现阶段按照现有设备,根据发电装机和火力发电用水定额要求核定火力发电最大用水量。

4.7.3　包头第一热电厂老厂、异地扩建工程以及白云鄂博矿区

北方联合电力有限责任公司包头第一热电厂老厂、异地扩建工程以及白云鄂博矿区（包含大青山绿化用水）分别于1959年、2007年、2010年开始由包钢供用黄河水，考虑实际用水需求，按照近五年最大值预留水量，下一步包头第一热电厂、异地扩建工程需完善取水许可手续。依据内蒙古自治区发展和改革委员会关于北方联合电力有限责任公司包头第一热电厂异地扩建工程项目核准的批复（内发改能源字〔2015〕1456号），要求该项目采用直接空冷系统，年需用水量约307万 m³，生产供水水源为包钢总排污水处理厂提供的再生水，预留包钢再生水。

4.7.4　供市政采暖用水

依据包头市昆都仑区经济和信息化局文件《关于2014年包钢余热回收供热项目立项的批复》（昆经信字〔2015〕16号），通过回收厂区内未被利用的低温余热，置换出原厂区内构筑物的冬季采暖及给水厂生水、除盐水预热所耗低压蒸汽，再利用所置换出的低压蒸汽为在热电厂新建的供热首站提供驱动热泵热源，分阶段完成包钢附属家属区约380万 m² 建筑物的采暖任务。2015～2019 年 5 年供热需水量见表 4-45。

表 4-45　2015～2019 年包钢供市政采暖用水量统计一览表

项目	2015年	2016年	2017年	2018年	2019年	预留水量
蒸汽(t)	135 786	92 584	108 531	72 994	139 660	
蒸汽折算黄河原水(m³)	367 487.3	250 566.7	293 725.1	197 548.8	377 971.8	
除盐水(t)	0	31 755	6 042	12 834	2 486	
除盐水折算黄河原水(m³)	0	80 784.36	15 370.78	32 649.55	6 324.356	
黄河原水合计(m³)	367 487.3	331 351	309 095.9	230 198.4	384 296.1	384 296.127

4.7.5　选矿厂用水

包钢选矿厂水平衡测试期间2018年12月、2019年6月用水定额分别达到《内蒙古自治区行业用水定额标准》（2019年）领跑值，建议选矿厂按照 2015～2019 年 5 年用水量最大值预留水量。2015～2019 年包钢选矿厂生活水用量见表 4-46。

表 4-46　2015～2019 年包钢选矿厂生活水用量　　　　（单位:m³）

年份	生活用水量合计	黄河新水量	黄河原水量
2015	394 641	485 258.78	539 176.42
2016	409 205	503 166.97	559 074.41
2017	345 375	424 680.28	471 866.98
2018	291 000	357 819.65	397 577.39
2019	244 686	300 870.99	334 301.10
年最大值	409 205	503 166.97	559 074.41

4.7.6　厂区外部绿化用水

水平衡测试期间,2018 年 12 月,厂外宋昭公路西创苗圃、河西公园用水情况以及预留水量见下表 4-47～表 4-49,按照定额规定预留绿化用水量。

表 4-47　包钢厂区外部绿化用水一览表

名称	水平衡测试期间用水量(新水供出量)(m³/h)	黄河新水量(m³/h)	黄河原水量(m³/h)	年用水量(m³/a)	备注
宋昭公路西创苗圃	90.40	96.65	107.39	551 569.19	每年 4～10 月为用水期
河西公园	42.80	45.76	50.85	261 141.17	
合计	133.20	142.41	158.24	812 710.36	

注:包钢厂区绿化用水包含在钢铁联合企业总用水量中,大青山绿化用水包含在白云鄂博矿区用水水量中。

表 4-48　包钢绿化用水统计计算一览表

名称	绿化面积(万 m²)	实际用水量(m³/h)	实际用水定额		内蒙古自治区行业用水定额		
			m³/hm²	L/(m²·d)	m³/hm²	L/(m²·d) 先进值	L/(m²·d) 通用值
厂区内部	1 965.6	848.94		1.04		1	2.9
河西公园	34	45.76	6 896		1 200		
宋昭公路西创苗圃	22.35	96.65	22 159		2 550		
大青山	97.516 9	65.13	3 422		1 200		

注:河西公园、大青山防护林取 50%保证率定额值 1 200 m³/hm²,宋昭公路西创苗圃取 50%保证率苗圃管灌 2 250 m³/hm²。

表 4-49　包钢厂区外部绿化用水预留一览表

名称	黄河新水量(m³/h)	黄河原水量(m³/h)	年用水量(m³/a)	备注
宋昭公路西创苗圃	13.74	15.27	78 409.60	每年 4～10 月为用水期,按照内蒙古用水定额 75%保证率预留
河西公园	11.94	13.27	68 137.60	
合计	25.68	28.53	146 547.20	

4.7.7　规划需水

依据表 4-42 包钢近期技改、规划项目需水量,包钢近期规划项目需水量为 24 905 361.85 m³/a(技改项目用水 13 788 046.02 m³/a,新增项目用水 11 117 315.82 m³/a),其中年底已实施供水 7 313 550.26 m³/a(技改项目用水 5 129 768.872 m³/a,新增项目用水 2 183 781.38 m³/a),需专题研究规划项目与相关政策的符合性、用水的合理性、用水水平。

综上所述,包钢现阶段(最大)黄河原水用水量见表4-50。

表 4-50　包钢现阶段(最大)黄河原水用水量

序号	用水对象	黄河原水年用水量(m³/a)	水量配置原则
1	钢铁联合企业部分	82 900 000	设计规模、用水定额
2	厂区内部火力发电	18 468 910	照装机容量、用水定额
3	第一热电厂(老厂)、白云鄂博矿区	17 402 374.44	预留水量,完善取水许可审批手续
4	供市政采暖用水	384 296.126 8	依据包头市昆都仑区经济和信息化局文件《关于2014年包钢余热回收供热项目立项的批复》
5	选矿厂用水(厂区)	559 074.41	按照用水定额领跑值预留水量
6	厂区外部绿化用水	146 547.20	依据关于包钢(集团)公司承包地范围内实施大青山南坡绿化工程有关情况的说明以及日常绿化用水需求,下一步进行畦灌等漫灌方式改造
	小计	119 861 202.2	
7	已实施及近期供水量	7 313 550.26	预留企业发展用水,规划用水项目由相应的建设项目水资源论证确定
	小计	127 174 752	
8	近期规划供水量	17 591 811.59	同已实施及近期供水量配置原则
	合计	144 766 564	

黄河原水取用水规模合理性评价一览表见表4-51。

表 4-51　黄河原水取用水规模合理性评价一览表

序号	用水对象	黄河原水年用水量(m³/a)	取用水规模合理性
1	钢铁联合企业部分	82 900 000	通过用水合理性分析和节水评价后,旧体系用水定额按照《水利部关于印发钢铁等十八项工业用水定额的通知》中规定的通用值4.8 m³/t控制,新体系按照3.9 m³/t用水定额要求(实际节水评价后,用水定额为3.285 m³/t)控制,满足用水定额要求,并且水平年2018年生铁、粗钢、钢坯、商品钢材尚未达到设计规模,因此包钢钢铁联合企业部分用水规模合理
2	厂区内部火力发电	18 468 910	发电作业部、二机二炉按照燃煤发电循环冷却通用值控制;老CCPP按照燃气-蒸汽联合循环冷却通用值控制;新CCPP按照燃气-蒸汽联合循环冷却先进值控制,黄河原水用水规模按照装机容量、用水定额计算,用水规模合理
3	包头第一热电厂(老厂)、白云鄂博矿区	17 402 374.44	完善取水许可手续,进一步开展节水潜力分析

续表 4-51

序号	用水对象	黄河原水年用水量(m³/a)	取用水规模合理性
4	供市政采暖用水	384 296.126 8	进一步开展节水潜力分析
5	选矿厂用水	559 074.41	水平衡测试期间2018年12月、2019年6月用水定额分别达到《内蒙古自治区行业用水定额标准》(2019年)领跑值,并且生产用水主要以回用水为主,黄河原水用水规模合理
6	厂区外部绿化用水	146 547.20	按照《内蒙古自治区行业用水定额》(2019年)75%保证率计算水量,用水规模合理,下一步加大回用水用水量
7	已实施及近期供水量	7 313 550.26	规划用水项目需由相应的建设项目水资源论证确定
8	近期规划供水量	17 591 811.59	

包头第一热电厂(异地扩建工程)、华电包头河西电厂预留包钢回用水,应完善取水许可审批手续。

结合包钢现状取用水量,考虑包钢未来技改、规划项目合理用水需求,建议按照原许可取水量12 000万 m³/a 延续取水许可证,规划用水项目预留水量需由相应的建设项目水资源论证确定,外供水量完善取水许可审批手续。包钢应大力推进节水改造,通过厂区节水减排工程与非工程措施实现国家规定的节水要求。

4.8　小结

(1)考虑包钢实际用水情况,通过用水合理性分析后,旧体系用水定额达到《水利部关于印发钢铁等十八项工业用水定额的通知》(水节约〔2019〕373 号)中规定的通用值4.8 m³/t用水定额要求,新体系满足先进值3.9 m³/t用水定额要求。

(2)包钢应加强用水管理,落实报告书提出的近期节水措施,制定节约用水制度,成立节水工作领导小组,定期开展节水评价工作,大力投入节水设施,提高中水回用率,确保核定的用水定额指标落到实处。

(3)开展节水规划专题研究,2025年全厂用水定额达到《水利部关于印发钢铁等十八项工业用水定额的通知》(水节约〔2019〕373 号)中规定的先进值3.9 m³/t用水定额要求。

(4)结合包钢现状取用水量,考虑包钢未来技改、规划项目合理用水需求,建议按照原许可取水量1.2亿 m³/a 核发取水许可证,规划项目用水应由相应的建设项目水资源论证进行核定,严禁超指标取用水。

(5)外供用水户北方联合电力有限责任公司包头第一热电厂(老厂)、白云鄂博矿区使用包钢黄河水;北方联合电力有限责任公司包头第一热电厂(异地扩建工程)、华电内蒙古能源有限公司包头发电分公司(河西电厂)使用包钢回用水完善取水许可审批手续。

第5章　节水评价

　　包钢节水评价根据《国家节水行动方案》(发改环资规〔2019〕695号)、《水利部关于开展规划和建设项目节水评价工作的指导意见》(水节约〔2019〕136号)、《节水型社会建设"十三五"规划》《节水型企业评价导则》(GB/T 7119—2018)、《规划和建设项目节水评价技术要求》(办节约〔2019〕206号)等节水相关政策文件,在相关产业政策分析的基础上,调查取、供、用、产、耗、排水量,取用水计量设施、用水管理、节水措施等基本情况,依据行业标准、环评批复等开展企业节水潜力分析,并提出具体节水规划,在依据《包头钢铁(集团)有限责任公司入河排污口设置论证报告》的基础上,确定企业合理排水规模,促进包钢深入推进节约用水工作、提高用水效率,加强日常用水科学管理。识别现状企业节水管理存在的主要问题,提出整改建议。最终力求给出科学、客观、公正的结论,为取水许可管理、水行政主管部门审批提供技术依据。

5.1　评价依据

5.1.1　文件依据

　　(1)《水利部关于开展规划和建设项目节水评价工作的指导意见》(水节约〔2019〕136号),在评价环节中要求:办理取水许可的非水利建设项目,应在取水许可阶段开展节水评价,在水资源论证报告书中将用水合理性分析等内容强化为节水评价章节。

　　在评价内容中要求:办理取水许可的非水利建设项目,重点分析用水节水相关政策的符合性,节水工艺技术、循环用水水平、用水指标的先进性等,评价建设项目取用水的必要性和规模的合理性。

　　(2)《水利部关于印发钢铁等十八项工业用水定额的通知》(水节约〔2019〕373号)。

　　(3)《国务院关于印发水污染防治行动计划的通知》(国发〔2015〕17号),到2020年,电力、钢铁、纺织、造纸、石油石化、化工、食品发酵等高耗水行业达到先进定额标准。

　　(4)《节水型社会建设"十三五"规划》(国家发展改革委、水利部、住房和城乡建设部,2017年1月)要求:专栏4　高耗水行业节水改造重点项目　钢铁　制定钢铁水效标准和炼铁、炼钢、轧钢等工序用水定额;开展节水优化技术改造,推动水质优化集成技术、高效循环用水集成技术、综合污水脱盐深度处理和高盐废水资源化利用集成技术、焦化酚氰废水和冷轧废水再生回用集成技术、雨水利用技术、蒸汽系统优化、水系统智能管理专家系统的应用。到2020年,重点统计钢铁企业吨钢取水量降至3.2 m³/t,水重复利用率提高到98%以上,外排废水总量下降10%。火力发电开展节水优化运行试验和技术改造,提高循环水浓缩倍率,开展雨污分流、梯级利用、分类处理、充分回用,提高火电行业水务管理水平,减少外排水量;研发推广高级氧化和膜处理耦合的污水回用技术,电絮凝及膜处理集成技术,动态水平衡优化技术,循环水高浓缩倍率运行技术,水务自动化管理系统等。到 2020 年,火电厂每千瓦时发电量耗水降至 1 kg 左右,消耗水量(不含直流冷却水量)比 2015 年下降 8% 左右。

(5)《内蒙古自治区水污染防治三年攻坚计划》(内政办发〔2018〕96 号)要求:抓好节水工作,完善高耗水行业取用水定额标准,加强节水诊断、水平衡测试、用水效率评估,严格用水定额管理。到 2020 年,电力、钢铁、纺织、造纸、石油石化、化工、食品发酵等高耗水行业达到先进定额标准。

(6)《国家节水行动方案》(国家发展改革委、水利部,2019 年 4 月)要求:到 2020 年,节水政策法规、市场机制、标准体系趋于完善,技术支撑能力不断增强,管理机制逐步健全,节水效果初步显现。万元国内生产总值用水量、万元工业增加值用水量较 2015 年分别降低 23% 和 20%,规模以上工业用水重复利用率达到 91% 以上,农田灌溉水有效利用系数提高到 0.55 以上,全国公共供水管网漏损率控制在 10% 以内。到 2022 年,节水型生产和生活方式初步建立,节水产业初具规模,非常规水利用占比进一步增大,用水效率和效益显著提高,全社会节水意识明显增强。万元国内生产总值用水量、万元工业增加值用水量较 2015 年分别降低 30% 和 28%,农田灌溉水有效利用系数提高到 0.56 以上,全国用水总量控制在 6 700 亿 m³ 以内。

5.1.2　评价采用标准

(1)《水利部关于印发钢铁等十八项工业用水定额的通知》(水节约〔2019〕373 号);

(2)《内蒙古自治区行业用水定额》(2019 年版,内蒙古自治区水利厅,2019 年 12 月);

(3)《清洁生产标准　钢铁行业》(HJ/T 189—2006);

(4)《清洁生产标准　钢铁行业(炼钢)》(HJ/T 428—2008);

(5)《清洁生产标准　钢铁行业(中厚板轧钢)》(HJ/T 318—2006);

(6)《清洁生产标准　铁矿采选业》(HJ/T 294—2006);

(7)《清洁生产标准　钢铁行业(烧结)》(HJ/T 426—2008);

(8)《清洁生产标准　钢铁行业(高炉炼铁)》(HJ/T 427—2008);

(9)《焦化行业清洁生产水平评价标准》(YB-T 4416—2014);

(10)《钢铁行业(烧结、球团)清洁生产评价指标体系》(国家发改委、生态环境部、工业和信息化部,2018 年 12 月 29 日);

(11)《钢铁行业(高炉炼铁)清洁生产评价指标体系》(国家发改委、生态环境部、工业和信息化部,2018 年 12 月 29 日);

(12)《钢铁行业(炼钢)清洁生产评价指标体系》(国家发改委、生态环境部、工业和信息化部,2018 年 12 月 29 日);

(13)《钢铁行业(钢压延加工)清洁生产评价指标体系》(国家发改委、生态环境部、工业和信息化部,2018 年 12 月 29 日);

（14）《内蒙古自治区行业用水定额标准》（DB15/T 385—2015）。

5.1.3　评价指标

依据相关文件标准要求,评价指标主要选取用水定额、水重复利用率（依据《水资源术语》（GB/T 30943—2014）,循环用水量指用水户内部将使用过的水直接或经过处理后重新使用的水量）、生活用水量等指标,分析评价企业用水水平。

5.2　现状节水水平评价与节水潜力分析

5.2.1　现状节水水平评价

包钢应将清洁生产贯穿于整个生产全过程,既要做到节水减污从源头抓起,又要做好末端治理工作,确保水资源的高效利用,现状节水措施是在满足定额标准要求的情况下实施的节水措施。

5.2.1.1　包钢近几年已实施的节水措施

依据内蒙古自治区经济和信息化委员会文件《内蒙古自治区经济和信息化委员会关于包钢"十二五"结构调整规划配置钢铁产能的批复》（内经信原工字〔2013〕339 号）,根据自治区钢铁工业"十二五"发展规划,结合自治区淘汰落后产能情况,现批复如下:"十二五"末,包钢（包头厂区）规划新增生铁 585 万 t、粗钢 638 万 t、钢坯 630 万 t、商品钢材 576 万 t,总量分别达到 1 540 万 t、1 674 万 t、1 640 万 t、1 542 万 t。炼钢系统生产规模见表 5-1。

表 5-1　炼钢系统生产规模　　　　　　　　　　（单位:万 t）

炼钢厂	生铁	粗钢	钢坯	商品钢材
旧体系	958	1 036	1 010	966
新体系	582	638	630	576
合计	1 540	1 674	1 640	1 542
2018 年实际产量	1 481.402 5	1 524.535 5	1 438.176 7	1 432.055 2

包头市地处缺水地区,包钢多年来始终把节水放在企业发展的重要位置,2012 年新体系未建成投产,取用黄河水量已达到 11 054.82 万 m^3,现状水平年 2018 年黄河原水取水量 11 441.38 万 m^3,在产线不断延伸,2018 年钢产量达到 1 432 万 t,北方稀土供水、新增项目用水的大背景下,包钢总的用水量基本保持不变,实现了十二五总体规划"增产不增水"的发展目标,节水效果逐步体现。

包钢近几年实施的主要节水措施见表 5-2,包钢近期实施的主要节水措施见表 5-3。

表 5-2　包钢近几年实施的主要节水措施一览表

单位		节水措施名称	节水措施内容	节余水量
动供总厂	热力作业部	降真空凝汽器改造	5#、7#发电机低真空供热改造,将原有凝汽器改造为换热面积更大、隔板强度更高的凝汽器,将 5#、7#发电机排汽压力提高(降低真空)运行,利用汽轮机的排汽热量加热热网回水,改造后,在采暖期通过采暖水代替原有循环水作为机组的冷却水	每采暖季节约新水 80~100 m³/h
	给水二部	排泥泵反冲洗改造	利用 2#排泥泵站铺设一条管道直接入黄河一干线至 H5 闸门处,将虹吸滤池反冲洗水送入澄清池,减少水量损失	21.9 万 m³/a
	发电作业部	电除尘冲洗水、煤冷却水改造	通过将机组循环水的正常排污,取代部分原电除尘冲洗水、煤冷却器冷却水补水,减少一次滤后水	60 m³/h
	发电作业部	中节能余热回收项目	将 5#、7#发电机循环水通过采暖水代替,并调整系统运行,将背压机和 5#发电机冷却系统由 6#发电机循环水全部代替,降低生产新水的用量	每采暖季节约新水 34 万 m³
	污水处理部	发生器水源改造	将深度处理系统二氧化氯发生器水源由生活水改为生产冲洗水,节省生活水	24.5 万 m³/a
金属制造公司		高炉水冲渣补水改造	新体系高炉水冲渣补水改为焦化酚氰废水,节约生产用水量	40 m³/h
		滤器反冲洗运行方式改造	炼钢一级除盐水池旁滤器反冲洗及 1#净环滤器反冲洗排水量约为 180 m³/次,平均每日反冲洗 3 次,排水量约为(180×3)540 t/d,针对这部分水量进行回收可节约大量新水	20 万 m³/a
		转炉汽化系排水系统改造	转炉汽化系统的连排、定排及排污汇集到排污降温池,经降温后送至煤冷水泵站做为补水,可大量减少补充生产新水	22 万 m³/a
煤焦化工分公司		一烧车间烟气脱硫净化系统改造	一烧车间烟气脱硫净化系统进行半干法除氟除硫技术改造	年节约用水量 200 万 t
		气浮机出水改造	一生化,将气浮机由使用中水资源改为使用生化出水,减少新水消耗	20 m³/h
		压滤机、气浮机系统出水改造	二生化将带式压滤机、气浮机等均改为系统出水,减少新水消耗	30 m³/h
		生化消泡水改造	通过敷设管道,将生化消泡改为系统出水,减少新水消耗	10 m³/h

续表 5-2

单位	节水措施名称	节水措施内容	节余水量
煤焦化工分公司	焦炉炉顶上升管水封水回收改造	回收焦炉炉顶上升管水封水,减少新水消耗	5 m³/h
	三回收循环水改造	将除盐水排浓水回用于三回收循环水,节约回用水量	40 m³/h
	三回收蒸汽冷凝水回收改造	对三回收制冷站4台溴化锂吸收式制冷机组产生的蒸汽冷凝水进行回收,用于3#干熄焦制冷站作为运行补水	20 m³/h
	六高炉排水方式改造	改变六高炉助燃风机排水方式,由直排式改为软水密闭循环,节约冷却水消耗量	40 m³/h
炼铁厂	烧结区域生产排水改造	烧结区域涉及余热发电系统和烧结工艺的生产排水由全部排入雨排系统,改为在烧结区域新建一条污排管线,收集烧结区域排出的生产污水近150 t/h,经新污水处理站处理后回用为生产水,可减少黄河新水	130万 m³/a
	取样器冷却水回收改造	将烧结余热锅炉取样器冷却水全部回收应用在烧结区域循环水系统,回收水量30 t/h,可减少循环水系统的补水量	26万 m³/h
薄板厂	提高宽厚板循环水利用率	采取串级用水的方法,减少生产新水、脱盐水的补充,在保证循环水水质的前提下,尽最大努力提高循环水利用率。加强对液位的管理,做到尽量不溢流,少排水或不排水。加强倒班管理尤其点检质量,要及时发现问题及时处理,杜绝跑、冒、滴、漏。加强药品投加管理,减少水因水质恶化而造成的换水	年减少排水量30万 m³
	减少宽厚板过滤罐反清洗次数	宽厚板区域清洗一个过滤罐反清洗用水80 m³左右,共11个滤罐,每个反清洗周期约消耗水880 m³,反清洗节奏直接影响水量消耗。在保证进水水质和过滤器运行水平的情况下,减少反清洗同期就减少了排水。目前通过优化过滤器的清洗程序,以最少的清洗频率,达到最优的反清洗效果。根据情况减小减少各过滤罐清洗频率	每年能减少用水量50万 m³左右

续表 5-2

单位	节水措施名称	节水措施内容	节余水量
薄板厂	宽厚板精整区域超声波探伤水回用改造	宽厚板精整区域超声波探伤设备用水原设计为轧钢净环水系统，设计用水为100～150 m³/h，其回水通过渣沟到浊水系统，造成补水而轧机浊水系统需要为80～100 m³/h 溢流，造成水资源额的浪费。通过对其进行工艺设备改造，在保证环水水质的情况下，使超声波探伤水能够全部通过旁滤系统过滤后回收到轧钢净环水系统中，从而既减小了净环水系统补水量，又解决了轧钢浊水系统溢流的问题	80～100 m³/h
	宽厚板浊水处理站化学除油器反冲洗水改造	宽厚板区域浊水处理站9台化学除油器反冲洗水原设计为一次滤后水，用量约为30 m³/h，经过改造后，利用化学除油器的出水，经过加压后用于化学除油器的反冲洗水，实现浊水的循环利用，从而节约了新水的消耗	30 m³/h
	替换冷轧现场卫生清扫和厕所冲洗用水	热轧区域充分利用现场条件利用C系统排污水代替冷轧现场卫生清扫和厕所冲洗用水每小时节约一次滤后水15 m³	全年节水13万 m³
	热轧排污水重复使用	利用C系统排污水代替污泥压滤机反冲洗用水和RH泵站冷却喷淋用水	每年节约脱盐水9.5万 m³
	热轧反洗水重复使用	对B4/B7/C2/C3/G过滤器反洗水进行回收经过沉淀上清液重新使用	年节水5万 m³
	CSP区域C系统二次上塔系统的改造	CSP区域C系统由于生产线生产温度要求，需要对系统补充新水，造成新水的浪费。经过对系统进行改造，新增二次上塔供水泵组，通过对各系统冷却水量的调整，进一步降低了系统供水问题，解决了系统冷却水补充新水降温的问题	每小时可节约新水消耗300 m³
	冶炼区汽化系统除盐水改脱盐水改造	冶炼区转炉汽化系统原使用除盐水，目前转炉年产量为320万 t，所用除盐水约为23万 m³/年。目前除盐水价格为14元/m³，脱盐水价格为6.8元/m³，差额为7.2元/m³	年效益:23万 m³/年×7.2元/m³＝165.6万元/年
计量设施		为规范各二级单位用水管理，2019年包钢统一要求绘制各单位能源三级网络图，同时针对三级网络计量器具配备率低的问题，包钢已经安排进行整改，2019年动供总厂安装水表共计25台(套)，实现了黄河新水、回用水计量任务，同时为严格控制绿化用水分典型区域按照了8套流量计，统计绿化用水情况	

表 5-3　包钢近期实施的主要节水措施一览表

序号	节水措施
1	现有老旧机组仍采用离子交换树脂进行制水,制水损失偏高,同时由于包钢热电厂除承担公司内部生产、生活用气外,还承担300万 m² 市政供热任务,所以水耗较高。目前包钢正在进行 2×180 MW 余压余气节能减排高效发电机组置换老系列发电机组,新建项目已考虑各工艺节水措施,进一步优化水系统,达到循环水串级综合利用,在满足现状用汽需求情况下,项目自投产后小机组将全部淘汰,可增加发电量 13 亿 kWh,可较现状减少工业净水用水量 12 万 m³,减少除盐水用量 49 万 m³
2	目前老区 CCPP 正在进行回用水代替循环水的节水措施,项目实施后可节约大量黄河水。现包钢已将 CCPP 循环水循环倍率由 3~4 提升至 4~5,氯离子浓度控制指标由 300~500 mg/L 提升至 500~600 mg/L,减少用水量。同时,包钢现正在循环水系统试验设施以及冷却塔多波双功能收水器等新型节水技术
3	充分发挥包钢深度处理的能力将勾兑水约 500 m³/h,提高中水回用率,送至老区降低燃机、薄板厂的工序耗水量,降低黄河新水消耗,降低包钢外排水量
4	炼铁厂 4# 高炉闭路循环系统改造,将空冷器管道循环泵站改为 21# 泵站供循环水大循环系统,降低黄河新水消耗 150 m³/h
5	建立有效的再生水利用激励机制,结合用户实际情况做到"优质水优用,低质水低用",新建管网增加绿化使用回用水的面积
6	包钢按照能源三级网络图逐步完善各系统计量器具,同时加大计量维护力度,按照包钢总成本降本要求,没有计量就没有降本的理念,增加计量仪表费用投入,实现合理用水
7	引进电化学等先进节水设备,降低循环水系统补水量
8	加大冷却塔维护力度,降低因水温高造成的不正常排水,同时降低冷却塔的水量损失
9	按照分流分治的原则开展污水治理工作,在降低污染物排放的同时,降低黄河新水消耗,焦化酚氰废水深度处理等一批污水治理项目尽快实施

5.2.1.2　非工程措施

非工程措施内容见 4.4.1 节。

5.2.1.3　工程措施

工程措施内容见 4.4.2 节。

5.2.2　用水存在问题及整改建议

5.2.2.1　全厂用水存在问题及整改建议

1.退水量、退水地点与原取水许可证不一致

2015 年包钢取得黄河干流地表水取水许可证[取水(国黄)字〔2015〕第 411007 号,有效期 2016 年 1 月 1 日至 2020 年 12 月 31 日],许可取水量 12 000 万 m³/a,取水用途:工业;退水量:2 126 万 m³/a;退水地点:昆都仑河下游;退水方式:管道;退水水质要求:稳定达标排放,事故污水不得入黄。审批机关:黄河水利委员会,发证日期:2015 年 12 月 31 日。

目前,实际退水进入尾闾工程,通过二道沙河排入包头东河饮用、工业用水区,根据 2014 年 7 月 1 日至 2019 年 6 月 30 日统计数据,年排水量平均值 1 356.86 万 m³。

整改建议:依据《取水许可管理办法》第二十八条,当退水地点、退水量或者退水方式发生改变的,取水单位或者个人应当重新提出取水申请。

2.外供水用水户未办理取水许可审批手续

北方联合电力有限责任公司包头第一热电厂老厂,位于包钢厂区内,1959 年开始用水由包钢供给黄河新水,缺少取水许可手续。水平衡测试期间,2018 年 12 月平均供水 348.826 6 m³/h,2019 年 6 月平均供水 438.023 6 m³/h。

包头第一热电厂异地扩建工程,位于内蒙古自治区包头市九原区哈业脑包乡背锅窑村南侧,2007 年用水由包钢黄河新水供给。依据内蒙古自治区发展和改革委员会关于北方联合电力有限责任公司包头第一热电厂异地扩建工程项目核准的批复(内发改能源字〔2015〕1456 号),要求该项目采用直接空冷系统,年需用水量约 307 万 m³,生产供水水源为包钢总排污水处理厂提供的再生水。2018 年 12 月平均供黄河新水 163.310 5 m³/h,2019 年 6 月平均供水 158.419 4 m³/h,取用黄河新水与批复的再生水不一致。

河西电厂位于内蒙古自治区包头市九原区麻池镇巴尔泰工业园区,现状取用包钢总排污水处理厂提供的再生水,取水许可手续不完善。根据《取水许可管理办法》(2017 年修正)第七条:"直接取用其他取水单位或者个人的退水或者排水的,应当依法办理取水许可申请。"2018 年 12 月平均供再生水 487.426 1 m³/h,2019 年 6 月平均供再生水 427.706 9 m³/h。

包钢集团在白云鄂博主要有宝山矿业公司和内蒙古包钢钢联股份有限公司巴润分公司(简称"巴润分公司")两个矿区,均为露天开采,2008 年 4 月 12 日开工建设,2009 年 12 月 23 日打水上山,2010 年 1 月 4 日矿浆落地,取用包钢给水二部 28 泵站供给的澄清水,水平衡测试期间,2018 年 12 月供水量为 1 340.86 m³/h,2019 年 6 月供水量为 857.09 m³/h。

整改建议:北方联合电力有限责任公司包头第一热电厂(异地扩建工程)水源须执行内蒙古发展与改革委员会核准批复文件;包头第一热电厂老厂、河西电厂、白云鄂博矿区用水应完善取水许可手续。

3.取水形势严峻、取水后泥沙回排黄河

水平衡测试期间,包钢1#取水口搁置于滩地,黄河右岸坍塌造成2#取水口输水管道严重淤积,已迫使2#取水口停运。如果取水河段左岸河床继续冲刷下切,2#、3#取水口部分输水管道将失去泥沙保护,加之黄河昭君坟河段出现小流量的概率很高,特枯流量时水位持续下降,均可能导致取水口不能正常运行,届时包钢生产用水有可能得不到保障。因此,包钢目前取水形势异常严峻,并且取水后泥沙回排黄河。

整改建议:实施取水应急保障措施,确保取水后泥沙不回排黄河。

4.排水水质不能实现稳定达标排放

根据2020年4月30日和5月1日内蒙古标格检验检测有限公司对包钢厂区监测点位2 d共8次监测结果,旧体系焦化、新体系焦化酚氰废水处理站排水采样8次,其中第一类污染物苯并(a)芘检出率87.5%,超标率75%,最大超标倍数分别为1.93倍、1.87倍;旧体系焦化酚氰废水处理站排水悬浮物超标率37.5%,最大超标倍数0.18倍;石油类超标率12.5%,最大超标倍数为0.15倍。新体系焦化酚氰废水处理站排水COD超标率12.5%,最大超标倍数为0.05倍;BOD_5超标率100%,最大超标倍数0.28倍;挥发酚超标率100%,最大超标倍数5.47倍。薄板厂热轧生产废水排水口采样8次,氟化物超标率100%,最大超标倍数1.52倍。宽厚板车间排水采样8次,氟化物超标率100%,最大超标倍数1.15倍。

包钢总排口巴歇尔槽废污水采样8次,除氟化物有两次超标外,其他监测因子满足《钢铁工业水污染物排放标准》(GB 13456—2012)直接排放标准。

整改建议:焦化厂酚氰废水深度处理后回用,包钢总排口升级提标改造,确保稳定达标排放,满足生态环境部门管理要求。

5.计量设施安装率低

计量设施是用水管理的基础工作,目前包钢一级计量设施完好,供水管网的二级计量设施有部分缺失,绿化用水、旧体系生活用水大部分无计量,各分厂工艺用水大部分无计量,增加了生产过程水量的管控难度。根据现场调查,各分厂计量表部分有损坏,或被水淹没,部分用水计量结算数据根据经验值估算,各分厂排水大多无计量,制水系统的计量、非钢企业以及公辅等用水计量偏少。

整改建议:按照《取水计量技术导则》(GB/T 28714—2012)、《用水单位水计量器具配备和管理通则》(GB 24789—2009)、《用能单位能源计量器具配备和管理通则》(GB 17167—2006)安装计量设施,满足水计量器具的管理要求;已安装的计量设施按照有关规范要求进行校验,并满足水计量器具准确度等级要求;各分厂安装排水计量设施。

6.工业、喷洒用水使用地下水

依据《内蒙古自治区节约用水条例》《内蒙古自治区地下水管理办法》等要求,生产用水取用地下水与国家相关地下水管理政策不相符,企业应积极寻找生产用水替换水源,将地下水水源替换为非常规水源或地表水水源。

选矿厂过滤一车间配药及真空泵间接冷却水用水由地下水供给,焦化换热站供热运行补水、除盐水站运行补水取用地下水,厂区外储运二部使用地下水作为喷洒降尘水源的,应当将地下水水源替换为非常规水源或者地表水水源。水平衡测试期间,2018 年 12 月选矿厂工业使用地下水 27.45 m³/h,2019 年 6 月选矿厂工业使用地下水 33.66 m³/h;2018 年 12 月焦化厂工业使用地下水 22.3 m³/h,2019 年 6 月焦化厂工业使用地下水 29.02 m³/h。依据《内蒙古包钢钢联股份有限公司生活取用地下水水资源论证报告》,储运二部 2019 年 11 月喷洒降尘使用地下水约为 5.185 m³/h。

整改建议:依据《内蒙古包钢钢联股份有限公司生活取用地下水水资源论证报告》审查意见,尽快启动工业等行业退出使用地下水的替代水源建设,确保工业、绿化、喷洒等其他使用地下水的行业 2022 年底前全部替换。

7.火力发电用水定额偏高

水平衡测试期间,发电作业部、二机二炉发电用水定额分别为 8.46 m³/(MW·h)、4.47 m³/(MW·h),不满足燃煤发电循环冷却用水定额通用值 3.20 m³/(MW·h) 要求;老 CCPP、新 CCPP 用水定额分别为 3.63 m³/(MW·h)、2.83 m³/(MW·h),不满足燃气-蒸汽联合用水定额通用值 2.0 m³/(MW·h)[先进值 1.00 m³/(MW·h)]要求。

根据《包头气候》(气象出版社,2014),包头市青山国家基本气象观测站 1961~2010 年多年平均蒸发量 2 202 mm,多年平均降水量 301.9 mm,干旱指数 7.29。

《中国节水技术政策大纲》(国家发展改革委、科技部、水利部、建设部、农业部,2005 年 4 月)要求:"在缺水以及气候条件适宜的地区推广空气冷却技术"。

《大中型火力发电厂设计规范》(GB 50660—2011)规定,"汽轮机设备选型应符合下列规定:对干旱指数大于 1.5 的缺水地区,宜选用空冷式汽轮机组。"

《火力发电厂节水导则》(DL/T 783—2018)要求:"火力发电厂冷却系统的选型和冷却用水水源的选择应根据地域、气候和水源条件,进行技术经济比较后确定。水资源匮乏地区,宜采用空冷技术、烟气取水技术、水塔蒸发回用技术等低耗水量技术。"

《钢铁企业煤气-蒸汽联合循环电厂设计规范》(YB/T 4504—2016)第 14.5.2 条第 4 款规定:"在严重缺水地区可采用间接空冷系统的空冷塔或直接空冷系统的空冷凝汽器。"

整改建议:包钢火力发电用水应满足水利部 2019 年 12 月印发的火力发电用水定额要求,根据包头市当地干旱指数和上述法规及技术标准要求,包钢厂区火力发电汽轮机组均应改用空冷式,包钢应当制订火力发电改造计划并落实实施,落实相关要求。

8.绿化用水缺乏有效监管

包钢绿化用水缺乏有效管理,用水无计量,存在水龙头常开的现象,根据水平衡测试以及现场多次走访调研,绿化用水有挤占生产用水的现象。水平衡测试期间,厂区内部绿化用水定额基本满足内蒙古行业用水定额先进值,河西公园、宋昭公路苗圃、大青山用水量不能满足内蒙古行业用水定额,偏差较大。宋昭公路苗圃灌溉方式为畦灌,河西公园、大青山灌溉方式为管灌。

整改建议:包钢加强安装绿化用水计量设施,持续推广厂区、河西公园、宋昭公路苗圃、大青山滴灌技术改造,降低绿化新水用水量,提高回用水使用率,安装绿化用水计量表,杜绝漫灌、水龙头常开浪费水资源的现象,制定有效监管措施,满足内蒙古行业用水定额要求。

9.部分分厂用水不满足用水定额要求

根据水平衡测试结果,水平衡测试期间,焦化、钢管公司 ϕ159 作业区和 ϕ460 作业区用水不满足《水利部关于印发钢铁等十八项工业用水定额的通知》(水节约〔2019〕373号)工业用水定额中钢铁用水定额要求。

整改建议:落实报告书提出的水量优化措施以及节水措施要求,满足用水定额要求。

10.旧体系雨污未分流

2007 年 6 月,原国家环保总局在对《包钢结构调整总体发展规划本部实施项目环境影响报告书》的批复中要求:(三)按照"清污分流、雨污分流"原则设计排水管网,减少新鲜水用量。应建设全厂雨水收集处理系统,避免含污染物的雨水直接外排,应对雨水排口进行日常监测。

整改建议:按照"清污分流、污污分流、雨污分流、一水多用、重复利用"原则全面梳理给排水管网,制订管网改造计划,尽早安排实施雨污分流,建立雨水收集、处理、净化、使用系统,禁止雨水进入总排。

5.2.2.2　各分厂节水存在问题及整改建议

各分厂节水存在问题及整改建议见表 5-4～表 5-7。

5.3　用水工艺与用水过程分析

5.3.1　用水环节与用水工艺分析

5.3.1.1　用水环节

包钢用水环节主要为生产工艺用水、循环水系统用水、生活用水、消防用水。

生产用水系统主要包括选矿工序用水;烧结、球团工序拌料,烟气脱硫净化系统用水和余热发电系统用水;焦化工序脱盐水站制水用水、干熄焦系统用水、副产精制工艺补水、酚氰废水处理站消泡、加药等用水等;炼铁工序高炉循环冷却水、喷煤作业部用水、电动鼓风机站用水、水冲渣用水等;炼钢工序转炉炉体循环冷却水、氧枪循环冷却水、精炼设备循环冷却水、转炉汽化冷却系统用水、蒸发冷却器用水、煤气冷却器用水、铸机循环冷却用水等;轧钢工序循环冷却水系统补水、配制乳化液用水、酸洗用水等。火力发电工序发电作业部化水车间制除盐水补水,CCPP 发电机空冷器、润滑油冷却器、控制油冷却器和煤冷水补水,二机二炉锅炉补水,炼钢软水站和轧钢软水站制软水用水等。

表 5-4 烧结、球团工序存在问题与整改计划进度

分厂	问题分类	存在问题	整改内容	整改建议
炼铁厂烧结区	烧结脱硫废水未进行回用	1.2020 年 4 月 30 日至 5 月 1 日的检测结果显示，三烧脱硫废水第一类污染物总砷共检出 7 次，其他污染物均达标；2. 脱硫废水未进行回用	炼铁厂烧结区三烧、四烧车间脱硫废水需按照国家产业政策、项目环境影响报告书、建设项目环保验收和污染物排放标准等要求，对含有第一类污染物需进行处理后回用	立即整改
炼铁厂烧结区	单位产品取新水量不符合定额要求	四烧车间的脱硫系统单位产品取新水量未达到《取水定额第 31 部分：钢铁行业烧结球团》（GB/T 18916.31—2017）取水定额要求	四烧车间应对工艺进行排查和优化，降低脱硫系统单位产品取用水量，核减超定额用水量的同时，使用脱硫废水深度处理后产生的脱盐水对系统用水进行替换，进一步降低黄河澄清用水量	立即整改
炼铁厂烧结区	包头市环境保护局批复（包环管字[2011]82 号）	同意四烧脱硫项目实施，并要求"本工程产生的脱硫废水和设备冲洗废水经处理回用，循环及冷却排水达到《污水综合排放标准》(GB 8978—1996)三级要求，排入包钢总排污水处理厂"	四烧脱硫废水处理后直接排放至包钢总排污水处理中心，未进行回用	立即整改
稀土钢球团	脱硫系统用水量大	球团脱硫单位产品取水定额不符合《取水定额 第 31 部分：钢铁行业烧结球团》（GB/T 18916.31—2017）的要求	球团作业部应对脱硫系统用水环节进行排查和优化，降低单位产品用水量，核减超定额的生产水量	立即整改
稀土钢烧结	产业结构调整指导目录(2019 年本)	鼓励类："脱硫废液资源化利用"	炼铁厂烧结区、稀土钢烧结作业部脱硫废水处理后直接排放，未进行资源化利用	立即整改

表 5-5　焦化厂存在问题及整改建议

分厂	问题分类	存在问题	整改内容	整改建议
焦化厂	单位产品取新水量大	水利部关于印发钢铁等十八项工业用水定额的要求,12 月和 6 月的单位产品取水量均不符合取水定额。5#~6# 焦炉于 2019 年年底复产,复产后预计将 1# 干熄焦系统和 5#~6# 焦炉增加 250 m³/h 的黄河澄清水用量,一回收系统将增加 180 m³/h 回用水用量。黄河澄清水用量预计将进一步加大	1.焦炉用水,炉顶水封水等对水质要求不高,可以使用回用水补水; 2.回用酚氰废水处理站深度处理后的脱盐水替代除盐水和黄河澄清水用量,降低单位产品取新水量	立即整改
	深井水用于生产	焦化厂有生活水(深井水)代生产用水用户,由于焦化厂换热站及 6# 换热站没有软水处理设备且周围没有铺设软水管道,故使用生活水作为冬季采暖系统补水和除盐水池补水	根据《内蒙古自治区节约用水条例》第二十四条规定:"已建高耗水工业项目使用地下水的,应当采取节水措施,逐步减少地下水开采量。有条件的,应当将地下水水源替换为非常规水源或者地表水水源。"建议焦化厂尽快铺设软水管道,作为换热站补充水,节约深井水资源。焦化厂需用黄河澄清水等合适的水源生产的地下水,并使用黄河澄清水替代	立即整改
	2#~3# 干熄焦循环水系统补水	2#~3# 干熄焦循环水系统补水量大,目前使用黄河澄清水	1.核减黄河澄清水用水量; 2.建议焦化厂使用酚氰废水深度处理后的脱盐水作为补水,增加循环水浓缩倍率,减少排水	近期整改

续表 5-5

分厂	问题分类	存在问题	整改内容	整改建议
焦化厂	黄河流域水资源保护规划(2016~2030 年)	所有焦化行业实施深度处理与零排放	焦化厂和稀土钢焦化厂酚氰废水未进行深度处理,未实现零排放,超滤和反渗透处理系统正在建设中	立即整改
	产业结构调整指导目录(2019 年本)	鼓励类:焦化废水深度处理回用		
	本部实施项目第二步项目竣工环境保护验收监测报告(2013 年 11 月,中国环境监测总站对包钢结构调整总体发展规划	报告对酚氰废水去向情况进行了检查。检查结果发现,已落实环评提出的要求,现酚氰废水回用设施已改造完成,出水全部用于炼铁水冲渣系统和钢渣焖渣,不排入包钢总排污水处理中心		

表 5-6　炼铁厂存在问题及整改建议

分厂	政策标准要求	存在问题	整改内容	整改建议
炼铁厂炼铁区	《包头钢铁(集团)有限责任公司结构调整总体发展规划本部实施项目第二步验收环评批复》(环验〔2014〕109 号):高炉冲渣水经沉淀后循环使用,煤气冷凝水、净环水、浊环水、地面冲洗水、生活污水等经包钢总排水处理中心和深度处理设施处理后回用与河西电厂和包钢生产系统。《钢铁企业节水设计规范》(GB 50506—2009):高炉炉渣粒化用水,宜使用浓含盐回用水。《排污许可证申请与核发技术规范　钢铁工业》(HJ 846—2017):炼铁高炉冲渣废水沉淀后循环使用,不外排	根据现场调查,3#高炉目前使用循环冷却水(回用水)冲渣,有排水进入排水管网排至总排	3#高炉冲渣不使用循环水,使用酚氰废水或浓盐水冲渣,不外排	立即整改
稀土钢高炉工序	《钢铁企业节水设计规范》(GB 50506—2009):高炉炉渣粒化用水,宜使用浓含盐回用水	7#、8#高炉使用生产水和酚氰废水冲渣,未按相关批复要求使用浓盐水	7#、8#高炉冲渣不使用生产水,使用酚氰废水或浓盐水冲渣	立即整改

表 5-7　炼钢厂存在问题及整改建议

分厂	政策标准要求	存在问题	整改内容	整改建议
炼钢厂	《国家鼓励的工业节水工艺、技术和装备目录(2019 年)》	净循环冷却水、浊循环冷却水均采用机械通风冷却塔降温,耗水量较大,未采用国家鼓励的循环水冷却技术	实施节水技术改造,采用先进的节水技术,降低耗水量	规划整改
	国家节水行动方案:大力推广高效冷却、洗涤、循环用水、废污水再生利用、高耗水生产工艺替代等节水工艺和技术。支持企业开展节水技术改造及再生水回用改造	浊环水处理采用传统的二级沉淀+过滤方法(旋流井+化学除油池+砂石过滤器),过滤器需定时反洗,反洗水量较大,反洗水回收后循环使用,反洗水回收井或回收水箱容积有限,蓄满后溢流至排水管网	开展浊环水处理技术改造、节水技术改造	规划整改
稀土钢炼钢	《国家鼓励的工业节水工艺、技术和装备目录(2019 年)》	闭路循环水冷却采用板式换热器,净循环水冷却、浊循环水冷却采用机械通风冷却塔降温,耗水量较大,未采用国家鼓励的循环水冷却技术	实施节水技术改造,采用先进的节水技术,降低耗水量	规划整改

循环水系统用水主要包括净环冷却水系统用水、浊环冷却水系统和除盐水循环水系统。

生活水用水环节主要包括职工生活、食堂、洗浴、洗衣房、冲厕、宿舍等,同时在一些没有生产用水管网的区域暂时代生产使用。

消防水用水环节为厂区消防和消防水池补水。

5.3.1.2　用水工艺分析

包钢用水工艺包括黄河原水处理工艺、污水处理工艺。

包钢旧体系黄河原水处理工艺如图 5-1 所示,包钢新体系黄河原水处理工艺如图 5-2 所示。

5.3.1.3　废污水处理工艺

1.包钢总排污水处理中心

总排污水处理中心有总排污水处理和总排深度处理两个并列的水处理系统。

包钢总排污水处理中心废污水处理工艺为"格栅+预沉池+沉淀池+砂滤",处理后的水一部分回用,浓盐水与部分经沉淀处理后的废水由总排口排入尾闾工程,处理工艺见图 5-3。

总排深度处理系统废污水处理工艺为"格栅+调节池+高密度澄清池+V 形滤池+深度处理系统",处理后的反渗透水与回用水勾兑后送新体系使用,浓盐水总排口排入尾闾工程,处理工艺见图 5-4。

2.包钢新体系污水处理站

包钢新体系全厂废污水经收集后,进入污水处理站进行处理,处理工艺为"粗格栅+细格栅+调节池+高密度澄清池+V 形滤池+深度处理系统",处理出水为符合用户水质要求的生产水和一级除盐水,处理后的浓盐水排到旧体系污水处理中心。包钢新体系废污水处理工艺见图 5-5 和图 5-6。

5.3.2　用水过程及水量平衡分析

论证开展过程中,2018 年 12 月和 2019 年 6 月进行了两次水平衡测试。现状及节水评价后的水量统计见表 5-8。包头钢铁(集团)有限责任公司 2018 年 12 月、2019 年 6 月水平衡总图分别见图 5-7 和图 5-8;内蒙古包钢金属制造有限责任公司(新体系)2018 年 12 月、2019 年 6 月水平衡总图分别见图 5-9 和图 5-10;节水评价后的,其水量平衡总图见图 5-11～图 5-14。

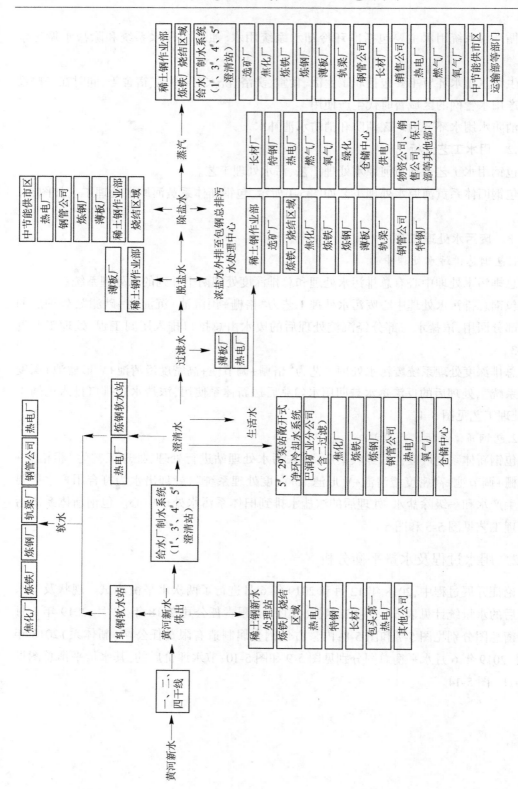

图5-1 包钢旧体系黄河原水处理工艺流程图

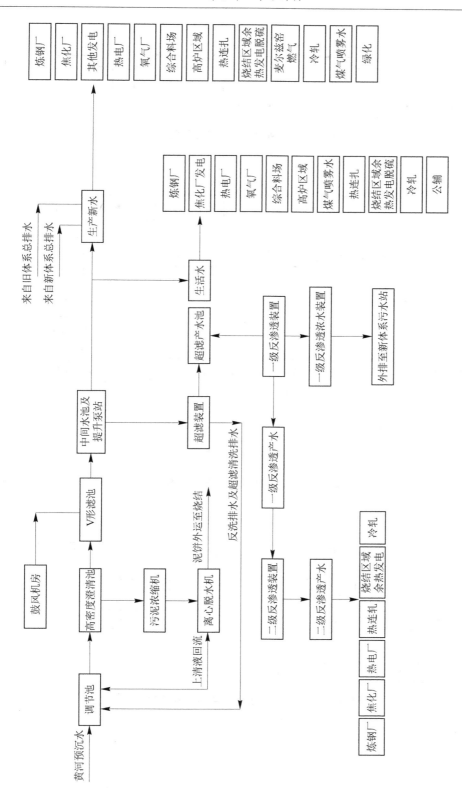

图5-2　包钢新体系黄河原水处理工艺流程图

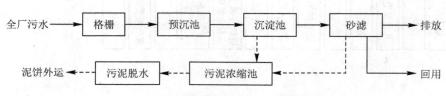

图 5-3　污水处理系统工艺流程图

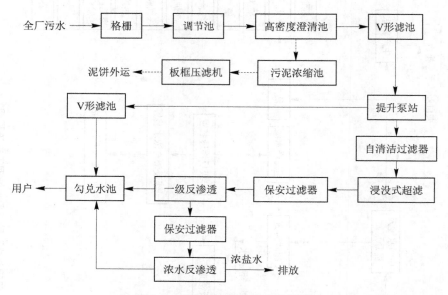

图 5-4　深度处理系统工艺流程图

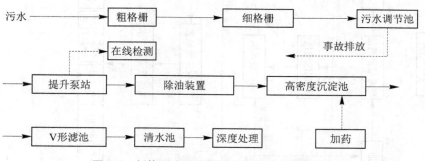

图 5-5　新体系废污水预处理系统工艺流程图

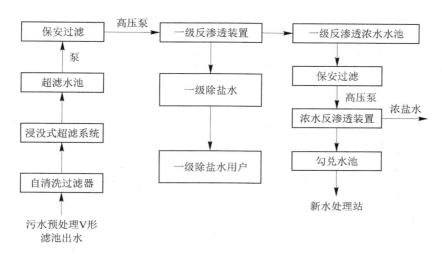

图 5-6　新体系废污水深度处理系统工艺流程图

表 5-8　现状及节水评价后包钢取用排水量统计一览表

项目		小时水量（m³/h）			年水量（万 m³/a）		
		12 月	6 月	平均值	12 月	6 月	平均值
包钢取水量 （黄河原水）	现状	11 746.91	13 410.42	12 578.665	10 290.293	11 747.528	11 018.911
	节水 评价后	10 871.91	12 568.06	11 719.985	9 523.793	11 009.621	10 266.707
包钢排水量 （进入尾闾工程）	现状	2 235	1 881	2 058	1 957.86	1 647.756	1 802.808
	节水 评价后	1 468	1 468	1 468	1 285.968	1 285.968	1 285.968
稀土钢取水量 （黄河新水）	现状	2 134.58	2 916.34	2 525.46	1 869.892	2 554.714	2 212.303
	节水 评价后	1 871.44	2 273	2 072.22	1 639.381	1 991.148	1 815.265
稀土钢排水量 （排往包钢总排 污水处理中心）	现状	461	392.01	426.505	403.836	343.401	373.618
	节水 评价后	394.83	269.1	331.965	345.871	235.732	290.801

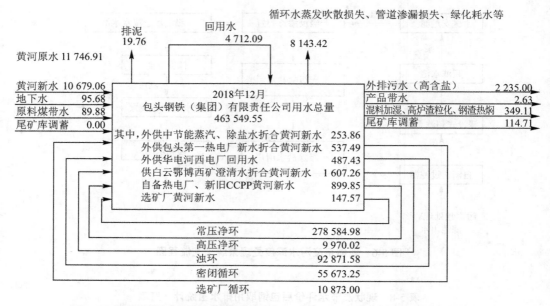

图 5-7 包头钢铁(集团)有限责任公司 2018 年 12 月水平衡总图 (单位:m³/h)

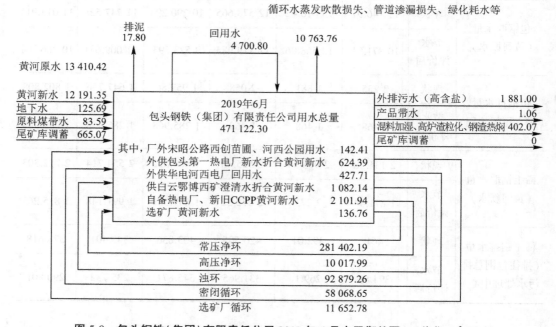

图 5-8 包头钢铁(集团)有限责任公司 2019 年 6 月水平衡总图 (单位:m³/h)

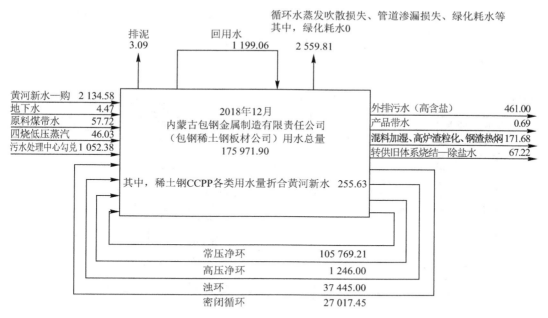

图 5-9　内蒙古包钢金属制造有限责任公司(新体系)2018 年 12 月水平衡总图　(单位:m³/h)

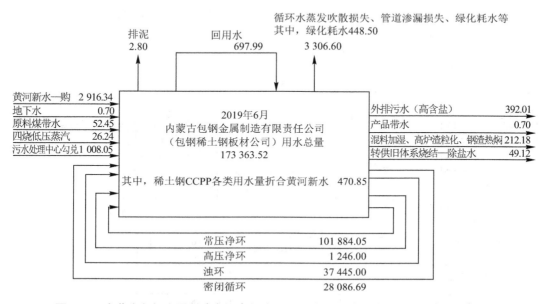

图 5-10　内蒙古包钢金属制造有限责任公司 2019 年 6 月水平衡总图　(单位:m³/h)

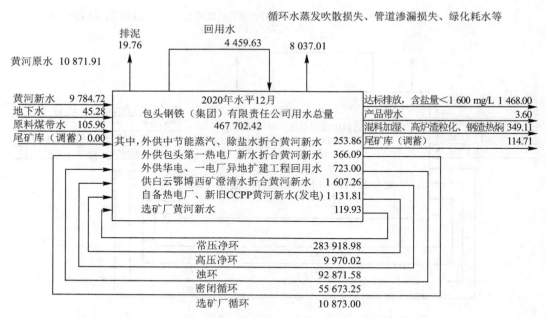

图 5-11　包头钢铁(集团)有限责任公司 2020 年 12 月水平衡总图　（单位：m³/h）

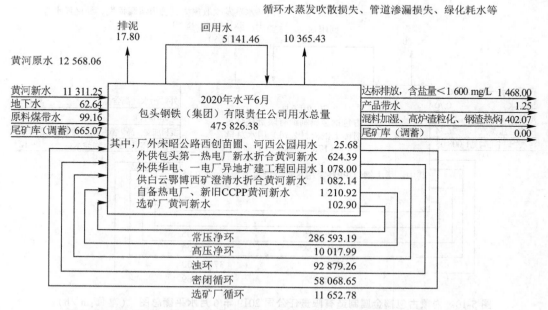

图 5-12　包头钢铁(集团)有限责任公司 2020 年 6 月水平衡总图　（单位：m³/h）

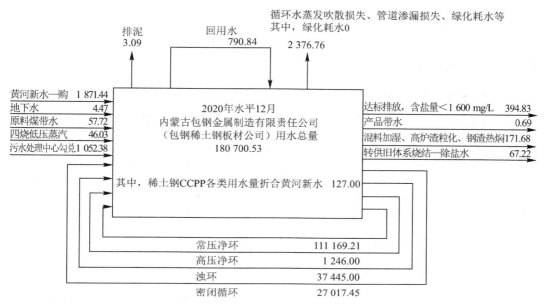

图 5-13　内蒙古包钢金属制造有限责任公司 2020 年 12 月水平衡总图　（单位:m³/h）

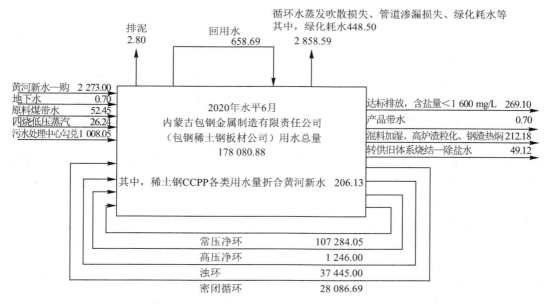

图 5-14　内蒙古包钢金属制造有限责任公司 2020 年 6 月水平衡总图　（单位:m³/h）

5.4　取用水规模节水符合性评价

5.4.1　节水指标先进性评价

5.4.1.1　钢铁联合企业用水情况

节水潜力分析后,全厂用水定额评价见表5-9,其他用水指标评价见表5-10~表5-12。

表 5-9　节水评价后用水定额评价一览表

项目		吨钢取水量(m³/t)			钢铁联合企业用水定额(m³/t 粗钢)		
		12 月	6 月	平均值	领跑值	先进值	通用值
旧体系——钢铁联合企业	现状	5.31	4.75	5.03			
	节水评价后	4.50	5.08	4.79			
新体系	现状	3.44	4.06	3.75	3.1	3.9	4.8
	节水评价后	3.17	3.40	3.285			
全厂钢铁联合企业	现状	4.64	4.51	4.575			
	节水评价后	4.02	4.50	4.26			

5.4.1.2　厂区内部火力发电

包钢厂区内部火力发电用水包含四部分:旧体系发电作业部、二机二炉、旧体系CCPP、新体系CCPP。根据用水水平分析,包钢厂区内部火力发电用水水平偏低,不能满足《水利部关于印发钢铁等十八项工业用水定额的通知》火力发电机组用水定额要求,包钢厂区内部火力发电应制定火力发电改造计划并落实实施。考虑到包钢火力发电燃用焦炉、高炉副产煤气,可减少钢铁企业大气污染物直接排放,具有环境效益,且火力发电汽轮机组改造也需要一定的时间,现阶段按照现有设备,根据发电装机和火力发电用水定额要求核定火力发电最大用水量。

5.4.1.3　包头第一热电厂老厂、异地扩建工程以及白云鄂博矿区

北方联合电力有限责任公司包头第一热电厂老厂、异地扩建工程以及白云鄂博矿区(包含大青山绿化用水)分别于1959年、2007年、2010年开始由包钢供用黄河水,考虑实际用水需求,按照2015~2019年最大值预留水量,下一步包头第一热电厂、异地扩建工程需完善取水许可手续。依据内蒙古自治区发展和改革委员会关于北方联合电力有限责任公司包头第一热电厂异地扩建工程项目核准的批复(内发改能源字〔2015〕1456号),要求该项目采用直接空冷系统,年需用水量约307万 m³,生产供水水源为包钢总排污水处理厂提供的再生水,预留包钢再生水。

表 5-10　节水评价后用水定额评价一览表

（单位：m³/t）

序号	分厂名称	指标计算结果			满足标准	用水定额标准			备注
		12 月	6 月	平均值		领跑值	先进值	通用值	
1	烧结	0.246	0.214	0.230	通用值	0.18	0.22	0.38	《内蒙古自治区行业用水定额标准》（2019 年）
2	稀土钢烧结	0.156	0.128	0.142	领跑值				
3	球团	0.125 3	0.114 5	0.119 9	先进值	0.11	0.14	0.34	
4	焦化	1.617	2.077	1.847	通用值	0.7	1.23	2.73	
5	稀土钢焦化	1.001	1.456	1.228	先进值				
6	选矿厂	0.258 7	0.148 3	0.203 5	领跑值	0.55	0.65	0.75	
7	焦化	1.614	1.901	1.757 5	通用值	1.2	1.4	1.9	
8	稀土钢焦化	0.846 8	1.405 3	1.126	领跑值				
9	炼铁厂炼铁区	0.745	0.641	0.693	通用值	0.24	0.42	1.09	《工业用水定额　钢铁》（水利部 2020 年 2 月 1 日）
	炼铁厂炼铁区（含汽鼓）	1.086	1.07	1.078	通用值	0.24	0.42	1.09	
10	稀土钢高炉工序	0.365	0.475	0.42	先进值	0.24	0.42	1.09	
11	炼钢厂	1.112	0.786	0.949	通用值	0.36	0.52	0.99	
12	稀土钢炼钢工序	0.558	0.282	0.42	先进值	0.36	0.52	0.99	
13	薄板厂　冶炼	0.63	0.82	0.72	通用值	0.36	0.52	0.99	转炉
	热轧	0.90	0.92	0.91	通用值	0.38	0.45	0.91	
	冷轧	0.97	0.67	0.82	通用值	0.40	0.61	1.40	
	宽厚板	0.78	0.80	0.79	通用值	0.29	0.31	0.79	

续表 5-10

序号	分厂名称	指标计算结果			满足标准	用水定额标准			备注
		12月	6月	平均值		领跑值	先进值	通用值	
14	钢管公司 φ159、φ460	1.71	1.41	1.56	通用值	0.30	0.86	1.56	
	φ180	0.47	0.42	0.45	先进值	0.30	0.86	1.56	
	石油套管	0.48	0.49	0.49	先进值	0.30	0.86	1.56	
	φ400	—	—	—	通用值	0.30	0.86	1.56	
	制钢二部	1.07	0.80	0.94	通用值	0.36	0.52	0.99	转炉炼钢
15	轨梁厂	—	—	—	—	—	—	—	生产用回用水
16	长材厂 线材作业区	0.36	0.69	0.52	通用值	0.38	0.41	1.26	
	棒材作业区	0.30	0.17	0.24	领跑值	0.34	0.38	0.70	
	带钢作业区	停产	0.69	0.69	通用值	0.29	0.31	0.79	
17	特钢分公司	0.55	0.49	0.52	通用值	0.34	0.38	0.70	
18	稀土钢冷轧	0.36	0.23	0.29	领跑值	0.40	0.61	1.40	
19	稀土钢热轧	0.33	0.31	0.32	领跑值	0.38	0.45	0.91	
20	发电作业部	3.2	3.2	3.2	通用值	1.73	1.85	3.20	取棒材用水定额
21	老 CCPP	2	2	2	通用值	0.90	1.00	2.00	
22	二机二炉	3.2	3.2	3.2	通用值	1.73	1.85	3.20	
23	新 CCPP	1.0	1.0	1.0	先进值	0.90	1.00	2.00	

表 5-11　节水评价后水重复利用率评价一览表

序号	分厂名称		指标计算结果（%）			满足标准	备注
			12 月	6 月	平均值		
1	烧结厂		93.88	94.56	94.22	一级	钢铁行业（烧结、球团）清洁生产评价指标体系——烧结工序
2	稀土钢烧结		90.61	98.34	94.47	一级	
3	球团		95.64	94.72	95.18	一级	钢铁行业（烧结、球团）清洁生产评价指标体系——球团工序
4	焦化厂		97.49	97.37	97.43	满足新建企业 95%	焦化行业清洁生产水平评价标准（YB－T 4416—2014）
5	稀土钢焦化		99.20	98.57	98.88	满足新建企业 95%	
6	选矿厂		98.92	99.08	99.00	一级	清洁生产标准　铁矿采选业（HJ/T 294—2006）
7	炼铁厂炼铁区		97.0	96.3	96.6	2018 年 12 月满足三级 97%	钢铁行业（高炉炼铁）清洁生产评价指标体系（2018 年 12 月 29 日）
	炼铁厂炼铁区（含汽鼓）		97.4	96.7	97.1	三级	
8	稀土钢高炉工序		97.5	97.7	97.6	二级	
9	炼钢厂		97.3	97.3	97.3	二级	钢铁行业（炼钢）清洁生产评价指标体系（2018 年 12 月 29 日）
10	稀土钢炼钢工序		97.3	98.3	97.8	二级	
11	薄板厂	冶炼	95.27	92.91	94.09	三级≥96%	转炉采用 2018 年新标准，2006 年标准满足二级
		热轧	98.71	98.48	98.59	一级	
		冷轧	96.50	96.69	96.60	一级	
		宽厚板	99.25	99.00	99.13	一级	
12	钢管公司	ϕ159、ϕ460	98.68	98.70	98.69	一级	
		ϕ180	99.40	99.37	99.38	一级	
		ϕ400	—	—	—		
		石油套管	96.70	92.63	94.66	三级≥95%	循环量 90 m³/h
		制钢二部	95.02	95.54	95.28	三级≥96%	转炉炼钢

续表 5-11

序号	分厂名称		指标计算结果(%)			满足标准	备注
			12 月	6 月	平均值		
13	轨梁厂		—	—	—		
14	长材厂	线材作业区	99.33	98.48	98.90	一级	
		棒材作业区	99.60	99.59	99.60	一级	回用水
		带钢作业区	停产	97.61	97.61	一级	回用水
15	特钢分公司		98.34	98.14	98.24	一级	
16	稀土钢冷轧		98.90	99.12	99.01	一级	
17	稀土钢热轧		99.58	99.51	99.54	一级	

表 5-12　节水评价后生活用水定额评价一览表

序号	分厂名称		指标计算结果[L/(人·d)]			备注
			12 月	6 月	平均值	
1	烧结		134.99	134.99	134.99	内蒙古定额标准135[L/(人·d)]
2	稀土钢烧结		134.97	134.97	134.97	
3	球团		135	135	135	
4	焦化		134.99	134.99	134.99	
5	焦化厂三回收		135	135	135	
6	稀土钢焦化		134.98	134.98	134.98	
7	选矿厂		134.98	134.98	134.98	
8	选矿厂破碎区域		134.96	134.96	134.96	
9	炼铁厂炼铁区		135	135	135	
10	稀土钢高炉工序		135	135	135	
11	炼钢厂		135	135	135	
12	稀土钢炼钢工序		135	135	135	
13	薄板厂	冶炼	135	135	135	
		热轧	135	135	135	
		冷轧	135	135	135	
		宽厚板	135	135	135	

续表 5-12

序号	分厂名称		指标计算结果[L/(人·d)]			备注
			12 月	6 月	平均值	
14	钢管公司	φ159、φ460	135	135	135	
		φ180	113.46	156.32	134.89	
		φ400	—	—	—	包含 φ400 作业区预留 210 人、φ180 作业区 300 人 100 L/(人·d)的洗浴用水
		石油套管	135	135	135	
		制钢二部	135	135	135	
15	轨梁厂		135	135	135	
16	长材厂	线材作业区	135	135	135	
		棒材作业区	135	135	135	
		带钢作业区	135	135	135	
17	特钢分公司		71.99	135	103.50	
18	稀土钢冷轧		135	135	135	
19	稀土钢热轧		135	135	135	
20	热电厂		135	135	135	
21	新 CCPP		135	135	135	

5.4.1.4　供市政采暖用水

依据包头市昆都仑区经济和信息化局文件《关于 2014 年包钢余热回收供热项目立项的批复》(昆经信字〔2015〕16 号)，通过回收厂区内未被利用的低温余热，置换出原厂区内构筑物的冬季采暖及给水厂生水、除盐水预热所耗低压蒸汽，再利用所置换出的低压蒸汽为在热电厂新建的供热首站提供驱动热泵热源，分阶段完成包钢附属家属区约 380 万平方米建筑物的采暖任务。2015~2019 年五年供热需水量见表 5-13。

表 5-13　包钢供市政采暖用水量统计一览表

项目	2015 年	2016 年	2017 年	2018 年	2019 年	预留水量
蒸汽(t)	135 786	92 584	108 531	72 994	139 660	
蒸汽折算黄河原水(m³)	367 487.3	250 566.7	293 725.1	197 548.8	377 971.8	
除盐水(t)	0	31 755	6 042	12 834	2 486	
除盐水折算黄河原水(m³)	0	80 784.36	15 370.78	32 649.55	6 324.356	
黄河原水合计(m³)	367 487.3	331 351	309 095.9	230 198.4	384 296.1	384 296.127

5.4.1.5　选矿厂用水

　　包钢选矿厂水平衡测试期间2018年12月、2019年6月用水定额分别达到《内蒙古自治区行业用水定额标准》(2019年)领跑值,建议选矿厂按照2015~2019年五年用水量最大值预留水量。2015~2019年五年生活水用量见表5-14。

表5-14　包钢选矿厂生活水用量

年份	生活用水量合计(m^3)	黄河新水量(m^3)	黄河原水量(m^3)
2015	394 641	485 258.78	539 176.42
2016	409 205	503 166.97	559 074.41
2017	345 375	424 680.28	471 866.98
2018	291 000	357 819.65	397 577.39
2019	244 686	300 870.99	334 301.10
年最大值	409 205	503 166.97	559 074.41

5.4.1.6　厂区外部绿化用水

　　水平衡测试期间,2018年12月,厂外宋昭公路西创苗圃、河西公园用水情况以及预留水量见表5-15~表5-17,按照定额预留绿化用水量。

表5-15　包钢厂区外部绿化用水一览表

名称	水平衡测试期间用水量(新水供出量)(m^3/h)	黄河新水量(m^3/h)	黄河原水量(m^3/h)	年用水量(m^3/a)	备注
宋昭公路西创苗圃	90.40	96.65	107.39	551 569.19	每年4~10月为用水期
河西公园	42.80	45.76	50.85	261 141.17	
合计	133.20	142.41	158.24	812 710.36	

注:包钢厂区绿化用水包含在钢铁联合企业总用水量中,大青山绿化用水包含在白云鄂博矿区用水水量中。

表5-16　包钢绿化用水统计计算一览表

名称	绿化面积(万m^2)	实际用水量(m^3/h)	实际用水定额		内蒙古行业用水定额		
			m^3/hm^2	$L/(m^2 \cdot d)$	m^3/hm^2	$L/(m^2 \cdot d)$ 先进值	$L/(m^2 \cdot d)$ 通用值
厂区内部	1 965.6	848.94		1.04		1	2.9
河西公园	34	45.76	6 896		1 200		
宋昭公路西创苗圃	22.35	96.65	22 159		2 550		
大青山	97.516 9	65.13	3 422		1 200		

注:河西公园、大青山防护林取50%保证率定额值1 200 m^3/hm^2,宋昭公路西创苗圃取50%保证率苗圃管灌2 250 m^3/hm^2。

表 5-17　包钢厂区外部绿化用水预留一览表

名称	黄河新水量（m³/h）	黄河原水量（m³/h）	年用水量（m³/a）	备注
宋昭公路西创苗圃	13.74	15.27	78 409.60	每年 4~10 月为用水期，按照内蒙古定额 75%保证率预留
河西公园	11.94	13.27	68 137.60	
合计	25.68	28.53	146 547.20	

5.4.1.7　规划需水

依据包钢近期技改、规划项目需水量，包钢近期规划项目需水量为 24 905 361.85 m³/a（技改项目用水 13 788 046.02 m³/a，新增项目用水 11 117 315.82 m³/a），其中年底已实施供水 7 313 550.26 m³/a（技改项目用水 5 129 768.872 m³/a，新增项目用水 2 183 781.38 m³/a），需专题研究规划项目与相关政策的符合性、用水的合理性、用水水平。

5.4.2　取用水规模合理性评价

包钢黄河水用水主要考虑四部分：①钢铁联合企业；②厂区内部火力发电；③包头第一热电厂、包头第一热电厂异地扩建工程以及白云鄂博矿区；④外供市政蒸汽；⑤选矿厂用水；⑥厂区外部绿化用水；⑦规划需水。黄河原水取用水规模合理性评价一览表见表 5-18。

表 5-18　黄河原水取用水规模合理性评价一览表

序号	用水对象	黄河原水年用水量（m³/a）	取用水规模合理性
1	钢铁联合企业部分	82 900 000	通过用水合理性分析和节水评价后，旧体系用水定额按照《水利部关于印发钢铁等十八项工业用水定额的通知》中规定的通用值 4.8 m³/t 控制，新体系按照 3.9 m³/t 用水定额要求（实际节水评价后，用水定额为 3.285 m³/t）控制，满足用水定额要求，并且水平年 2018 年生铁、粗钢、钢坯、商品钢材尚未达到设计规模，因此包钢钢铁联合企业部分用水规模合理
2	厂区内部火力发电	18 468 910	发电作业部、二机二炉按照燃煤发电循环冷却通用值控制；老 CCPP 按照燃气-蒸汽联合循环冷却通用值控制；新 CCPP 按照燃气-蒸汽联合循环冷却先进值控制，黄河原水用水规模按照装机容量、用水定额计算，用水规模合理
3	包头第一热电厂（老厂）、白云鄂博矿区	17 402 374.44	完善取水许可手续，进一步开展节水潜力分析
4	供市政采暖用水	384 296.126 8	进一步开展节水潜力分析

续表 5-18

序号	用水对象	黄河原水年用水量（m³/a）	取用水规模合理性
5	选矿厂用水	559 074.41	水平衡测试期间 2018 年 12 月、2019 年 6 月用水定额分别达到《内蒙古自治区行业用水定额标准》（2019 年）领跑值,并且生产用水主要以回用水为主,黄河原水用水规模合理
6	厂区外部绿化用水	146 547.20	按照《内蒙古自治区行业用水定额》（2019 年）75%保证率计算水量,用水规模合理,下一步加大回用水用水量
7	已实施及近期供水量	7 313 550.26	规划用水项目需由相应的建设项目水资源论证确定
8	近期规划供水量	17 591 811.59	

5.4.3 取用水规模核定

综上所述,包钢现阶段(最大)用水量见表 5-19。

表 5-19 包钢现阶段(最大)黄河原水用水量

序号	用水对象	黄河原水年用水量（m³/a）	水量配置原则
1	钢铁联合企业部分	82 900 000	设计规模、用水定额
2	厂区内部火力发电	18 468 910	照装机容量、用水定额
3	第一热电厂(老厂)、白云鄂博矿区	17 402 374.44	预留水量,完善取水许可审批手续
4	供市政采暖用水	384 296.126 8	依据包头市昆都仑区经济和信息化局文件《关于2014 年包钢余热回收供热项目立项的批复》
5	选矿厂用水(厂区)	559 074.41	按照用水定额领跑值预留水量
6	厂区外部绿化用水	146 547.20	依据关于包钢(集团)公司承包地范围内实施大青山南坡绿化工程有关情况的说明以及日常绿化用水需求,下一步进行畦灌等漫灌方式改造
	小计	119 861 202.2	
7	已实施及近期供水量	7 313 550.26	预留企业发展用水,规划用水项目由相应的建设项目水资源论证确定
	小计	127 174 752	
8	近期规划供水量	17 591 811.59	同已实施及近期供水量配置原则
	合计	144 766 564	

包头第一热电厂(异地扩建工程)、华电包头河西电厂预留包钢回用水,应完善取水许可审批手续。

结合包钢现状取用水量,考虑包钢未来技改、规划项目合理用水需求,建议按照原许可取水量 12 000 万 m³/a 延续取水许可证,规划用水项目预留水量需由相应的建设项目水资源论证确定,外供水量完善取水许可审批手续,包钢应大力推进节水改造,通过厂区节水减排工程与非工程措施实现国家规定的节水要求。

5.5 节水措施方案与保障措施

《中华人民共和国水法》第六条规定:开发利用水资源的单位和个人有依法保护水资源的义务;第八条规定:国家例行节约用水,大力推行节约用水措施,推广节约用水新技术、新工艺,发展节水型工业、农业和服务业,建立节水型社会。单位和个人有节约用水的义务;第五十三条规定:新建、扩建、改建建设项目,应当制定节水措施方案,配套建设节水设施。供水企业和自建供水设施的单位应当加强供水设施的维护管理,减少水的渗漏。

包钢应将清洁生产贯穿于整个生产全过程,既要做到节水减污从源头抓起,又要做好末端治理工作,确保水资源的高效利用,尽最大可能提高水的重复利用率,最大限度减少补水量和新鲜水消耗量,设计合理可行的循环使用、阶梯利用和废污水处理综合利用系统,合理消耗排水量,尽可能减少污废水排放,做到水资源可持续利用及有效保护。贯彻节能、增效、减排和水资源保护的循环经济和科学发展理念,促进区域水污染治理和环境改善,有利于区域水资源的合理开发和优化配置,实现区域经济的高效持续发展,具有良好的经济效益、社会效益和环境效益。

5.5.1 节水措施方案

5.5.1.1 非工程措施

1.加强节水宣传教育

加强节约用水宣传与教育,制定和完善节水管理办法,逐级落实责任,形成全员推进节水工作的良好氛围,加大节水减排工作的宣传力度,提高职工节水意识。利用电子屏、QQ 群、微信公众号等媒体宣传水资源法规政策、节水科普知识、节水成果、节水先进人物事迹及公司节水减排动态,让广大职工掌握日常工作、生活中的节水知识和方法,提高节水意识。

2.制订并落实用水计划

按照《水利部关于印发〈计划用水管理办法〉的通知》(水资源〔2014〕360 号),按时向各级水行政主管部门上报本年度取水工作总结和下年度用水计划。制定了完备的水资源考核制度,计划用水管理已经全面实施,定期对各用水单位进行用水计划执行情况考核,落实总量控制,将用水指标层层分解,按月下达用水指标,定期对各用水计划执行情况进行考核,并将节水工作落实情况、完成情况、纳入本单位经济考核。

　　3. 规范用水台账记录

　　建立完整的管网信息、技术档案,各级的取用水台账、水计量器具台账等完备可查,健全用水原始记录和统计台账,能够及时编报本年度取水工作总结表。

　　4. 规范生活用水管理

　　现状用水评价包钢生活用水量整体偏大,调查了解,旧体系生活用水没有安装计量设施,且部分生活用水补充工业用水。各分厂应严格执行《内蒙古自治区行业用水定额》(2019 年版,内蒙古自治区水利厅,2019 年 12 月)135 L/(人·d)的定额要求,安装计量表,并进行考核,杜绝生活用水浪费等问题。

　　5. 落实相关节水要求

　　按照《节水型社会建设"十三五"规划》《内蒙古自治区水污染防治三年攻坚计划》《国家节水行动方案》《产业结构调整指导目录》(2019 年,中华人民共和国国家发展和改革委员会令第 29 号),制定落实相关节水规划及要求,进一步筛选厂区落后、需淘汰的设备机组,积极整改。

5.5.1.2　工程措施

　　1. 加大废污水源头治理,劣质水源头治理,就地利用

　　酚氰废水、脱硫废水、冷轧废水作为包钢厂区主要风险点,依据《内蒙古自治区环境保护条例》,含有国家规定的第一类污染物之一的废水,应采取闭路循环和回收措施,禁止稀释排放。

　　焦化、CCPP 酚氰废水下一步在焦化车间增加深度处理设施,确保新、老焦化车间酚氰废水全部回用,深度处理后的脱盐水用于焦化厂厂区循环水系统补水,浓盐水用于炼铁冲渣、热焖渣和烧结拌料等工序。

　　2. 浓盐水的集中收集处理、回用

　　在对全公司除盐水、废水处理系统整合提升的基础上,逐步建立浓盐水专用管网,集中收集输送浓盐水,避免混入污水系统。

　　目前除新体系外的其他制备工序产生的浓盐水就地排放,进入老总排污水处理系统,这部分废水既影响外排指标,又影响自备污水处理系统处理成本及处理效果,应逐步进行集中收集处理。集中收集处理的同时,充分发挥钢铁生产工艺流程消纳废水的优势。

　　消纳废水的主要环节有高炉冲渣工序、烧结混料、料场喷洒、铸铁、炼钢焖渣、料场喷洒等工序。其中烧结、球团拌料用浓盐水约 162.38 m³/h;高炉冲渣补浓盐水约 198.23 m³/h;转炉焖渣用浓盐水约 15 m³/h。浓盐水替换旧体系烧结一、三烧车间回用水、四烧用澄清水,新体系烧结生产水(勾兑水)球团现状拌料用循环水。

　　3. 完善用水计量器具配备

　　计量设施是管理用水定额的基础工作,目前包钢一级计量设施完好,供水管网的二级计量设施部分缺失,旧体系生活用水全部无计量,各用水单位工艺用水大部分都没有安

装,增加了生产过程水量管控的难度。

根据现场调查,计量表部分有损坏或被水淹没,部分用水计量结算数据根据经验估算。全厂排水大多无计量,各分厂应安装排水计量设施。建议定期对计量仪表运行与维护情况进行跟踪监督管理,确保相关数据真实有效。退水计量器具的配备方面存在较大不足,应按照有关规定对各生产实体配备退水计量器具,严格按表计量,杜绝无表、估表现象。各用水单位加强计量装置的维护管理,保证其完好、准确,保障供、用水量数据的准确可靠,为节水减排提供分析依据。

4.杜绝跑、冒、滴、漏现象

供水管网大多年代久远,应加强管网维修改造,考虑到常规水源投运时间较早,供输水管网缺少系统改造更新,下一步包钢应把节水工作的重点放在供输水系统的排查更新改造上,减少工艺管道及设备的跑、冒、滴、漏。有重点、有计划地进行管网及供水设施的改造工作,有效避免爆管事件,减少供水管网漏失。

5.加强绿化用水管理、进行滴灌技术改造

包钢绿化用水分为三部分:厂区内部绿化用水、宋昭公路西创苗圃和河西公园绿化用水、大青山绿化用水,其中大青山绿化用水由白云矿浆管线输送的澄清水供给。厂区内部绿化用水定额基本满足内蒙古用水定额先进值,河西公园、宋昭公路西创苗圃、大青山用水量不能满足内蒙古用水定额,偏差较大(绿化用水无计量,采用水平衡测试期间水量计算)。包钢加大绿化用水计量设施,持续推广厂区、周边滴灌技术改造,降低绿化用水量,提高绿化用水计量率,杜绝漫灌、水龙头常开浪费水资源的现象,制定有效监管措施。进一步丈量统计绿化面积,禁止优水劣用。

6.通过开展水平衡测试,查找节水潜力

根据《内蒙古自治区节约用水条例》等相关要求,每3~5年开展一次水平衡测试,通过系统测试,查清企业用水现状,分析用水的合理性,查找用水管理中的薄弱环节和节水潜力。

5.5.1.3 现状水量优化措施

现状节水评价水量主要优化措施如下:①回用水置换选矿厂生产使用地下水;②核减烧结、球团拌料使用生产水、回用水,置换使用浓盐水;③酚氰废水深度处理后的脱盐水置换焦化厂生产使用地下水、澄清水、生产水等;④核减炼铁厂高炉冲渣生产水、回用水,冲渣水置换使用浓盐水;⑤核减钢管公司生活人均超定额用水量;⑥核减绿化超定额用水量。

各厂区水量优化措施见4.4.3节现状水量优化措施。

5.5.1.4 规划节水措施

钢铁行业属于用水大户,采取有效措施开展持续节水工作,对于贯彻落实"节水优先、空间均衡、系统治理、两手发力"的治水思路、提高钢铁企业的竞争能力具有重大意义。节水规划主要考虑企业在满足现状定额标准要求的情况下,企业可进一步挖掘的节水潜力而实施的节水措施。

1. 非工程措施

（1）明确水资源管理职责分工。

目前包钢动供总厂是供水、水处理、水资源配置的执行单位，同时又是水资源使用的结算部门。包钢生产部作为包钢用水、节水的主管部门，人员配置不能满足日常的用水管理，包钢生产部应强化水资源管理工作，完善各项规章制度，制定各用水单位指标并进行考核，系统统筹规划包钢节水工作，贯彻执行国家节水减排法规、政策和方针，全面负责公司的节水减排工作，制定企业节水规划和节水目标，负责全厂节水工作及水系统的总体规划以及分步实施目标。

包钢可以利用市场资源，循环水系统水处理、污水处理等可由专业的水处理公司负责。另外，水系统的标准制定、技术改进等也可由专业技术团队共同参与，专业技术团队对水处理工作进行总承包运营，可实现责任明确、考核直接以及水处理成本可控，也有利于管理部门的监督管理。

（2）成立节水工作小组。

包钢应成立专门的节水工作领导小组，制定节水减排奖惩管理办法，并定期组织节水专题会议，检查并考核节水减排各项工作的落实情况。结合各工序实际完成情况、对标情况以及产量品种变化情况制订公司及各工序的能源预算，对各工序实行能源定额管理，对各生产单位用水指标下达专项考核，对各生产工序的节水工作进行专项评价。各用水单位日常应积极开展各工序用水的对标活动，定期分析各工序用水、排水是否合理，与同行业是否存在差距，存在差距查找原因，研究制定解决措施。

（3）完善水资源管理制度，加强排水监督检查。

制定各工序用水定额及相关激励考核管理办法，实施阶梯式供水价格。制定各分厂排水水质标准，建立污染物排放申报制度，加强监督检查力度，严格执行排放标准，重视源头治理，严格限制排污量。

（4）成立水控中心。

建立水资源管控中心，开发水量管控信息系统，实现取、用、排、退全过程实时监测管控。利用用水动态监控设施，对水量实时监测与调控，定期考核，根据实际运行期的水量平衡图，找出节水薄弱环节，确保用水系统优化。

对现有给排水进行精细化管理，包钢地下供、排水管网星罗棋布，管线复杂，难以准确、及时掌握管网运行情况，可通过建立水控中心，采用先进的自动化程序对全公司管网运行情况、各程序用水情况等进行数据采集，随时在线分析，方便整个给排水系统的监控、调配，实现水资源在线时报表，及时掌握各生产单位的用水合理性，并将评价结果及时反馈管理部门。

建立水质分析系统，对系统水质进行定期分析。通过分析，控制和调整系统的水处理方案，通过水质控制达到降低系统补排水量的目的，逐渐由单纯的水量管理转变为水系统的全效管理。通过安装部分在线检测装置,如在线 pH、电导率等,以及完善计量设施实现水质控制的智能化、自动化管理,由工序耗水的单纯水量控制转向水质、水量全方位的科学管控。

(5)加强用水专业技术人员队伍建设。

包钢目前掌握全厂或分厂用水情况专业技术人员稀少,造成用水管理工作严重滞后,应加强用水专业技术人员队伍建设,定期培训,交流经验。

(6)建立健全水质监测机制。

设置水质稳定与水样分析监测中心,提高各种进水与循环水水质的监测,监控循环水水质稳定和水质变化对设备及冷却工序的影响情况。包钢应制定排水水质标准,建立排水管理制度,加强排水监督检查,强化污染物排放申报制度,规范各用水单位区域内的排水口和采样口。

2.工程措施

包钢规划用水系统节水措施见表 5-20,包钢规划蒸汽用水系统节水措施见表 5-21。

5.5.2　节水保障措施

包钢需加强用水管理,落实论证研究提出的近期节水措施,制定节约用水制度,成立节水工作领导小组,定期开展节水评价工作,确保核定的用水指标落到实处。

5.6　节水评价结论与建议

(1)考虑包钢实际用水情况,通过用水合理性分析后,旧体系用水定额达到《水利部关于印发钢铁等十八项工业用水定额的通知》(水节约〔2019〕373 号)中规定的通用值 4.8 m³/t 用水定额要求,新体系满足先进值 3.9 m³/t 用水定额要求。

(2)包钢应加强用水管理,落实报告书提出的近期节水措施,制定节约用水制度,成立节水工作领导小组,定期开展节水评价工作,大力投入节水设施,提高中水回用率,确保核定的用水定额指标落到实处。

(3)开展节水规划专题研究,2025 年全厂用水定额达到《水利部关于印发钢铁等十八项工业用水定额的通知》(水节约〔2019〕373 号)中规定的先进值 3.9 m³/t 用水定额要求。

(4)结合包钢现状取用水量,考虑包钢未来技改、规划项目合理用水需求,建议按照原许可取水量 1.2 亿 m³/a 核发取水许可证,规划项目用水应由相应的建设项目水资源论证进行核定,严禁超指标取用水。

(5)外供用水户北方联合电力有限责任公司包头第一热电厂(老厂)、白云鄂博矿区使用包钢黄河水;北方联合电力有限责任公司包头第一热电厂(异地扩建工程)、华电内蒙古能源有限公司包头发电分公司(河西电厂)使用包钢回用水完善取水许可审批手续。

表 5-20　包钢规划系统用水节水措施一览表

序号	名称	具体节水措施
1	推广节水技术	针对耗水量大的工艺环节不断优化水系统,积极推广应用国内外先进节水技术,采用成熟的节水新工艺、新系统和新设备,提高水的重复利用率等,力求水资源利用最大化
2	节水规划专题	1.外供用水的合理性;2.推广绿化节水措施;3.挖掘涉及第三方服务产业的节水潜力
3	中水利用效率低,污水处理能力未完全发挥	一方面,污水处理中心回用水温高、盐分高,不利于回用,导致循环水系统浓缩倍率低,回用于 18#泵站,冷却塔上水,回用于新体系供给勾兑水,处理水量大致为 3 500 m³/h,目前仅向新体系设计能力 50%;另一方面,污水处理中心深度处理系统设计能力为 1 600 m³/h,不到设计能力 50%。充分发挥污水处理中心深度处理系统处理能力,加大脱盐水量供给,显著改善回用水水质
4	全厂冷却塔主要为敞开式冷却系统,吹散、蒸发损失大	全厂冷却塔百余座,主要为敞开式冷却系统,浓缩倍数大多小于 3,甚至小于 2,不符合《中国节水技术政策大纲》要求。《中国节水技术政策大纲》(国家发展和改革委、科技部、水利部、建设部、农业部,2005)要求:"发展高效循环冷却水处理技术。在缺乏水以及气候条件适宜的地区推广空气冷却技术"。逐步淘汰浓缩倍数小于 3 的水处理运行技术,推广浓缩倍数大于 4 的水处理运行技术。"发展空气冷却技术"
5	优化供排水系统	对全公司用水种进行优化,各循环水系统的供水指标(包括水质、供水温度)指标对标,合理供水。分质排水、分质处理的管网改造,废污水混合处理,加大处理难度。排水管网分为生活排水管网、生产排水管网。不同的排污标准也不同,相应的排污标准决定了系统循环的补水量,从而影响系统的补水量。因此,有序排污对整体补水量,以及后期排放的污水处理和排水质有较大影响。各生产工序内部,厂内、厂际,多级用水循环,根据水质要求串级使用,提高水循环的浓缩倍数,实现水资源消耗减量化,减少循环系统的工业废水排放量
6	精细化管理排水	针对不同水系统对水质的要求,制定科学合理的补、排水水质标准。而要真正实现合理的补、排水量进行准确、严格的管控,对循环水系统运行的水质稳定进行在线管控。通过计量,提高计量数据之间的互联有关数据的束作用,为三级考核、生产、操作提供依据。各子系统排放在线监控,各分厂建立排放许可制度,总用水、排水实行上级审批制

续表 5-20

序号	名称	具体节水措施
7	循环水设备老化、冷却效率偏低，改善冷却系统	钢铁主线普遍存在循环水设备老化、冷却效率偏低的问题，有的循环水塔甚至是 20 世纪 80 年代的设备，整体上水耗严重，冷却效率极低且能耗偏高；同时为满足生产工艺降温要求，不得不使用大量水温较低的新鲜水补充循环水系统或者串供水，个别严重的基本上就是直流冷却，造成大量新鲜水没有得到充分利用而排放。 对公司年代久远但存在循环水系统的优化设计和更新改造，设计中应特别注意生产工段降温高求与循环水系统水量、冷却水塔的匹配同题，可以引入目前较为先进的干-湿联合冷却系统，使用变频水泵、变频装置等，不断提高冷却效率，最大限度地节约水资源并降低能耗。同接冷却水系统大量采用软水闭路循环+蒸发空冷技术，改善了水质，提高了换热效果，较常规开路循环系统明显减少了飞溅和蒸发损失
8	加强水系统的各项水平衡	在水系统水量平衡的基础上，重视温度平衡、悬浮物平衡以及溶解盐的平衡。通过水量平衡，把污水排放量控制在最小限度；控制温度平衡满足生产工艺对水温的要求；根据用水系统，循环水系统、串级水系统的水质要求控制悬浮物平衡；通过溶解盐的平衡，掌握盐分增加或减少的生产环节，从而有针对性地对过程进行控制，减少新水消耗。 定期对水系统进行盐量、水量平衡测试，根据测试结果，从中发现存在的不足或隐患，通过对标，及时调整现有的污水脱盐量，子系统的补排水量，保证整体水系统的运行稳定。一般情况下水平衡核实工作每年都要进行，三年或来水系统发生重大变化的，应重新详细对水平衡进行测试
9	优化循环水系统参数	在提高新水质基础上，优化循环水系统参数，控制循环水系统浓缩倍数，减少补排水量
10	节水生活器具	包钢节水型生活用水器具整体偏低，按照《节水型生活用水器具》等要求安装节水型水龙头、便器、便器冲洗阀、淋浴器等设备，取缔质量差的产品，力争节水器具使用率将达到 100%
11	中水进一步替代新水使用	在完善污水处理系统的基础上，增加厂区中水管网，将处理后达到一级 A 排放标准的中水用于冲厕，道路洒水、绿化等，以节约新水消耗
12	开发煤调湿技术	焦化厂入炉煤水分在 10%～12%，煤调湿技术将入炉煤水分控制到 7%～8%，利用焦炉烟气余热干燥预热原料煤（煤调湿 CMC）。炼焦煤水分的降低，可从源头减少后续焦化废水和焦化废水的产生量和处理成本

续表 5-20

序号	名称	具体节水措施
13	规划利用包头市城市再生水	包钢在包头市属于用水大户,建议包头市政府利用包钢污水治理的技术优势,以包钢集团为核心,整合包头市城市污水资源,将其全部转化为再生水,为包头市水资源的高效利用探索出一条可持续发展之路。依托自身废水处理的经验,积极利用市政回收利用市政周边居民的生活污水,将厂区周边居民的生活污水进行源头治理,并通过深度处理,实现污水资源再利用,实现企业、社会共赢。市政生活污水一般悬浮物、有机物含量高,而对钢铁生产影响大的含盐量和电导率接近新水的水平,因此生活污水处理后生成的中水完全可以作为钢铁企业的生产用水

表 5-21 包钢规划蒸汽用水系统节水措施一览表

序号	项目名称	项目内容
1	提高干熄焦蒸汽高效利用	1.干熄焦系统不再对外减温减压或背压发电;2.提高副省煤器预热效果,减低除氧器蒸汽消耗;3.引一条 3.8 MPa 的蒸汽管道至老区焦化,利用老区焦化保护性停产的 5#、6# 焦炉配套干熄焦系统发电 15 MW 纯凝发电机组,可消化蒸汽约 70 t/h,还剩余的蒸汽引入老区现在运行的 2#、3# 干熄焦发电系统;4.或就近新建一套汽轮发电机组,以消化富余的蒸汽
2	生化处理蒸汽消减	采取冬季防寒保暖措施,提高进水温度,利用热资源冬季采暖水加热等措施可消减冬季蒸汽的使用 8 t/h,采暖季增加发电量 320 万 kW·h,发电收益 121 万余
3	焦化余热水综合利用	冬季回收利用 75 ℃ 的循环氨水和煤气净化三车间的初冷器上段水余热用于对外供暖。建设 6 套双效制冷机组,夏季利用 75 ℃ 左右的循环氨水和初冷器高温段余热水夏季制冷,可替代溴化锂制冷机 6 台,可节约制冷蒸汽消耗 7 万 t;冬季可回水利用初冷器 40 ℃ 左右的中温水余热,供应 70 ℃ 采暖水约 9 500 m³/h,供暖面积增加 220 万 m²
4	充分回收高炉冲渣水余热用于采暖	早日投用已建成或正在建设的 4#3 000 m³、6#2 500 m³、8#4 150 m³ 高炉冲渣水采暖项目,新建老区 1#2 200 m³、3#2 200 m³、5#1 750 m³ 高炉及新体系 7#4 150 m³ 高炉冲渣水余热项目;冲渣水采暖项目采取新建新型壹采暖项目采取新建渣水换热器高效回收渣水热量,替代目前汽机机低真空采暖和以蒸汽为热源的采暖方式

续表 5-21

序号	项目名称	项目内容
5	回收高炉冷却壁循环水部分热量	目前包钢新体系 7#4 150 m³ 高炉冷却壁循环水部分热量已用于采暖，8#、8′4 150 m³ 和旧体系 5 座高炉冷却壁循环热量均未回收，若全部回收高炉冷却壁循环水 4 ℃ 温差的热量，可实现增加供暖面积 770 万 m² 的能力
		目前炼钢厂活动烟罩和氧枪密封均采用蒸汽密封，蒸汽密封容易腐蚀和影响设备寿命，氧枪改用氮气密封，活动烟罩采用水封或泥封等
6	炼钢厂区域蒸汽系统优化	炼钢厂有 3 座 VD 炉，2 座为机械抽真空，1 座为蒸汽抽真空，汽源为热电厂提供的 3.6 MPa，430 ℃ 中压蒸汽，减温减压至 1.0～1.1 MPa，210 ℃ 使用，造成了高品质蒸汽浪费。规划 VD 炉抽真空汽源改为转炉自产饱和蒸汽，可适当增加蓄热器数量，提高蒸汽储存能力，保障 VD 用气要求
		优化 VD 炉汽源，用后续规划的 10 MW 炼钢蒸汽发电系统过热后蒸汽替代中压发电蒸汽
7	水深度处理系统用蒸汽优化	目前动力供总厂水深度处理系统，冬季消耗蒸汽加热原水，取消蒸汽加热，充分利用各季利用各除盐水站附近的 30 ℃ 以上的净环水余热用蒸汽替代蒸汽加热原水，如采用结晶器循环冷却水、发电系统冷凝水及发电系统轴封水余热等
		回收冷轧罩退炉烟气余热：新建过水装置，回收罩退炉 400 ℃ 左右的烟气，产生热水过水通过热交换器，加热热水和空气用于清洗段的热水漂洗及热风干燥气，替代部分蒸汽。这种回收烟气余热能的方法与余热锅炉相似，但设备结构较简单，投资也小，维护起来相对容易一些
8	高效回收薄板厂各工序退火炉烟气余热，减少蒸汽用量	薄板厂镀锌线有一座立式连退炉，处理能力为 80 t/h，年产量 40 万 t。连退炉预热段为明火段，产生的烟气用于预热明火段助燃空气，换热器后排烟温度高达 300～400 ℃。新建烟气余热高效回收系统，替代蒸汽，方法同上
		镀锌退火炉明火段为全辐射管加热，每个辐射管后带有空气预热器，空气预热器后有空气预热器，产生预热气温度在 600～700 ℃，自吸冷空气后直接排入大气中，造成了烟气余热的大量浪费。新建烟气余热高效回收系统，产生高温热水，替代蒸汽，方法同上
		硅钢线 DF 炉干燥段为辐射管加热，炉膛温度在 620～650 ℃，辐射管产生的烟气已用于加热钢板干燥风，换热器后烟气温度也在 300 ℃ 左右，仍有一定余热可回收；DF 炉烧结段为明火段加热，燃料为焦炉煤气，炉膛温度在 470～530 ℃，烟气直接排放，未利用的余热较高，有较高的余热，新建 1 台热水余热锅炉，把 DF 炉干燥段空气加热器后烟气和烧结段烟气合并，产生 90 ℃ 的热水，用于澡堂水余热和冬季水的加热

续表 5-21

序号	项目名称	项目内容
9	回收稀土钢板材冷轧及镀锌退火炉低温烟气余热,产生热水风,替代蒸汽加热	稀土钢板材厂冷轧线有 2 条连退线,全辐射管加热,辐射管产生的烟气已回收用于产生 140 ℃的高温热水,高温热水再加热各种漂洗介质,烟气余热仍有排走,烟气余热回收装置后部烟道内安装空气换热器,将空气预热到 120 ℃以上,用作钢板干燥风,取代蒸汽加热干燥风。在现有高温热水回收装置后部烟道内安装空气换 稀土钢板材厂镀锌线有 2 条连退线,全辐射管加热,辐射管产生的烟气已回收用于产生 140 ℃的高温热水,高温热水再加热各种漂洗介质,但是 170 ℃左右的烟气仍有碳排走,烟气余热回收装置后部烟道内安装空气换热器,将空气预热到 120 ℃以上,用作钢板干燥风,取代蒸汽加热干燥风
10	澡堂系统优化	对全公司澡堂进行集中整治,能取消的取消,能整合的整合,按照就近的原则,充分利用各澡堂数量,减少澡堂洗澡,同时加强日常管理,采用刷卡洗澡,杜绝浪费 机余热、低温烟气余热,循环水余热替代蒸汽用于澡堂洗澡,同时蒸汽用于澡堂附近的空压

第6章　取水水源论证研究

6.1　水源方案比选及合理性分析

依据《建设项目水资源论证导则》,取水水源论证应根据国家和地方水资源管理要求,结合当地水资源条件,开展多水源方案比选,综合分析从地表水、地下水和其他水源取水的可行性和可靠性,提出合理可行的取水水源方案;水源比选应遵循合理利用地表水,严格控制利用地下水,科学使用其他水源的原则;工业生产、城市绿化、道路清扫、车辆冲洗、建筑施工以及生态景观等用水,要优先使用再生水;具备使用再生水条件的钢铁、火电、化工、制浆造纸、印染等项目,应优先使用再生水。

6.1.1　当地水资源

6.1.1.1　地表水

包头市地表水分为两大水系:其一是黄河水系,有梅力更、哈德门沟、昆都仑河、五当沟、水涧沟、美岱沟及其他沿山洪沟;其二是内陆河水系,有艾不盖河、塔不河、乌苏图勒河等。

当地产地表水在时空分布上有明显的差异性,从地区分布上看,以乌拉山、大青山为界,山前有梅力更、五当沟、美岱沟等八大沟及沿山百余条小山沟,山谷地表水只分布于一些沟谷川滩地带。就季节性而言,在降水集中的7~9月,各河川沟谷洪水频繁出现,而且往往造成灾害,除昆都仑河、五当沟、水涧沟等常年有水外,其余山沟均是季节性时令河,即使常年有水的河川,洪峰流量同最小流量也相差极大。本市地表水的特点是径流集中,洪水期也表现为峰大量小,持续时间短,陡涨陡落,难以利用。

6.1.1.2　地下水

当地地下水从南到北可依次划分为平原区、山丘区、内陆河闭合盆地区三大水文地质单元。平原区是河套平原水文地质单元的一部分,位于大青山山前断裂以南,黄河以北,由山前冲洪积平原和黄河冲积平原组成。山丘区是平原区地下水的主要补给区,以片麻岩裂隙水为主,山区沟谷中冲积洪积层潜水次之。地下水可分为潜水和承压水两类,潜水主要赋存于 Q_3 沉积的沙砾组地层中,靠天然水补给,水位埋深 3~50 m。承压水赋存于 Q_{1-2} 沉积的沙砾石层中,埋深一般为 50~120 m,在天然条件下与上层潜水无水力联系。根据第 3 章水资源评价结果,包头市市区地下水水资源总量为 20 798.15 万 m³,可开采量为 17 852.14 万 m³。

依据《内蒙古自治区地下水管理办法》第二十四条,新建、改建、扩建的高耗水工业项目,禁止擅自使用地下水;《内蒙古自治区节约用水条例》第二十四条,新建、改建、扩建的高耗水工业项目,禁止擅自使用地下水。已建高耗水工业项目使用地下水的,应当采取节水措施,逐步减少地下水开采量。有条件的,应当将地下水水源替换为非常规水源或者地表水水源。

因此,当地地下水资源不宜作为钢铁工业企业生产用水水源。内蒙古包钢钢联股份有限公司持有取水(蒙包)字〔2004〕第00112号地下水取水许可证,有效期2019年12月2日至2024年12月1日,许可取水量100万 m^3/a。地下水水井分布在自来水管网未覆盖区域,主要用于生活。

6.1.2　黄河水

黄河是唯一的一条过境河流,是包头市稳定的供水水源。黄河在包头市境内长约220 km,水面平均宽130~458 m,水深1.6~9.2 m,水面比降1/10 000左右,平均流速1.4 m/s。昭君坟站历年实测最大洪峰流量5 450 m^3/s,最小流量43 m^3/s,多年平均流量824 m^3/s,多年平均径流量259.56亿 m^3。

依据内蒙古自治区水利厅文件"内蒙古自治区水利厅关于报送黄河取水许可总量控制指标细化方案的报告"(内水资〔2010〕25号),包头市取用黄河水指标调整为5.91亿 m^3,其中干流指标5.15亿 m^3、支流0.26亿 m^3、自治区调整水权转换水指标0.5亿 m^3。包钢自1959年开始取用黄河水,目前持有取水(国黄)字〔2015〕第411007号黄河干流地表水取水许可证(有效期2016年1月1日至2020年12月31日),许可取水量12 000万 m^3/a。

6.1.3　再生水

根据《包头市水资源公报》《包头市统计年鉴》,2018年包头市工业用新水量28 622万 m^3,工业废水排放量3 262.76万 m^3,高浓缩使工业废水含盐量高,回用困难;城镇生活、社会综合用水量13 458万 m^3,生活污水排放量12 498万 m^3(市区11 936万 m^3),2018年包头市再生水供水量为6 331万 m^3。包头市目前仍然有大量的再生水量可供利用,但再生水利用管网覆盖率较低,再生水使用条件不具备。

包钢厂区废污水处理后大部分回用,其再生水系统主要由包钢动供总厂污水处理部老系统及深度处理系统、新体系污水处理站、旧体系酚氰废水处理站、新体系酚氰废水处理站组成。全厂废污水回用率见表6-1。

表6-1　全厂废污水回用率一览表

时间	废污水总量(m^3/h)	回用量(m^3/h)	回用率(%)
2018年12月	7 408.09	4 712.09	63.61
2019年6月	6 973.82	4 700.8	67.41
2020年12月	6 322.47	4 459.63	70.54
2020年6月	6 878.56	5 141.46	74.75

综合当地水资源条件、再生水利用条件以及包钢目前持有的黄河干流取水许可证、地下水取水许可证实际情况,取水水源论证重点分析黄河干流地表水。

6.2　地表水取水水源论证研究

6.2.1　依据的资料与方法

　　包钢取水口所处黄河内蒙古河段主要分布有三湖河口水文站、昭君坟水文站、包头水文站、头道拐水文站,昭君坟水文站 1996 年后关闭。包头水文站上距昭君坟水文站不足20 km,于 2014 年 1 月 1 日正式运行,三湖河口水文站下距包钢取水口大约 125 km,头道拐水文站上距包钢取水口大约 174 km。

　　黄河宁蒙段重点水文站网分布示意图见图 6-1。

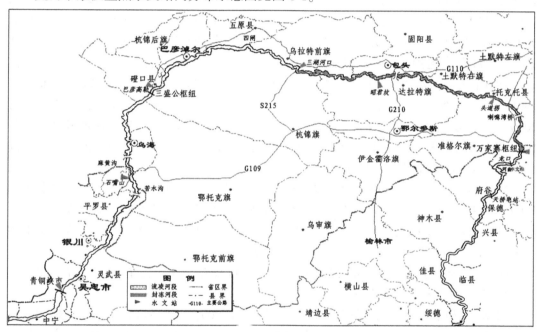

图 6-1　黄河宁蒙段重点水文站网分布示意图

6.2.1.1　水文资料三性检查

　　1.水文资料系列一致性分析

　　包钢取水口上游黄河干流建有多座水利枢纽,其中,龙羊峡和刘家峡水利枢纽调蓄能力最大。刘家峡水库自 1967 年 10 月首次蓄水,第一台机组于 1969 年 4 月投产发电。位于刘家峡上游的黄河龙羊峡水库 1986 年 10 月下闸蓄水。

　　根据黄河水资源保护科学研究院使用 RVA 法完成的"黄河刘家峡水库运行对兰州河段水流情势的影响评价",刘家峡水库的运行严重改变了大坝下游黄河干流的自然水流情势,评价结果为整体高度变化。在评价的 33 个水文改变指标中,8 月、9 月、10 月、12月、1 月、3 月、6 月平均流量,90 日最小平均流量,基流条件,低脉冲记数,低脉冲历时,涨水速率,落水速率,逆转次数(水流类型切换次数)等有 14 个指标属高度改变。基于此,选取刘家峡水库运行后的水文系列,对取水河段进行地表水统计分析。

2.水文资料系列代表性分析

在21世纪初完成的第二次黄河流域水资源调查评价中分析了黄河上游兰州水文站和下游花园口水文站1956~2000年45年水文系列对于1920~2000年81年水文系列的代表性。该项研究成果表明:"黄河上中游,1920~1932年处于连续偏枯水时段;1933~1968年处于连续平偏丰水时段;1969~1974年处于连续偏枯水时段;1975~1990年处于连续平偏丰水时段;1991~2000年处于连续偏枯水时段。""1956~2000年间,1956~1968年处于连续偏丰水时段;1969~1974年处于连续偏枯水时段;1975~1990年处于连续平偏丰水时段;1991~2000年处于连续偏枯水时段。"这说明黄河中游1956~2000年共45年系列与1920~2000年共81年系列变化周期基本一致,1956~2000年系列具有一定的代表性。其中,1956年头道拐实测径流量166.4亿 m^3,天然径流量233.3亿 m^3,还原水量66.9亿 m^3;1961年头道拐实测径流量317.6亿 m^3,天然径流量394.4亿 m^3,还原水量76.8亿 m^3;1971年头道拐实测径流量188.8亿 m^3,天然径流量295.0亿 m^3,还原水量106.2亿 m^3;1981年头道拐实测径流量322.5亿 m^3,天然径流量430.5亿 m^3,还原水量108亿 m^3;1991年头道拐实测径流量147.2亿 m^3,天然径流量235.5亿 m^3,还原水量88.3亿 m^3;2000年头道拐实测径流量140.2亿 m^3,天然径流量237.6亿 m^3,还原水量97.4亿 m^3。1971年后还原水量明显高于1970年以前。详见张学成、潘启民等著《黄河流域水资源调查评价》(黄河水利出版社,2006)。

经计算,头道拐水文站实测径流系列1956~1968年多年平均年径流量264.4亿 m^3,1969~1974年多年平均年径流量179.8亿 m^3,1975~1990年多年平均年径流量248.3亿 m^3,1991~2000年多年平均年径流量150.4亿 m^3,2001~2010年多年平均年径流量151.88亿 m^3,2011~2014年多年平均年径流量208.7亿 m^3。

因此,刘家峡水库运行后的1970~2014年实测水文系列涵盖了连续平偏丰和枯水段,对于长系列具有一定的代表性。

根据《水利水电工程水文计算规范》(SL 278—2020)关于"径流频率计算依据的资料系列应在30年以上"的规定,采用黄河三湖河口、头道拐水文站1970~2014年实测逐日平均流量水文系列进行枯水径流特征计算。论证研究使用三湖河口、头道拐水文站1970~2014年实测逐日平均流量计算得出现状下垫面条件下的径流特征与枯水径流特征对未来一定时段基本适用。

3.水文资料可靠性检查

三湖河口、头道拐水文站均列入《国家重要水文站名录》(中华人民共和国水利部公告2012年第67号),分析计算水文数据来源于黄河水利委员会编制的黄河流域水文资料统计年鉴,均为整编成果,资料可靠。论证研究选取刘家峡运行后的水文系列,下垫面条件基本一致,代表性较好。

6.2.1.2　计算方法

采用皮尔逊Ⅲ曲线(频率曲线)和对数皮尔逊Ⅲ曲线(频率曲线)适线方法,枯水流量特征值采用两方法统计结果较小值。

6.2.2　来水量分析

6.2.2.1　流量历时曲线

三湖河口水文站实测逐日平均流量 1970~2014 年 45 年系列对应于 98% 时间的日平均流量、95% 时间的日平均流量、90% 时间的日平均流量分别为 102 m^3/s、128 m^3/s、187 m^3/s，见表 6-2。

头道拐水文站实测逐日平均流量 1970~2014 年 45 年系列对应于 98% 时间的日平均流量、95% 时间的日平均流量、90% 时间的日平均流量分别为 65.4 m^3/s、104 m^3/s、164 m^3/s，见表 6-3。

表 6-2　三湖河口水文站实测水文系列历时曲线分析结果

日平均流量 （m^3/s）	相对历时 （%）	日平均流量 （m^3/s）	相对历时 （%）	日平均流量 （m^3/s）	相对历时 （%）
92.2	99	440	65	772	25
102	98	478	60	838	20
128	95	514	55	970	15
187	90	550	50	1 103	10
253	85	585	45	1 587	5
308	80	625	40	2 387	2
357	75	674	35	2 924	1
398	70	723	30		

表 6-3　头道拐水文站实测水文系列历时曲线分析结果

日平均流量 （m^3/s）	相对历时 （%）	日平均流量 （m^3/s）	相对历时 （%）	日平均流量 （m^3/s）	相对历时 （%）
52.5	99	388	65	755	25
65.4	98	429	60	824	20
104	95	469	55	971	15
164	90	508	50	1 141	10
215	85	547	45	1 633	5
262	80	585	40	2 437	2
305	75	632	35	2 951	1
348	70	694	30		

6.2.2.2　枯水流量

黄河干流三湖河口、头道拐水文断面近 10 年（2005~2014 年）最枯月平均流量分别为 198 m^3/s、204 m^3/s；1970~2014 年实测水文系列 90% 保证率最枯月平均流量分别为 111 m^3/s、87 m^3/s；1970~2014 年实测水文系列 7Q10 分别为 82 m^3/s、35.1 m^3/s，见表 6-4。

表 6-4　实测逐日平均流量系列枯水流量统计值

枯水流量条件	三湖河口站	头道拐站
2005~2014 年最枯月平均流量(m³/s)	198	204
2005~2014 年最枯月平均流量出现时间(年-月)	2007-05	2005-06
1970~2014 年水文系列 90%保证率最枯月平均流量(皮尔逊Ⅲ型曲线)(m³/s)	111	87
1970~2014 年水文系列 90%保证率最枯月平均流量(对数皮尔逊Ⅲ型曲线)(m³/s)	117	90.7
1970~2014 年水文系列 7Q10(皮尔逊Ⅲ型曲线)(m³/s)	82	35.1
1970~2014 年水文系列 7Q10(对数皮尔逊Ⅲ型曲线)(m³/s)	82	38
2014 年最枯月平均流量(m³/s)	428	331
2014 年最枯月平均流量出现时间(年-月)	2014-05	2014-05
2014 年最小 7 日平均流量(m³/s)	271	214
1970~2014 年水文系列最小日平均流量(m³/s)	57.5	6.91
1970~2014 年水文系列最小日平均流量出现日期(年-月-日)	1986-11-13	1997-06-25
1970~2014 年水文系列日平均流量历时曲线—对应于 80 百分点的日平均流量(m³/s)	308	262
1970~2014 年水文系列日平均流量历时曲线—对应于 85 百分点的日平均流量(m³/s)	253	215

黄河三湖河口、头道拐逐月枯水流量特征值统计结果见表 6-5。

表 6-5　黄河三湖河口、头道拐逐月枯水流量特征值统计结果　　　　(单位:m³/s)

月份	三湖河口站逐月 90%平均流量	头道拐站 90% 平均流量	2014 年三湖河口站 月最小日平均流量	2014 年头道拐站月 最小日平均流量
1 月	318	262	313	275
2 月	378	335	425	510
3 月	440	448	287	323
4 月	308	363	262	215
5 月	109	80.2	265	210
6 月	101	67.8	358	240
7 月	133	109	382	297
8 月	316	281	380	326
9 月	372	366	879	776
10 月	218	195	482	380
11 月	292	183	388	335
12 月	218	184	303	162

6.2.2.3　生态流量

黄河干流头道拐控制断面生态水量规划及研究成果汇总见表 6-6。

表 6-6　黄河干流头道拐控制断面生态水量规划及研究成果汇总　（单位：m³/s）

黄河流域水资源保护规划	黄河流域综合规划			功能性不断流专项研究	黄河环境流研究		预警流量	其他成果
非汛期生态基流	关键期（4~6 月）生态需水		多年平均生态环境用水量/多年平均下泄水量		低限环境流量	适宜环境流量		
	最小	适宜						
75	4 月：75；5~6 月：180	4~6 月：250	200	4~6 月 340；11 月至次年 3 月 160	11 月至次年 4 月：80；5 月至次年 6 月：180；7 月至次年 10 月：或洪水或 200	非汛期：200；汛期：或洪水或 300	50	黄河水资源开发利用预测最小流量 150；2018 年生态水量专项研究生态基流 150

6.2.3　用水量

据调查，黄河干流三湖河口水文断面—头道拐水文断面河段主要取用水户见表 6-7，三湖河口水文断面—包钢取水口之间无大型取水口分布。

表 6-7　黄河干流三湖河口水文断面—头道拐水文断面河段主要取用水户

序号	取水许可证编号	取水权人名称	取水工程名称	取水地点	批准年取水量（万 m³）	取水用途	有效期（年-月-日）
1	取水（国黄）字〔2015〕第 411007 号	包头钢铁（集团）有限责任公司	包钢水源地取水口	内蒙古包头市昭君坟包钢水源地	12 000	工业	2016-01-01 ~ 2020-12-31
2	取水（国黄）字〔2016〕第 411009 号	北方联合电力有限责任公司达拉特发电厂	包头达旗黄河取水工程	内蒙古包头画匠营子达电取水口	4 230	工业	2016-01-01 ~ 2020-12-31
3	取水（国黄）字〔2015〕第 411008 号	包头首创水务有限责任公司	画匠营子岸边取水泵房	内蒙古包头画匠营子岸边取水泵房	7 000	公共供水、工业	2016-01-01 ~ 2020-12-31
4	取水（国黄）字〔2020〕第 411064 号	内蒙古磴口供水有限责任公司	黄河磴口供水（一期）工程	内蒙古包头市磴口净水厂取水泵房	4 648.7	工业	2020-01-01 ~ 2024-12-31

续表 6-7

序号	取水许可证编号	取水权人名称	取水工程名称	取水地点	批准年取水量（万 m³）	取水用途	有效期（年-月-日）
5	取水（国黄）字〔2015〕第411010号	包头首创城市制水有限公司	磴口净水厂取水泵房	内蒙古包头市磴口净水厂取水泵房	1 500	生活	2016-01-01 ~ 2020-12-31
6	取水（国黄）字〔2015〕第411011号	内蒙古自治区磴口扬水灌区管理局	磴口电力扬水站	内蒙古包头市东河区磴口电力扬水站	26 000	农业	2016-01-01 ~ 2020-12-31
7	取水（国黄）字〔2015〕第411012号	土默特右旗民族团结渠电力扬水站	团结渠电力扬水站	内蒙古土右旗明沙淖乡五猘牛窑村	7 000	农业	2016-01-01 ~ 2020-12-31

6.2.4 可供水量

1999 年 3 月开始实施黄河水量统一调度，实施总量控制，以供定需，分级管理、分级负责。总的调度原则是：国家统一分配水量，流量断面控制，省（自治区）负责用水配水，重要取水口和骨干水库统一调度。各省（自治区）年度水量实行同比例丰增枯减，用水量按断面进行控制，并实行年度水量分配和干流水量调度预案制度以及月调节的调度方式。黄河水量调度过程中，严格贯彻国务院 1987 年批准的黄河可供水量分配方案。

黄河是包头市客水资源，自治区分配给包头市的黄河取用水指标（初始水权）为每年 5.5 亿 m³，其中：城市和工业取水 2.05 亿 m³，农业灌溉取水 3.45 亿 m³。包钢自 1959 年开始取用黄河水，目前持有取水（国黄）字〔2015〕第 411007 号黄河干流地表水取水许可证（有效期 2016 年 1 月 1 日至 2020 年 12 月 31 日），许可取水量 12 000 万 m³/a。

6.2.5 水资源质量评价

包钢取水口位于黄河包头昭君坟饮用、工业用水区，根据黄河水资源公报、《黄河流域地表水质量状况通报》，2018 年、2020 年包头昭君坟饮用、工业用水区满足水功能区Ⅲ类水水质目标要求。

在包钢用水系统中，绝大部分为工业用水。工业用水水种大致分为黄河新水、黄河澄清水、生活水、一次滤后水、软水、脱盐水、除盐水、生产水等，其中软水、脱盐水和除盐水采用反渗透技术、离子交换技术处理得到，对于原水水质无特殊要求；敞开式间接循环冷却系统补水为澄清水、生活水、一次滤后水、再生水（回用水）、生产水由黄河新水制取，闭式间接循环冷却系统补水为软水和脱盐水，直接循环冷却系统多使用生产水、回用水。

敞开式间接循环冷却系统补水是工业用水水质分析的重点，循环冷却水系统水质应符合《工业循环冷却水处理设计规范》中间敞开式系统循环冷却水水质要求。黄河水含沙量高用作工业水时需要进行悬浮物去除等净水工艺处理,黄河内蒙古段沿岸企业如达拉特电厂、托克托电厂、包钢等长期工业用水实践表明,黄河水处理后可以满足工业用水要求。黄河发生水质污染事件时段可能影响生活水用水,如 2004 年"6·26"黄河重大水污染事件造成包钢厂区生活水用水困难。

6.2.6　取水口位置合理性分析

6.2.6.1　取水口基本情况

包钢昭君坟黄河取水工程由苏联设计,取水口为当时国内第一个大型桥墩式取水构筑物,还有潜丁坝、大型平流池,以及我国首次采用的 ϕ1 400 m 预应力钢筋混凝土管。供水工程于 1958 年建成,1959 年分期投产。取水口位于黄河昭君坟渡口段,取水系统主要由三大部分组成,即取水工程、一次净化系统、输水系统。

1.取水工程

取水工程由设在黄河中心的三座桥墩式取水口、零次泵站、西海湖临时取水口组成。

主体取水口结构形式是钢筋混凝土桥墩式空心体,建在昭君坟渡口段黄河主河道上,每个取水口最大取水流量 5.5 m³/s,通过两根 DN1 600 mm 钢管自流进入零次泵站。

设计选定河心式桥墩取水口 2 座,分别坐落于左右两岸的岩石露头上,间距 650 m。1#取水口两岸建造潜丁坝和顺坝整治工程,预想排泄洪水及控制枯水季节取水,并形成 1#和 2#取水口间纵向宽 80 m、底标高为 1 002～1 003 m 的理想取水深槽。墩式取水口为狭长椭圆体,长 33 m,宽 5.8 m,高 12 m。每个取水口在 1 003.25～1 008.5 m 标高范围内,分三层在两侧布置进水窗口,每个窗口尺寸 1.0 m×2.0 m,栅条间距 3 cm。

1966 年 9～10 月间,3#取水口建成,三座取水口使取水可靠性有了很大提高。3#取水口每侧设两层取水,每个窗口进水量 0.65 m³/s。

零次 1#、2#泵站是包钢水源地黄河岸边取水的提升泵站,分别由上海水泵厂 20 世纪 80 年代后期生产的 4 台 900 HLB-10 型立式混流泵组成,共计 8 台泵,每台泵铭牌流量为 1.804 m³/s,合 6 495 m³/h,扬程 10 m。零次泵站将黄河水通过取水口提升至 9.7 m 高的溢流室,靠两条暗渠自流进入黄河一次净化系统,进行净化处理。夏季运行时,一部分经过加压泵加压送到 ϕ100 m 辐射沉淀池(五座),一部分到达平流沉淀池。

西海子是包钢重要的备用水源地,位于包钢主体取水口的西北,包钢供水车间东北,距包钢供水车间大约 600 m,是黄河包头段天然形成的河流湖泊,每年凌汛期、汛期黄河涨水,水位较高时,黄河水进入西海子。

当三座桥墩式取水口出现因防洪、防凌、遇到较大自然灾害而中断供水时(事故状态下),启用临时取水口。西海湖内黄河原水经过临时取水口到达加压泵站,经过辐射式沉淀池进行一次净化后到达 3#泵站、4#泵站和调节泵站,经加压后送包钢厂区。

2.一次净化系统

一次净化系统由加压泵站、五座平流式沉淀池、四座辐射式沉淀池及相关设施组成。零次 1#、2#泵站将黄河原水分别提至五座平流式沉淀池和四座辐射式沉淀池。加压泵站由上海水泵厂 20 世纪 60 年代前期生产的 4 台 PV36ZLB-70 型立式轴流泵组成,铭牌流量为 2 m³/s,合 7 200 m³/h,扬程 5.4 m。

辐射式沉淀池单池设计 φ100 m,处理能力为 0.65 m³/s。净化水通过 2.0 m×2.5 m 暗渠自流到输水系统。辐射池沉淀的泥浆通过排泥泵站排入黄河。辐射式沉淀池设置有 1#排泥泵站和 2#排泥泵站。1#排泥泵站共有 3 台泵,铭牌流量 720 m³/h,扬程 25 m,负责 1#、2#辐射式沉淀池排泥,间断运行;2#排泥泵站共有 2 台泵,铭牌流量 720 m³/h,扬程 25 m,负责 3#、4#辐射式沉淀池排泥,间断运行。

平流式沉淀池单池设计处理能力为 1.3 m³/s,长 184.25 m,宽 131 m,单池总容积约 10 万 m³,池深 5.2~5.5 m,沉淀时间 11 h,沉淀效率 90%,池内水流速 4~5 mm/s。经过自然沉淀后,一次净化水通过两条暗渠自流到输水系统,沉淀池的泥沙通过 5 台 600 m³/h 电动绞吸式挖泥船,排入黄河。

3.输水系统

输水系统由 3#泵站、4#泵站和调节泵站组成,一次净化系统处理后的黄河新水经泵组升压,通过四条输水干线(一干线 DN1 600 mm,二干线 DN1 400 mm,三干线 DN1 400 mm,四干线 DN1 600 mm)送至包钢供水系统,提升高度大约 60 m。

3#泵站设置有 5 台泵,每台泵的铭牌流量为 4 700 m³/h,其中 302#泵、304#泵安装有变频器;4#泵站设置有 6 台泵,其中,401#泵、403#泵、405#泵每台泵的铭牌流量为 5 292 m³/h;402#泵、404#泵、406#泵每台泵的铭牌流量为 4 700 m³/h;扬程 90 m。调节泵站设置有 2 台泵,调节 1#泵铭牌流量 2 020 m³/h,扬程 98 m;调节 2#泵铭牌流量 1 181 m³/h,扬程 112 m。

6.2.6.2　取水口附近河床稳定性

昭君坟河段长 1.0 km,历史记载 180 年未改道,邻近西海湖弯道为凹岸,地质情况不佳,但水深良好。包钢取水点选在昭君坟渡口和西海湖弯道两处。

1960 年 6 月,西海湖弯道被大幅度淘涮,上游水流方向改变,由左岸直冲右岸潜丁坝根部,处于凸岸的 1#取水口淤积,取水困难。后在其河道设 7 组苏式波达波夫导流装置,增加三道石丁坝,并以 4-ПЗX 型挖泥船清淤,均无效果。

1961 年 7 月洪水期,流量 2 170 m³/s,水位 1 008.78 m,河道裁弯取直,1960 年建的三道丁石坝全部冲垮,西海湖弯道与黄河脱离而形成"牛轭湖"。使 1#取水口又恢复了取水。

1963 年 10 月,黄河主流终于绕过潜丁坝根部,经过 1#和 2#取水口之间直奔零次 2#泵站,冲倒了左岸输电线铁塔。随后在左岸 400 m 长地段筑起护岸石坝。这次河势变化持续至今,潜丁坝失去正常作用,反而起了阻水和分流的反作用,使 1#取水口在枯水期取水十分不利。

1964 年 5 月 21 日,枯水流量 140 m³/s,水位 1 006.35 m,加上当年洪水期影响,在 11 个月以后,河道形成取水十分困难的条件。1#取水口离开主流 350~380 m,陷入死水区内。2#取水口偏离主流 80 m 上游顶部出现浅滩。

包钢取水口近两年来受下游浮桥、取水口上游地貌形态人为改变、河道控导工程建造、黄河河流形态演变规律等影响,西海湖补水减少,1#、2#、3#取水口偏离黄河主河槽。
2019 年 4 月 28 日,1#取水口搁置于滩地,2#、3#取水口处于滩地边缘,见图 6-2。

图 6-2　2019 年 4 月 28 日无人机拍摄取水口与黄河主河槽相对位置图

根据 2019 年 10 月 10 日现场查看,黄河右岸坍塌造成 2#取水口输水管道严重淤积,
已迫使 2#取水口停运,正在实施挖掘机清淤施工作业。当时黄河流量大约 1 550 m³/s,只
有 3#取水口能够正常取水,见图 6-3。

图 6-3　2019 年 10 月 10 日 2#取水口附近正在实施清淤作业

根据黄河三湖河口水文站 1970~2014 年日平均流量水文系列,黄河昭君坟河段出现
小流量的概率很高,实测日平均流量 308 m³/s 以下的出现概率为 20%,实测日平均流量
253 m³/s 以下的出现概率为 15%。包钢目前取水面临的形势十分严峻,尤其是在连续枯
水时段的枯水期 5 月、6 月、7 月以及冰封期 11 月、12 月和翌年的 1 月、2 月、3 月,黄河小
流量以及岸边坍塌淤积可能会出现 1#、2#、3#取水口同时取不到水。

另根据原取水口泵站管线设计资料,取水口至零次泵站(1#、2#泵站)输水管线直径
1 600 mm,管道底部布置在标高 999.20~1 002.6 m。根据图 6-4,2019 年 4 月 28 日实测的
昭君坟浮桥下游水下地形估算,输水管线位于目前水下 10.2~7.5 m,如果取水河段左岸
河床继续冲刷下切,2#、3#取水口部分输水管道将失去泥沙保护。

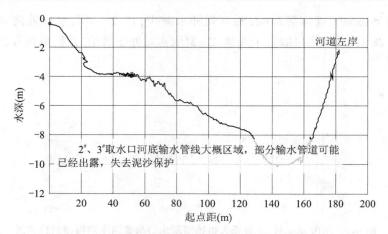

图 6-4　包钢 2#、3#取水口附近河道断面示意图

目前包钢 1#取水口搁置于滩地,黄河右岸坍塌造成 2#取水口输水管道严重淤积,已迫使 2#取水口停运,如果取水河段左岸河床继续冲刷下切,2#、3#取水口部分输水管道将失去泥沙保护,加之黄河昭君坟河段出现小流量的概率很高,特枯流量时水位持续下降,均可能导致取水口不能正常运行,届时包钢生产用水有可能得不到保障。

6.2.6.3　西柳沟高含沙洪水对包钢取水的影响

取水口下游附近有西柳沟注入黄河,下游 16 km 内还有昆都仑河、四道沙河、罕台川注入黄河,其中西柳沟、罕台川列入著名的"十大孔兑",发源于鄂尔多斯台地,中游穿过库布奇沙漠,洪水含沙量高,入黄阻塞河道,尤其是西柳沟距离包钢取水口仅几百米,洪水入黄对于包钢取水影响最大。

西柳沟发洪水流量可达 305～6 940 m³/s,形成挟带大量泥沙和巨型球状物的泥石流,最高值达 1 550 kg/m³ 以上。由于黄河水流流速远小于西柳沟洪水水流流速,致使大量泥沙淤积在黄河河道,堵塞黄河,河面加宽,水深变小,影响取水,甚至停产。

1961 年 8 月,西柳沟洪水使黄河水位短时间涨至 1 010.67 m,超过设计百年一遇 1 010.64 m 的最高水位。这次洪水,使 2#自流钢管在泵站入口处折断,零次泵站区冷却用水源井 1 口废弃,冲毁供电线,冲出并淘空暗渠 100 余 m,冲毁通向泵站的道路和水源地第一线防洪堤坝,淤塞了取水自流钢管、取水口进水间、出水渠等。

1966 年 8 月,西柳沟山洪流量 3 660 m³/s,含沙量 1 380 kg/m³,使黄河水深仅约 0.5 m,河面宽度达 800 余 m,流速低至 0.3 m/s,而水位高超过千年一遇标准,达到 1 011.15 m,河道淤塞,河槽普遍抬高 5～6 m,致取水窗口淤死,黄河水源系统全部停止运行。直至 11 月中旬,挖泥船始将 1#取水口清通,恢复取水。这次洪水后,黄河水流归槽时又冲断 2#自流钢管,造成 2#取水系统长期停产。

1973 年 7 月,西柳沟洪水挟带大量泥沙泄入黄河,形成一条沙坝,使黄河断流 3 h,回水 10 多 km,黄河水位抬高 4～6 m,对包钢取水系统造成严重破坏。

1994 年 8 月,西柳沟洪峰流量 1 530 m³/s,含沙量 712 m³/s,黄河当时流量只有 660 m³/s,2#取水口堵塞,输水暗渠、加压泵站溢流室几乎淤满,预沉池不能运行,供水流量由 18 800 m³/h 减为 1 800 m³/h。

1989 年 7 月 21 日,西柳沟洪峰流量 6 940 m³/s,含沙量 1 380 m³/s,黄河当时流量只有 1 230 m³/s,泥沙进入黄河后,在汇流处瘀堵,形成长 200 m,宽 10 km,高 2 m 的沙坝,造成黄河断流,水位猛涨。2# 取水口堵塞,包钢大面积停产。

1998 年 7 月 5 日和 12 日,西柳沟分别暴发两次洪水,以洪峰流量 1 600 m³/s、1 800 m³/s 进入黄河,当时黄河流量仅为 115 m³/s、460 m³/s,黄河水被拦腰切断,上游架设的浮桥被冲垮,并推至上游数十米处,形成一座长 10 km、宽 1.5 km、高 6.21 m 的巨型沙坝,河宽增加到 1 600 m、1 800 m,原河槽黄河最大水深仅为 0.9 m。1998 年 7 月 5 日,3 座取水口全部被泥沙淤满,7 月 8 日 1# 取水口疏通恢复供水。7 月 12 日,第二次洪峰使黄河主河道几乎被泥沙淤满,三座取水口的取水窗口被埋在沙下 0.3 m,无法取水,7 月 27 日,黄河流量由 475 m³/s 降为 93 m³/s,取水口完全被搁浅在沙滩中。

6.2.7　取水可靠性分析

6.2.7.1　水量

2006 年 7 月国务院令第 472 号颁布了《黄河水量调度条例》。2007 年 11 月水利部颁布了《黄河水量调度条例实施细则(试行)》。

《黄河水量调度条例实施细则(试行)》规定:

第二条　黄河水量调度总量控制是指十一省区市的年、月、旬取(耗)水总量不得超过年度水量调度计划和月、旬水量调度方案确定的取(耗)水总量控制指标。

第三条　黄河水量调度断面流量控制是指水文断面实际流量必须符合月、旬水量调度方案和实时调度指令确定的断面流量控制指标。其中,水库日平均出库流量误差不得超过控制指标的±5%;其他控制断面月、旬平均流量不得低于控制指标的 95%,日平均流量不得低于控制指标的 90%。

控制河段上游断面流量与控制指标有偏差或者区间实际来水流量与预测值有偏差的,下游断面流量控制指标可以相应增减,但不得低于预警流量。

《黄河水量调度条例实施细则(试行)》规定了黄河干流省际和重要控制断面预警流量,其中,头道拐断面预警流量为 50 m³/s。

2013 年 3 月 2 日,《黄河流域综合规划(2012—2030 年)》取得国务院批复。根据《黄河流域综合规划(2012—2030 年)》,头道拐断面 4 月生态流量适宜值为 250 m³/s,最小值为 75 m³/s;头道拐断面 5~6 月生态流量适宜值为 250 m³/s,最小值为 180 m³/s。

黄河水量统一调度以前,结合 1997 年黄河来水情况,5 月三湖河口断面月平均流量 135.7 m³/s,6 月三湖河口断面月平均流量为 116.7 m³/s;5 月头道拐断面月平均流量 73.9 m³/s,6 月头道拐断面月平均流量为 93.0 m³/s,头道拐断面流量与生态流量最小值 180 m³/s 相比相差 106 m³/s、87 m³/s。据此推算,为了保证头道拐断面下泄最小生态流量,当三湖河口断面流量接近 242(180-73.9+135.7) m³/s 时,三湖河口—头道拐区间农业取水和工业取水可能受到限制。结合前述三湖河口、头道拐水文站 1970~2014 年 45 年实测水文系列历时曲线分析结果,包钢取水保证程度在 85%~90%。

黄河水量统一调度后,结合 2003 年黄河来水情况,5 月三湖河口断面月平均流量 95.6 m³/s,5 月头道拐断面月平均流量 77.2 m³/s,头道拐断面流量与生态流量最小值 180 m³/s 相比相差 102.8 m³/s。据此推算,为了保证头道拐断面下泄最小生态流量,当三湖河口断面流量接近 198.4(180−77.2+95.6) m³/s 时,三湖河口—头道拐区间农业取水和工业取水可能受到限制。结合前述三湖河口、头道拐水文站 1970~2014 年 45 年实测水文系列历时曲线分析结果,包钢取水保证程度在 85%~90%。

建议包钢建设适当体积的调蓄水池以提高供水保证程度。

6.2.7.2　冰花及杂草对取水口的阻塞

根据《黄河冰凌研究》和《包头市城市供水科学技术志》,取水河段冰封期平均约 103 d,最长 150 d,最短 72 d(一般 12 月 3 日封河,最早 11 月 17 日封河,次年 3 月 20 日左右解陈)。一般冰厚 0.56 m,最厚达 0.95 m,最薄 0.43 m。结冻及开河期,出现大量"水内冰",封河之后河面会产生不结冰的"清沟",总厚度 0.9~1.1 m,涌动大量冰花,直至全部封河后消失。秋季流凌呈盘状,冰絮松软;春季开河,流冰面积可达 1 万 m² 以上,坚硬,撞击力极大。

1# 和 2# 取水口,设计以栅条防止漂浮物与杂草。防止冰花黏结,是对栅条电加热,使进水温度提高 0.01 ℃。取水口内部设电热片,在气温 −30 ℃ 时,间内温度着高于 0 ℃。每座进水口加热耗电 210 kW。当一个取水口被冰花阻塞时,还可通过 1#、2# 联络井转换反冲洗水,冲掉冰花。实践中,河水中杂草多为悬浮团群芦草,受风及水流影响而时常与进水窗口垂直,加上窗口凹型,杂草极易随涡流靠窗吸附,形成网状密实体,不得不以人工打捞。电加热隔栅在运行中极易短路,电流很大,运行初期冰花堵塞就很严重,而在运行中,也不能实行反冲。因此,每年封开河之前,均需专人在墩上清理冰花,一日清理几十次,每期持续一个多月。3# 取水口采用压缩空气吹洗冰花、手动定位旋转扒草装置,效果较好,但喷嘴易锈蚀或阻塞,扒草器易受流冰撞击。

6.2.7.3　取水携带泥沙处置

包钢取水口位于昭君坟水文断面附近。

据《1919~1951 年及 1991~1998 年黄河流域主要水文站水沙特征值统计》,昭君坟水文站多年(日历年)平均径流量 247.5 亿 m³,输沙量 1.30 亿 t,含沙量 5.25 kg/m³。头道拐水文站多年(日历年)平均径流量 239.0 亿 m³,输沙量 1.27 亿 t,含沙量 5.31 kg/m³。两站平均含沙量相差不足 1.72%,在进行包钢取水断面多年平均含沙量估算时,可直接使用头道拐水文断面多年平均含沙量估算结果。

统计结果表明,头道拐水文断面 1970~2003 年水文系列多年平均径流量 199.5 亿 m³,输沙量 0.777 4 亿 t,含沙量 3.90 kg/m³。在进行取水携带泥沙量分析时,宜按照以算术平均值表示的平沙年平均含沙量计算。黄河水资源保护科学研究院在《内蒙古华电土右电厂(2×600 MW 级)新建项目水资源论证报告书》编制时计算得到头道拐水文断面 1970~2003 年水文系列多年平均含沙量算术平均值为 2.95 kg/m³。按照年取 1.2 亿 m³ 黄河原水计算,需处置泥沙 35.4 万 t,取泥沙容重 1.6 t/m³,折合泥沙体积 22.125 万 m³。

根据现行管理规定,取水后,携带的泥沙不得回排黄河,包钢应兴建排泥场贮藏泥沙,切实做到泥沙不排入黄河。

6.3　地下水取水水源论证研究

包头市水务局于 2020 年 1 月 17 日对《内蒙古包钢钢联股份有限公司生活取用地下水水资源论证报告》《内蒙古包钢钢联股份有限公司地下水水平衡测试报告》进行了审查,并于 3 月 9 日出具了技术审查意见。本节内容摘自《内蒙古包钢钢联股份有限公司生活取用地下水水资源论证报告》。

合理性分析后包钢地下水量平衡表见表 6-8,水量总平衡图见图 6-5。

表 6-8　合理性分析后包钢地下水量平衡表

序号	取水单位	合理性分析后年取水量（m³/a）	合理性分析后小时取水量（m³/h）	纯水量（m³/h）	排水量（m³/h）	耗水量（m³/h）
1	选矿厂	54 741	6.249		4.999 2	1.249 8
2	焦化厂 3# 井	48 495	5.536		4.428 8	1.107 2
3	焦化厂 4# 井	47 435	5.415		4.332	1.083
4	储运二部	27 528	3.142 5		2.514	0.628 5
5	采购中心	92 260	10.532		8.425 6	2.106 4
6	综合部	80 864	9.231		7.384 8	1.846 2
7	动供-稀土钢	80 504	9.190	0.681 8	6.918 8	1.589 2
8	废钢厂内	17 012	1.942	0.056 1	1.517 9	0.368
9	天诚线材厂	3 066	0.350	0.192 5	0.157 5	
10	钢管公司	7 665	0.875	0.481 3	0.315 0	0.078 7
11	巴润矿业	698	0.079 7			0.079 7
12	销售公司	8 918	1.018	0.057 4	0.777 4	0.182 6
13	轨梁厂	4 757	0.543	0.298 7	0.244 3	
	合计	473 943	54.103 2	1.767 8	42.016 1	10.319 3

包钢地下水用水量合理性分析后年取水量合计为 473 943 m³/a,建议许可年取水量合计为 475 550 m³/a。

建议许可取水量平衡表和水量总平衡图分别见表 6-9、图 6-6。

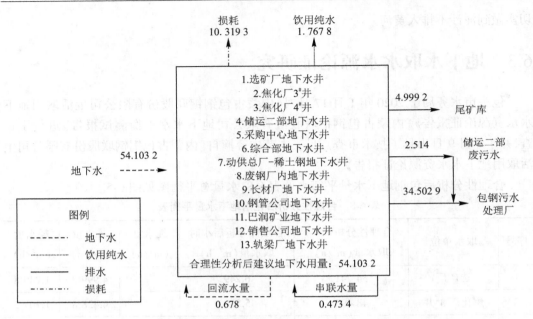

图 6-5　合理性分析后的水量总平衡图　（单位:t/h）

表 6-9　建议许可取水量平衡表　　　　　　　　（单位:m³/h）

序号	取水单位	建议许可年取水量（m³/年）	纯水量	排水量	耗水量
1	选矿厂	54 900		5.013 7	1.253 4
2	焦化厂 3#井	48 600		4.450 2	1.097 7
3	焦化厂 4#井	47 600		4.347	1.086 8
4	焦化厂 5#井				
5	储运二部	27 700		2.529 7	0.632 4
6	采购中心	92 400		8.438 3	2.109 6
7	综合部	81 000		7.397 2	1.849 4
8	动供-稀土钢	80 600	0.62	6.988 7	1.592 2
9	废钢厂内	17 100	0.051	1.531 1	0.37
10	长材厂	3 200	0.182 7	0.182 6	
11	钢管公司	7 800	0.445 2	0.356 2	0.089
12	动供-热电厂内				
13	巴润矿业	750			0.085 6
14	销售公司	9 000	0.052 2	0.790 6	0.184 6
15	轨梁厂	4 900	0.279 7	0.279 7	
16	动供-新型耐火				
	合计	475 550	1.630 8	42.305 0	10.350 7

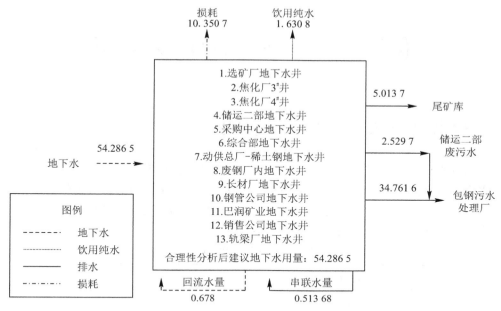

图 6-6　建议许可取水量总平衡图　（单位：t/h）

依据《内蒙古包钢钢联股份有限公司生活取用地下水水资源论证报告》审查意见,尽快启动工业等行业退出使用地下水的替代水源建设,确保工业、绿化、喷洒等其他使用地下水 2022 年底前全部替换,现状超取水许可指标量 2022 年底前整改到位。制定从 2019 年起每年压减 20 万 t 限采任务,并将现超取用地下水 100.08 万 m^3/a 整改到位到地下水取水许可证允许的合计取水量。

6.4　小结

综合黄河来水情况、包钢取水工程布置情况、包钢取水总量控制指标以及取水口下游西柳沟高含沙洪水入河对于河床的影响,包钢取水保证程度大致为 85% ~ 90%,建议包钢设置适当容积的调蓄水池以提高供水保证程度。

黄河沿岸工业长期用水情况表明,黄河水质可以满足工业用水水质要求。取水河段主槽位置经常变迁,现有取水口会偏离主流,下游西柳沟高含沙水流进入黄河淤积河道,取水口处含沙量显著升高,瘀堵取水、净化设施,冰凌对取水影响,降低取水保证程度。鉴于河心式桥墩取水口适用于清水河流,但对于主槽摆动、河床冲淤变化、河底高程变化剧烈地黄河适应性较差,建议配置挖泥疏浚和浮坞取水设施以提高取水保证程度。取水后泥沙回排黄河不符合现有的管理规定,应设置适当容积的排泥场,综合利用泥沙,确保取水后携带泥沙不回排黄河。

综合考虑头道拐断面预警流量约束以及下游生态流量的保障,在黄河枯水时期,包钢取水需服从《黄河水量调度条例》,遇到重大旱情以及其他需要限制取水的情形时,包钢应紧急限制取水,甚至停止取水。

第7章 取水影响论证研究

7.1 对水资源和水文情势的影响

包钢取水口位于黄河包头昭君坟饮用、工业用水区,包钢取水在包头市原有分配的黄河取水指标范围内,没有新增黄河取水量,对区域水资源及水文情势没有影响。在枯水时期,区域黄河取用水户叠加取水会对区域水资源及水文情势产生轻微影响,工业企业需限制取水,服从《黄河水量调度条例》,见表7-1~表7-3。

表 7-1 头道拐设计流量条件

设计流量条件	流量(m^3/s)
头道拐预警流量	50
头道拐非汛期生态基流	75
头道拐90%保证率最枯月平均流量-皮尔逊Ⅲ型曲线	87
黄河水资源开发利用预测,最小流量	150
黄河环境流研究、适宜环境流量	300

表 7-2 昭君坟断面—头道拐水质断面主要取用水户一览表

序号	取水许可证编号	取水权人名称	取水工程名称	取水地点	批准年取水量(万 m^3)	取水用途	有效期(年-月-日)
1	取水(国黄)字〔2015〕第411007号	包头钢铁(集团)有限责任公司	包钢水源地取水口	内蒙古包头市昭君坟包钢水源地	12 000	工业	2016-01-01 ~ 2020-12-31
2	取水(国黄)字〔2016〕第411009号	北方联合电力有限责任公司达拉特发电厂	包头达旗黄河取水工程	内蒙古包头画匠营子达电取水口	4 230	工业	2016-01-01 ~ 2020-12-31
3	取水(国黄)字〔2015〕第411008号	包头首创水务有限责任公司	画匠营子岸边取水泵房	内蒙古包头画匠营子岸边取水泵房	7 000	公共供水、工业	2016-01-01 ~ 2020-12-31
4	取水(国黄)字〔2020〕第411064号	内蒙古磴口供水有限责任公司	黄河磴口供水(一期)工程	内蒙古包头市磴口净水厂取水泵房	4 648.7	工业	2020-01-01 ~ 2024-12-31

续表 7-2

序号	取水许可证编号	取水权人名称	取水工程名称	取水地点	批准年取水量（万 m³）	取水用途	有效期（年-月-日）
5	取水（国黄）字〔2015〕第411010 号	包头首创城市制水有限公司	磴口净水厂取水泵房	内蒙古包头市磴口净水厂取水泵房	1 500	生活	2016-01-01 ～ 2020-12-31
6	取水（国黄）字〔2015〕第411011 号	内蒙古自治区磴口扬水灌区管理局	磴口电力扬水站	内蒙古包头市东河区磴口电力扬水站	26 000	农业	2016-01-01 ～ 2020-12-31
7	取水（国黄）字〔2015〕第411012 号	土默特右旗民族团结渠电力扬水站	团结渠电力扬水站	内蒙古土右旗明沙淖乡五犋牛窑村	7 000	农业	2016-01-01 ～ 2020-12-31

表 7-3　区域取水量占黄河枯水流量比例

设计流量条件	流量（m³/s）	包钢取水占比（%）	区域叠加取水占比（%）
头道拐预警流量	50	7.61	39.56
头道拐非汛期生态基流	75	5.07	26.37
头道拐 90%保证率最枯月平均流量–皮尔逊Ⅲ型曲线	87	4.37	22.74
黄河水资源开发利用预测,最小流量	150	2.54	13.19
黄河环境流研究、适宜环境流量	300	1.27	6.59

7.2　对水功能区的影响

　　包钢取水符合水功能区包头昭君坟饮用、工业用水区管理要求,水功能区起始断面为黑麻淖渡口,终止断面为西柳沟入口,水功能区长度 9.3 km,水质目标为Ⅲ类,依据《黄河流域地表水质量状况通报》,2020 年 2 月、4 月、6 月黄河包头昭君坟饮用、工业用水区水质评价结果满足水质目标要求。

　　依据水利部河湖生态流量确定和保障工作部署和要求以及近期印发的《第一批重点河湖生态流量保障目标(试行)》,各地将保障生态流量目标的落实,强化地方河湖生态流量管理责任,完善生态流量监管体系,考虑头道拐断面预警流量约束以及下游生态流量的保障、黄河水量统一调度效果,并且水功能区水域纳污能力计算已考虑黄河来水枯水条件,包钢取水量对包头昭君坟饮用、工业用水区水域纳污能力影响轻微。

7.3　对水生态的影响

　　黄河干流内蒙古河段大部分区域为黄河鄂尔多斯段黄河鲶国家级水产种质资源保护

区,二道沙河末端河口区域以及附近的黄河干流左岸边滩滩地为南海子湿地自然保护区。

7.3.1　黄河鄂尔多斯段黄河鲶国家级水产种质资源保护区

7.3.1.1　地理位置、面积

黄河鄂尔多斯段黄河鲶国家级水产种质资源保护区位于内蒙古自治区鄂尔多斯市境内,该段黄河流经鄂托克旗、杭锦旗、达拉特旗、准格尔旗 4 个旗的 18 个乡、镇、苏木,全长786 km,具体位于东经 $106°31′\sim110°45′$,北纬 $37°38′\sim40°40′$。保护区范围包括该段黄河河道、核心区两岸 100 m 的河岸一级位于准格尔旗十二连城乡巨合滩的黄河鲤、兰州鲶驯养基地(占地 500 hm²)。黄河鄂尔多斯段黄河鲶国家级水产种质资源保护区总面积31 466 hm²,其中核心区面积 6 070 hm²,实验区面积 25 396 hm²。

7.3.1.2　保护区功能区划

黄河鄂尔多斯段黄河鲶国家级水产种质资源保护区划分 4 个核心区和实验区,总长度 786 km。保护区内设置的 4 个核心区是保护鱼类的主要产卵场、索饵场和越冬场,实验区涉及整个保护区除核心区外的河段,是保护鱼类的栖息、生长场所。

核心区:黄河鲤、兰州鲶的集中分布区核心区段内以自然保护和人工增殖放流作为主要的种质保护手段。保护区划分四个核心区,总长度 173.4 km,占保护区区总长度的22.06%。

实验区:实验区是除核心区以外的区域,黄河鄂尔多斯段黄河鲶国家级水产种质资源保护实验区面积 25 396 hm²,长度 612.6 km,占保护区总长度的 77.94%。实验区设置了 1个驯养繁殖基地、1 个网围生态养殖示范区。

7.3.1.3　主要保护对象

黄河鄂尔多斯段黄河鲶国家级水产种质资源保护区主要保护对象为黄河鲤、黄河鲶。

7.3.1.4　特别保护期

黄河鄂尔多斯段黄河鲶国家级水产种质资源保护区核心区特别保护期(禁渔期)为 5月 1 日至 7 月 31 日,在特别保护期内,禁止任何捕捞活动。

7.3.2　南海子湿地自然保护区概况

7.3.2.1　地理位置

内蒙古南海子自然保护区位于包头市东河区南侧,四至界限为:东至东河东岸堤坝;南临黄河北岸;西至二道沙河以河为界;北沿南绕城公路—南海湖西岸堤坝—南海北岸堤坝—南海湖东岸堤坝—南绕城公路—东河东岸堤坝。地理坐标为东经 $109°57′54″\sim110°02′58″$,北纬 $40°30′8″\sim40°33′26″$,总面积 1 664 hm²。

7.3.2.2　保护区类型及保护对象

保护区类型:保护区的主要保护对象是珍稀鸟类及其赖以生存的黄河滩涂湿地生态系统,根据《自然保护区类型与级别划分原则》(GB/T 14529—93),该保护区属于"自然生态系统类",湿地型自然保护区。

主要保护对象:①黄河滩涂湿地生态系统,使其湿地生态系统功能得以正常发挥;②生物多样性及珍稀濒危物种。在保护区内有繁殖和迁徙过境的众多水禽和其他珍稀濒危动物,保护区内共分布有国家重点保护鸟类 36 种,其中国家一级保护鸟类 5 种,国家二级保护鸟类 31 种。

7.3.2.3　自然保护区功能区区划

南海子自然保护区规划总面积为 1 664 hm²,区划为核心区、缓冲区和实验区。

核心区南以黄河为界,北以黄河大堤为界,东起东河西岸堤坝,西至二道沙河东岸防洪堤坝,总面积 781 hm²,占保护区总面积的 47%。缓冲区位于核心区的外围,总面积为 255 hm²,占保护区总面积的 15%。实验区位于南绕城公路以北,以及保护区东侧南海湖东岸堤坝南延防洪大堤以东区域和西侧南海渔场东侧堤坝以西部分的缓冲区外围,总面积为 628 hm²,占保护区总面积的 38%。

7.3.3　影响分析

7.3.3.1　对水产种质资源保护区的影响

经调查,黄河鄂尔多斯段黄河鲶国家级水产种质资源保护区重要保护鱼类(黄河鲤、兰州鲶)的产卵场、越冬场和繁殖场分布在核心区,取水口距离最近的核心区约 165 km,取水口附近区域黄河段不是黄河鲤及兰州鲶的重要生境。

在黄河来水大于 87 m³/s(头道拐 90% 保证率最枯月平均流量-皮尔逊Ⅲ型曲线),包钢取水对黄河鲤及兰州鲶的影响较小,但当黄河来水流量接近或低于 87 m³/s 时,应限制工业取水,加强水生态后续监测和评估,采取补救措施,防止对黄河鲤及兰州鲶产生不利影响。

7.3.3.2　对湿地保护区的影响

依据现场踏勘以及资料查询,南海子湿地是以黄河为依托的河流型湿地,湿地自然保护区地表水提供与补给主要来源于黄河及二道沙河、东河等河流,其次为地下水和降水。黄河流经该保护区约 7.2 km,平均流量 616 m³/s。保护区内南海湖为黄河河道南移后遗留的河迹湖,湖面大小约 333 hm²,东西长度约 3.5 km,南北宽度约 1.2 km,水深 0.8~3 m。目前由于堤坝的修筑,使南海湖与黄河的天然水力联系断开,不能从黄河自然补水,同时,由于保护区地下水一般均在 1 m 以下,无法满足湿地对水分的要求。

南海子保护区所在的包头市年降水量在 240~400 mm,而蒸发量在 2 000 mm 以上,南海子湿地自然保护区地表径流约 250.17 万 m³/a,降水 269.7 万 m³/a,水面蒸发约 2 042.58 万 m³/a,生物消耗约 99.76 万 m³,水量下渗 352.33 万 m³,天然条件下难以满足湿地现状用水需求。现状二道沙河为湿地提供水量 6 万 m³/d,东河 1.25 万 m³/d,南海湖需每年凌汛期时人工从黄河抽水约 100 万 m³ 水量以满足湿地保护区生态需求,来维持其生态功能的正常发挥。

包钢取用水在包头市原有分配的黄河取水指标范围内,没有新增黄河取水量,对湿地结构和功能不产生新增环境问题。

7.4　对其他用户的影响

包钢水源地(昭君坟水源地)位于包头黄河段上游,1958 年开始建设,1959 年建成投产,供水能力 60.48 万 m³/d,包钢取水在包头市黄河分配的取水指标范围内,未超指标取水,不新增黄河取水量,本项目取水对下游其他用水户没有影响,但在黄河来水枯水时期,应服从《黄河水量调度条例》等相关要求规定。

7.5　结论

包钢严格按照用水计划取水,取用水在包头市原有分配的黄河取水指标范围内,没有新增黄河取水量,对于湿地结构和功能不产生新增环境问题,对黄河水资源、水文情势、下游其他用水户没有影响,枯水流量条件下,包钢取水对黄河鄂尔多斯段黄河鲶国家级水产种质资源保护区、区域水功能区纳污能力影响轻微。

在黄河来水枯水流量条件下,或遇到重大旱情以及其他需要限制取水的情形时,包钢取水应当服从《黄河水量调度条例》,必要时限制取水流量,满足黄河下游控制断面生态流量控制指标以及其他相关要求。

第 8 章　退水影响论证研究

8.1　原退水登记及批复情况

2003 年,包头钢铁(集团)有限责任公司按照管理规定在原黄河流域水资源保护局进行了黄河入河排污口登记,废污水排放总量 3 000 万 m³/a。

依据 2015 年取水(国黄)字〔2015〕第 411007 号取水许可证,包钢退水量 2 126 万 m³/a,入河排污口位于昆都仑河下游,经昆都仑河排入黄河包头昆都仑排污控制区,2010 年 7 月,包头市人民政府建设尾闾工程管网,尾闾工程于 2012 年建成通水,包头钢铁(集团)有限责任公司废污水通过尾闾管线排入黄河。

2007 年 6 月国家环境保护局环审〔2007〕226 号文《关于包头钢铁(集团)有限责任公司结构调整总体发展规划本部实施项目环境影响报告书的批复》要求:"全厂生产废水、生活污水应做到零排放,应建设 1 座容积为 48 000 m³ 的事故水池,防止废水事故性排放。"

2014 年 6 月,中华人民共和国环境保护部《关于包钢结构调整总体发展规划本部实施项目第二步建设项目竣工环境保护验收合格的函》(环验〔2014〕109 号):"废水回用率 95%,产生的浓盐水外排,COD 排放量符合包头市环境保护局核定的污染物排放总量控制要求。"

2016 年,依据内蒙古自治区人民政府办公厅《关于全面清理整顿环保违规建设项目的通知》(内政办字〔2014〕310 号)、包头市人民政府办公厅《关于印发包头市建设项目环境保护分级管理和全面清理整顿环保违规建设项目实施意见的通知》(包府办发〔2015〕68 号)、包头市人民政府办公厅《关于将未批先建项目纳入环境保护规范化管理的指导意见》(包府办发〔2015〕113 号)以及自治区环保厅和包头市环保局的相关文件要求,包钢制订了包钢稀土钢规划项目环保备案工作方案,组织开展项目的环保备案工作。

依据包头市环境保护局文件《关于内蒙古包钢稀土钢板材厂有限责任公司项目的环保备案意见》(包环管字〔2016〕102 号):"该项目按照要求落实了污染防治措施,实现了达标排放,污染物排放满足总量控制、清洁生产与能源利用相关要求,符合必要条件要求。从环保保护角度分析,项目总体上达到了备案条件,我局同意予以环保备案。"根据 2016 年包钢稀土钢板材有限责任公司环保备案监察报告(监测报告),内蒙古包钢稀土钢板材有限责任公司项目污水排放总量控制为:COD:95.70 t/a,氨氮 8.28 t/a,废水量 1 007 400 m³/a(115 m³/h)。

内蒙古包钢钢联股份有限公司持有 2017 年 12 月 26 日包头市环境保护局颁发的排

污许可证,证书编号:911500007014649754001P,有效期限:自 2018 年 01 月 01 日起至 2020 年 12 月 31 日止,许可年排放量限值:COD$_{Cr}$ 1 186.596 t/a,氨氮 118.66 t/a,排入昆都仑河。

8.2　退水要求

(1)2019 年 7 月生态环境部、卫生健康委发布《有毒有害水污染物名录(第一批)》,二氯甲烷、三氯甲烷、三氯乙烯、四氯乙烯、甲醛、镉及镉化合物、汞及汞化合物、六价铬化合物、铅及铅化合物、砷及砷化合物列入名录《有毒有害水污染物名录》。

(2)中华人民共和国水污染防治法(2017 年 6 月 27 日第二次修正)第十条规定:"排放水污染物,不得超过国家或者地方规定的水污染物排放标准和重点水污染物排放总量控制指标。"第四十五条规定:"排放工业废水的企业应当采取有效措施,收集和处理产生的全部废水,防止污染环境。含有毒有害水污染物的工业废水应当分类收集和处理,不得稀释排放。"

(3)内蒙古自治区环境保护条例第二十五条规定:"工业排水应清污水分流,分别处理,循环使用。利用沟渠、坑塘输送或者贮存含有毒污染物的废水、含病原体的污水和其他废弃物,要采取防渗漏措施。含有国家规定的第一类污染物之一的废水,应采取闭路循环和回收措施,禁止稀释排放。"

(4)内蒙古自治区水污染防治条例第二十二条规定:"石化、化工、冶炼等排污单位,应当对本企业范围内的初期雨水进行收集处理,未经处理不达标不得直接排放。"第二十三条规定:"排污单位应当建立健全高盐水污染防治设施运行管理制度,采用提盐、分盐等先进技术实现高盐水的减量化、无害化、资源化。"第二十四条规定:"含重金属的排污单位,应当落实重金属安全防控措施,根据废水所含重金属的种类和数量进行分类处理,实现含重金属污泥的减量化、无害化、资源化。"

(5)《内蒙古自治区水功能区管理办法》规定:"第十三条　禁止向水功能区水体排放、倾倒、堆放、贮存和填埋下列物质:(一)含汞、镉、砷、铬、铅、氰化物、黄磷等剧毒物品、废渣和农药;(二)油类、酸液、浓盐水、碱液和剧毒废液;(三)工业废渣、城镇生活垃圾和其他废弃物;(四)含病原体污水。"第十四条:"禁止在水功能区内清洗装贮过油类或有毒污染的车辆、船只、容器。禁止利用渗井、渗坑、裂隙和钻孔排放、倾倒含有毒污染物的废水、含病原体的污水和其他废弃物。禁止使用无防渗漏措施的沟渠、池塘输送、贮存上述物资。"

8.3　退水系统

包钢厂区现状废水有生活污水、生产废水,新体系生活污水、生产废水进入新体系污水处理站,旧体系生活污水、生产废水进入污水处理中心。新、旧体系生产废水主要有烧结球团工序、焦化工序、炼铁工序、炼钢工序、轧钢工序等产生的废水。

旧体系厂区未实现雨污分流,废污水经厂区排水管网收集到包钢污水处理中心,一部分送旧体系回用系统经沉淀、过滤处理后成为回用水,回用于厂区,外供华电内蒙古能源有限公司包头发电分公司(河西电厂),经旧体系污水处理中心巴歇尔槽排放;一部分送深度处理系统经过滤、反渗透处理制作滤后水和脱盐水,滤后水和脱盐水勾兑后形成勾兑水供新体系用作生产水,浓盐水经旧体系污水处理中心巴歇尔槽排放。

新体系实现雨污分流,生活污水经地埋式处理装置处理后进入排水管网,生产废水部分直排进入厂区排水管网,部分经车间废水处理站处理后或回用于其他工序或排入厂区排水管网,收集到新体系污水处理站,经过滤、反渗透处理后,制作脱盐水和生产水,浓盐水经旧体系污水处理中心巴歇尔槽排放。

8.4　废污水水质监测

内蒙古检验检测有限公司于 2020 年 4 月 30 日至 5 月 1 日在包钢黄河取水口和包钢厂区进行采样监测。

8.4.1　检测指标选取依据

(1)《排污许可证申请与核发技术规范　钢铁工业》(HJ 846—2017)表 3、表 7,对于水污染物,车间或生产设施废水排放口许可排放浓度,废水总排放口许可排放浓度和排放量。

(2)《排污许可证申请与核发技术规范　炼焦化学工业》(HJ 854—2017)表 5、表 12,对于水污染物,车间或生产设施废水排放口许可排放浓度,废水总排放口许可排放浓度和排放量。

(3)《钢铁工业水污染物排放标准》(GB 13456—2012)表 2 限值。

(4)《炼焦化学工业污染物排放标准》(GB 16171—2012)表 1、表 2 限值。

(5)《铁矿采选工业污染物排放标准》(GB 28661—2012)表 2 限值。

(6)《城镇污水处理厂污染物排放标准》(GB 18918—2002)表 1、表 2 限值。

(7)《包头市尾闾工程入河排污口设置论证报告书》水质监测要求。

8.4.2　采样方法与监测分析方法

按照《水质样品的保存和管理技术规定》(HJ 493—2009)、《水质采样技术指导》(HJ 494—2009)、《水环境监测规范》(SL 219—2013)、《泄漏和敞开液面排放的挥发性有机物检测技术导则》(HJ 733—2014)、《地表水和污水监测技术规范》(HJ/T 91—2002)、《污水监测技术规范》(HJ/T 91.1—2019)等监测技术规范等要求进行,采取全过程(采集、运输、保存、分析测试、数据平衡)质控措施。

监测分析方法的选用应充分考虑相关排放标准的规定、排污单位的排放特点、污染物排放浓度高低、所采用监测分析方法的检出限和干扰等因素,采取全过程质控措施。监测分析方法应优先选用所执行的排放标准中规定的方法。选用其他国家、行业标准方法的主要特性参数(包括检出下限、精密度、准确度、干扰消除等)需符合标准要求。尚无国家和行业标准分析方法的,或采用国家和行业标准方法不能得到合格测定数据的,可选用其他方法,但必须做方法验证和对比实验,证明该方法主要特性参数的可靠性。

8.4.3　质量要求

水样采集、处理与保存和监测方法、检出限、质量评价等符合国家相关规定,监测数据按照国家及行业标准进行评价和复核。

水质监测数据采用国际计量单位,符合国家相关标准要求,列出采样日期与时间、采样人、采样方法、样品保存及运输方法、样品前处理人、样品前处理方法、分析测试人、分析方法、分析方法检出限、测定下限、水质评价结果等。一并提交采样点 GPS 定位照片、采样时间照片、采样环境照片、样品照片、采样方法照片、样品保存及运输方法照片、样品前处理方法照片、全场录像资料等。

8.4.4　监测点位及监测项目

包头钢铁(集团)有限责任公司内监测点位及监测项目详见表 8-1。

8.4.5　监测评价结果

根据 2020 年 4 月 30 日和 5 月 1 日内蒙古标格检验检测有限公司对包钢厂区监测点位 2 d 共 8 次的现状监测结果,除总有机碳、总 α 放射性、总 β 放射性监测资质为生活饮用水标准检验方法,见 GB/T 5750.13—2006 外,其他检测因子均在监测资质范围内。

对照《钢铁工业水污染物排放标准》(GB 13456—2012)、《炼焦化学工业污染物排放标准》(GB 16171—2012)、《铁矿采选工业污染物排放标准》(GB 28661—2012)、《包头市尾闾工程入河排污口设置论证报告》的要求进行评价,评价结果见表 8-2、表 8-3。

根据上述评价结果,旧体系焦化、新体系焦化酚氰废水处理站排水采样 8 次,其中第一类污染物苯并(a)芘检出率 87.5%,超标率 75%,最大超标倍数分别为 1.93 倍、1.87 倍;旧体系焦化酚氰废水处理站排水悬浮物超标率 37.5%,最大超标倍数 0.18 倍;石油类超标率 12.5%,最大超标倍数为 0.15 倍。新体系焦化酚氰废水处理站排水 COD 超标率 12.5%,最大超标倍数为 0.05 倍;BOD_5 超标率 100%,最大超标倍数 0.28 倍;挥发酚超标率 100%,最大超标倍数 5.47 倍。薄板厂热轧生产废水排水口采样 8 次,氟化物超标率 100%,最大超标倍数 1.52 倍。宽厚板车间排水采样 8 次,氟化物超标率 100%,最大超标倍数 1.15 倍。

包钢总排废污水排放由三部分组成:新体系污水处理站排水,旧体系污水处理中心深度处理系统排水,旧体系污水处理中心 15# 泵站回用水池排水。新体系污水处理站排水采样 8 次,超标 8 次,超标率 100%,其中 COD、总氮、总磷、氟化物超标率分别为 100%、

表 8-1　包头钢铁（集团）有限责任公司监测点位及监测项目一览表

编号		监测点位名称	废水类别	排水去向	监测项目	监测频次
1	焦化厂	焦化酚氰废水设施进水	—	—	pH、悬浮物、化学需氧量（COD$_{Cr}$）、氨氮、五日生化需氧量（BOD$_5$）、总磷、总氮、石油类、挥发酚、硫化物、氰化物（易释放氰化物）、多环芳烃（PAHs）、苯并（a）芘,共 14 项	采样 2 d,每天 4 次
2	焦化厂	焦化酚氰废水处理设施出水	污水处理设施	炼铁厂高炉冲渣		
3	稀土钢焦化	稀土钢酚氰废水处理设施进水	—	—		
4		稀土钢酚氰废水处理设施出水	污水处理设施	稀土钢炼铁厂高炉冲渣		
5	冷轧、热轧区	薄板厂冷轧酸洗、碱洗废水	处理设施排水	—	总砷、六价铬、总铬、总镍、总镉、总汞共 6 项	
6		薄板厂冷轧含油、乳化液废水	处理设施排水	—		
7		薄板厂冷轧含铬废水	处理设施排水	—		
8		薄板厂热轧水处理设施进水口	处理设施排水口	—		
9		薄板厂冷轧废水排放口	车间排水	污水处理中心	pH、SS、COD、氨氮、总氮、石油类、总氰化物、氟化物、总铁、总锌、总铜,共 12 项	采样 2 d,每天 4 次
10		薄板厂热轧废水排水口	车间排水	污水处理中心		
11	稀土钢冷轧、热轧区	稀土钢冷轧酸洗、碱洗废水	处理设施排水	—	总砷、六价铬、总铬、总镍、总镉、总汞共 6 项	
12		稀土钢冷轧含油、乳化液废水	处理设施排水	—		
13		稀土钢冷轧废水生产废水	处理设施排水	—		
14		稀土钢热轧生产废水进水口	车间排水	—		
15		稀土钢冷轧生产废水排放口	车间排水	稀土钢污水处理站	pH、SS、COD、氨氮、总氮、总磷、石油类、总氰化物、氟化物、总铁、总锌、总铜,共 12 项	
16		稀土钢热轧生产废水排水井	车间排水	稀土钢污水处理站		
17	球团区	球团脱硫废水处理设施出水	车间排水	污水处理中心	pH、SS、COD、石油类、总砷,共 5 项	采样 2 d,每天 4 次
18	烧结区	三烧脱硫废水处理设施出水（暗渠）	车间排水	污水处理中心		
19	稀土钢烧结区	烧结脱硫废水处理设施排放点（室内）	车间排水	稀土钢污水处理站		

续表 8-1

编号		监测点位名称	废水类别	排水去向	监测项目	监测频次
20	稀土钢污水处理站	稀土钢污水处理站排放口	污水处理厂排水	污水处理中心	pH、SS、COD、氨氮、总氮、总磷、石油类、全盐量、挥发酚、氰化物、氟化物、总铁、总锌、总铜、总砷、六价铬、总铬、总铅、总镍、总镉、总汞,共21项	采样2 d,每天4次
21		污水处理中心深度处理系统浓盐水排放井	车间排水			
22		旧体系污水处理中心废水池(15#泵站回用水)	车间排水			
23	污水处理中心	包钢总排-巴歇尔槽[a]	总排口	尾闾工程	流量、水温、DO、pH、SS、电导率、COD_{Cr}、BOD_5、氨氮、总磷、总锌、挥发酚、氟化物、总铜、石油类、硫化物、总硒、总有机碳TOC、全盐量、氰化物、烷基汞、总氮、硝酸盐、总铁、总锰、总砷、总铬、六价铬、总镉、总铅、总镍、苯并(a)芘、总铍、总银、总α放射性、总β放射性,共40项	采样2 d,每天4次
24		进水口(转换井混合后)[b]	厂区排水	污水处理中心	pH、SS、COD、氨氮、总锰、总磷、总铁、总砷、总铬、六价铬、总镉、总铅、总镍、总银、总铍,共23项	
25	巴润矿业二过滤车间	二过滤车间排水	车间排水	焦化生产水		
26	炼铁厂	6#高炉西冲渣废水排放井	车间排水		pH、SS、COD、氨氮、总氮、石油类、挥发酚、总氰化物、总铅,共10项	如果有排水情况,按采样2 d,每天4次
27		6#高炉东冲渣废水排放井	车间排水			
28	稀土钢炼铁区	8#高炉冲渣循环水池3#	车间排水			
29		8#高炉冲渣循环水池4#	车间排水			
30		φ159、φ460厂区车间排水	车间排水		pH、SS、COD、氨氮、总氮、石油类、总氰化物、氟化物、总铬、总镍、总铜、总砷、六价铬、总铬、总铅、总镉,共18项	
31	冷轧、热轧区	带钢厂车间溢流口	车间排水	污水处理中心		
32		宽厚板车间排水	车间排水	污水处理中心		

注：a.b 19号点位"包钢总排-巴歇尔槽"和20号点位"进水口(转换井混合后)"监测因子中总铅、总镉使用 GB/T 7475—1987 中原子吸收分光度法和《水和废水监测分析方法(第四版)》中石墨炉原子吸收法两种方法测定。

表 8-2 包头钢铁（集团）有限责任公司水质监测评价结果

监测点位	评价标准	采样频次	未检出项	第一类污染物检出项				超标项				合格项
				项目	次数	日均值超标天数	日均值超标	项目	超标次数	日均值超标天数	日均值超标	
2#焦化酚氰废水出水	《炼焦化学工业污染物排放标准》(GB 16171—2012) 表 2 间接排放限值	每天 4 次,共 2 d	硫化物、挥发酚、苯、氰化物	苯并(a)芘	7	2 d	1.09					pH、悬浮物、COD、BOD$_5$、氨氮、总氮、总磷、石油类、多环芳烃
4#稀土钢焦化酚氰废水出水		每天 4 次,共 2 d	硫化物、苯	苯并(a)芘	7	2 d	1.37	挥发酚	8	2 d	5.42	pH、悬浮物、COD、BOD$_5$、氨氮、总氮、总磷、石油类、氰化物、多环芳烃
5#薄板厂冷轧酸洗、碱洗废水（进水口）	《钢铁工业水污染物排放标准》(GB 13456—2012) 间接排放标准	每天 4 次,共 2 d	总镉	六价铬	4							
				总汞	8							
				总砷	8							
				总铬	4							
				总镍	8							
6#薄板厂冷轧乳化油、乳化液废水（进水口）		每天 4 次,共 2 d	六价铬、总镉、总铬、总镍	总汞	8							
				总砷	8							
7#薄板厂冷轧含铬废水（进水口）		每天 4 次,共 2 d	总镉	六价铬	8							
				总铬	8							
				总汞	8							
				总砷	8							
				总镉	4							

续表 8-2

监测点位	评价标准	采样频次	未检出项	第一类污染物检出项 项目	次数	日均值超标天数	日均值超标	超标项 项目	超标次数	日均值超标天数	日均值超标	合格项
8#薄板厂热轧生产废水排水井		每天4次,共2d	六价铬、总镉、总铬、总镍	总汞	2							
				总砷	7							
9#薄板厂冷轧废水排放口		每天4次,共2d	氨氮、总铁、总铜									pH、悬浮物、COD、总氮、石油类、总氰化物、总磷、氟化物、总锌
10#薄板厂热轧生产废水排水口		每天4次,共2d	总锌、总铜					氟化物	8	2 d	0.26	pH、悬浮物、COD、氨氮、总氮、石油类、总磷、总氰化物、总锌、总铁
11#稀土钢冷轧酸洗废水(进水口)	《钢铁工业水污染物排放标准》(GB 13456—2012)间接排放标准	每天4次,共2d	总镉	六价铬	4							
				总汞	8							
				总铬	8							
				总镍	6							
12#稀土钢冷轧稀油废水(进水口)		每天4次,共2d	六价铬、总镉、总铬	总汞	8							
				总砷	8							
				总镍	8							
13#稀土钢冷轧镀锌废水(进水口)		每天4次,共2d	总砷、总镉	六价铬	4							
				总汞	8							
				总铬	4							
				总镍	4							

续表 8-2

监测点位	评价标准	采样频次	第一类污染物检出项					超标项				合格项
			未检出项	项目	次数	日均值超标天数	日均值超标	项目	次数	日均值超标天数	日均值超标	
14#稀土钢冷轧生产废水进水口	《钢铁工业水污染物排放标准》(GB 13456—2012)间接排放标准	每天 4 次,共 2 d	六价铬,总镉,总铬,总镍	总汞	4							
				总砷	1							
15#稀土钢冷轧生产废水排放口		每天 4 次,共 2 d	总铜						无			pH,悬浮物,COD,氨氮,总氮,石油类,总氰化物,总磷,总铁,总锌
16#稀土钢热轧生产废水排水井		每天 4 次,共 2 d	总铜						无			pH,悬浮物,COD,氨氮,总氮,石油类,总氰化物,总磷,总铁,总锌
17#球团脱硫废水		每天 4 次,共 2 d	无	总砷	8				无			pH,悬浮物,COD,石油类
18#三烧脱硫废水		每天 4 次,共 2 d	无	总砷	7				无			pH,悬浮物,COD,石油类
19#稀土钢烧结脱硫废水		每天 4 次,共 2 d	无	总砷	7				无			pH,悬浮物,COD,石油类

续表 8-2

监测点位	评价标准	采样频次	未检出项	第一类污染物检出项 项目	次数	日均值超标天数	日均值超标	超标项 项目	超标次数	日均值超标天数	日均值超标	合格项
32#宽厚板车间排水	《钢铁工业水污染物排放标准》(GB 13456—2012) 直接排放标准	每天4次,共2 d	六价铬、总镉、总铬、总铜	总汞	1			氟化物	8	2 d	0.036	pH、悬浮物、氨氮、COD、石油类、总氰化物、总铁、总磷、总锌
				总砷	5							
20#稀土钢污水处理站排放口		每天4次,共2 d	六价铬、总镍、总镉、总铜	总汞	8			COD	8	2 d	2.22	pH、氨氮、悬浮物、石油类、总氰化物、挥发酚、总铁、总锌
				总砷	8			总氮	8	2 d	1.28	
				总铬	1			总磷	7	2 d	0.848	
21#污水处理中心深度处理系统浓盐水站回用水		每天4次,共2 d	六价铬、挥发酚、总汞、总铅、总铜、总镉、总镍	总砷	7			氟化物	8	2 d	1.22	pH、COD、氨氮、总氮、悬浮物、总氰化物、石油类、总铁、总磷、总锌
								氟化物	8	2 d	1.0	
22#旧体系污水处理中心废水池(15#泵站回用水)		每天4次,共2 d	挥发酚、总铜、总铅、总铬、总镉、总镍	六价铬	1			无				pH、COD、氨氮、悬浮物、石油类、全盐量、总氰化物、总铁、总磷、总锌
				总砷	8							
				总铬	4							
25#二过滤车间排水	《铁矿采选矿工业污染物排放标准》(GB 28661—2012)	每天4次,共2 d	硫化物、六价铬、总铜、总铁、总铬、总镉、总镍、总银	总汞	2			无				pH、悬浮物、氨氮、总氮、硫化物、石油类、总磷、氟化物、总锰
				总砷	8							
				总铋	2							

续表 8-2

监测点位	评价标准	采样频次	未检出项	第一类污染物检出项				超标项				合格项
				项目	超标次数	日均值超标天数	日均值超标	项目	超标次数	日均值超标天数	日均值超标	
	《钢铁工业水污染物排放标准》(GB 13456—2012)	每天 4 次,共 2 d	硫化物、六价铬、总镍、总铬、总汞、总砷、总铅、总镉、铜、总银、总铋、苯并(a)芘、总 α 放射性、总 β 放射性					氟化物	2	—	—	pH、溶解氧、悬浮物、COD、BOD$_5$、石油类、总磷、氨氮、全盐量、总砷、氰化物、挥发酚、阴离子表面活性剂、硫酸盐、氯化物、总铁、总锰、总锌、总硒
23#包钢总排-巴歇尔水槽	按照尾闾工程批复要求评价	每天 4 次,共 2 d	硫化物、六价铬、总镍、总铬、总汞、总砷、总铅、总镉、铜、总银、总铋、苯并(a)芘、总 α 放射性、总 β 放射性					悬浮物	8	2 d	1.875	pH、溶解氧、总氮、总磷、氨氮、氰化物、挥发酚、氟化物、阴离子表面活性剂、硫酸盐、硝酸盐、氯化物、总铁、总锰、总锌、总硒
								COD	8	2 d	0.473	
								BOD$_5$	8	2 d	0.655	
								石油类	8	2 d	0.655	
								全盐量	8	2 d	0.323	

表 8-3 包头钢铁（集团）有限责任公司 2020 年 9 月 12~13 日补充水质监测评价结果

监测点位	评价标准	采样频次	未检出项	第一类污染物检出项				超标项				合格项	去除率
				项目	次数	日均值超标天数	项目日均值超标	项目	超标次数	日均值超标天数	日均值超标		
5-1# 薄板厂冷轧酸洗、碱洗废水（进水口）	《钢铁工业水污染物排放标准》（GB 13456—2012）间接排放标准	每天 4 次，共 2 d	总镉	总砷、六价铬、总镍、总镉、总汞									
5-2# 薄板厂冷轧酸洗、碱洗废水（出水口）			总砷、六价铬、总镍、总镉、总汞									总砷、六价铬、总镍、总镉、总汞	总砷、总镍、总镉、总汞去除率 100%
6-1# 薄板厂冷轧含油、乳化液废水（进水口）			六价铬、总镍、总镉	总砷、总汞									
6-2# 薄板厂冷轧含油、乳化液废水（出水口）			六价铬、总镍、总镉、总汞	总砷	2							总砷、六价铬、总镍、总镉、总汞	六价铬、总镍、总镉、总汞去除率 100%；总砷去除率 99.68%
7-1# 薄板厂冷轧含铬废水（进水口）			总镉	总砷、六价铬、总镍、总汞									
7-2# 薄板厂冷轧含铬废水（出水口）			总砷、总镉	六价铬、总镍、总汞								总砷、六价铬、总镍、总镉、总汞	总砷、总镍、总镉去除率 99.98%；镉去除率 100%；六价铬去除率 99.58%；总汞去除率 99.98%

100%、87.5%、100%,最大超标倍数 2.30 倍、1.33 倍、1.06 倍、1.23 倍;第一类污染物总汞、总砷检出 8 次,检出率 100%;第一类污染物总铬检出 1 次,检出率 12.5%。旧体系污水处理中心深度处理系统排水采样 8 次,第一类污染物总砷检出 7 次,检出率 87.5%;氟化物超标率 100%,最大超标倍数 1.14 倍。

包钢总排口巴歇尔槽废污水采样 8 次,除氟化物有 2 次超标外,其他监测因子满足《钢铁工业水污染物排放标准》(GB 13456—2012)直接排放标准,但距离尾闾工程纳管控制要求的水质标准还存在一定的差距。按照尾闾工程要求的水质标准评价,悬浮物、COD、BOD_5、石油类、全盐量超标率均为 100%,最大超标倍数分别为 1.875 倍、0.473 倍、0.655 倍、0.655 倍、0.323 倍。

8.4.6　退水总量、主要污染物、排放规律

经论证核定,结合现场调研,确定项目的退水总量、主要污染物和排放规律见表 8-4。

8.5　退水位置

包头市尾闾工程建成前,包钢、神华包头煤化工有限责任公司(简称神华)废污水排入昆都仑河,通过昆都仑河排入黄河包头昆都仑排污控制区;新南郊污水处理厂废污水排入四道沙河,通过四道沙河排入黄河包头昆都仑过渡区,进入黄河画匠营子水源地保护区;三个企业废污水排放位置位于画匠营子水源地以上,万水泉污水处理厂排污口位于画匠营子水源地以下大约 3 km 黄河干流左岸,包头市尾闾工程于 2012 年建成通水,包钢、神华、新南郊污水处理厂废污水通过尾闾工程排入二道沙河,经二道沙河进入黄河包头东河饮用、工业用水区。

包钢废污水排放口位于包头市宋昭公路东侧、包兰线北侧、昆都仑河西岸包钢钢联股份有限公司给水厂污水处理车间院内,由一条排水槽(巴歇尔槽)组成,坐标为 109°46′3.90″E,40°36′54.90″N(WGS 1984 坐标系),废污水采用约 5 km 100 级 HDPEφ900 给水管,自包钢总排输送至九原煤制烯烃污水提升泵站接入尾闾工程管线,包钢于 2015 年 12 月将废水改排至尾闾工程。包头市尾闾工程入河排污口位于二道沙河末端沿黄公路桥下,其坐标为 40°31′52.5″N,109°58′51.9″E(WGS 1984 坐标系)。

尾闾工程各排污企业相对位置关系示意图见图 8-1、图 8-2。

尾闾工程由神华煤制烯烃污水管线工程(包括管线、泵站工程)和南郊尾闾截流污水管线工程(包括管线、泵站工程)两部分组成,尾闾工程设计情况见表 8-5。

表 8-4 包钢主要污水处理设施事故排放影响情况一览表

序号	污水来源	主要污染物种类	水平衡测试期间平均排水量(m³/h)	合理性分析后平均排水量(m³/h)	处理装置或工艺	下一步排放去向	排放规律
1	净循环水系统排污	COD、SS	—	—		浊循环水系统	连续排放
2	浊循环水系统排污	COD、SS、石油类	—	—	絮凝、沉淀	新体系污水处理站,旧体系污水处理厂	连续排放
3	旧体系薄板厂 酸碱废水、含油及乳化液废水和含铬废水	pH、SS、COD、氨氮、总磷、石油类、氰化物、氟化物、总铁、总锌、总铬、总镍,共12项	30	30	冷轧废水处理站	污水处理中心	连续排放
	新体系冷轧工段 酸碱废水、含油及乳化液废水和含铬废水	总砷、六价铬、总铬、总铜、总镉、总汞共6项	125	125	冷轧废水处理站	新体系污水处理站	连续排放
4	旧体系焦化厂 三回收酚氰废水	悬浮物、化学需氧量(COD_{Cr})、氨氮、五日生化需氧量(BOD_5)、总氮、总磷、石油类、挥发酚、硫化物、氰化物、多环芳烃(PAHs)、苯并(a)芘	200	300(5#、6#焦炉复产)	酚氰废水处理站	车间深度处理后全部回用	连续排放
	新体系焦化厂 回收车间酚氰废水		163	163	酚氰废水处理站	回用	连续排放
5	炼铁 酚氰废水		8	8	酚氰废水处理站	酚氰废水处理站	连续排放
6	火力发电废污水 酚氰废水		120	70	酚氰废水处理站	酚氰废水处理站	连续排放
7	脱硫废水 烧结脱硫废水	SS、COD、石油类、总砷	75	75	脱硫废水处理系统	新体系污水处理站	连续排放
	球团脱硫废水		25	25		旧体系污水处理厂	连续排放
8	新体系全厂污水	SS、COD_{Cr}、BOD_5、氨氮、总磷、总锌、氰化物、挥发酚、氟化物、总铜、石油类、总砷、硫化物、阴离子表面活性剂、总氮	426.505	331.965	新体系总排污水处理站	中水回用,浓盐水去全厂污水处理中心	连续排放
9	包钢全厂废污水	氮、总有机碳TOC、全盐量、氯化物、硫酸盐、硝酸盐、氨盐、总铁、总锰	2 058	1 468	总污水处理中心	部分回用,剩余(包括浓盐水)外排尾闾工程	连续排放

注:电厂酚氰废水120 m³/h,包括旧体系CCPP 40 m³/h,新体系CCPP 80 m³/h;合理性分析后酚氰废水70 m³/h,包括旧体系CCPP 40 m³/h,新体系CCPP 30 m³/h,新体系CCPP 30 m³/h。

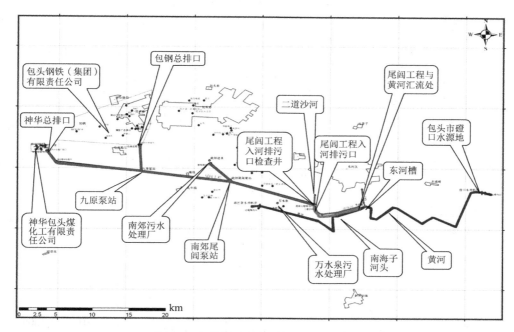

图 8-1　各排污企业相对位置关系示意图

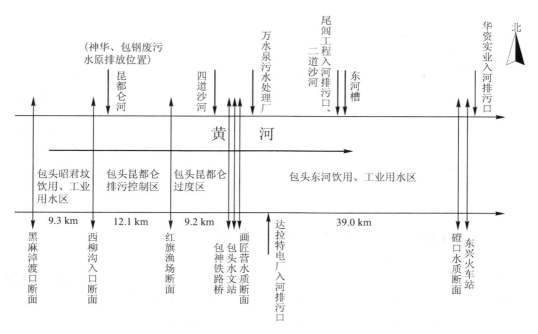

图 8-2　尾闾工程总体布置及涉及排污企业相对位置示意图

表 8-5　尾闾工程设计情况

	名称	输水能力	起点、终点	全长	管径
管线	神华煤制烯烃污水管线	30 万 m³/d	神华包头煤制烯烃厂区、南郊尾闾泵站	管线全长 19 885 m，管道全长 37 533 m（虎贲亥沟后双线）	DN500（PVC-M 塑料管）DN1000、DN1400（预应力钢筋混凝土管，局部采用玻璃钢夹砂管）
	包钢总排废水接入尾闾管线		包钢总排污水处理中心院内新建转换井、南绕城污水提升泵站吸水井（九原区尾闾泵站）	4 500 m	100 级 HDPE DN900 给水管
	南郊尾闾污水截流管线	新南郊污水处理厂—南郊泵站 20 万 m³/d 南郊尾闾泵站—二道沙河 30 万 m³/d	新南郊污水处理厂、二道沙河	11 582 m（单线）	D1400、D1600（预应力钢筋混凝土管）
	名称	输水能力	主要设备		收水来源
泵站	九原煤制烯烃污水提升泵站	30 万 m³/d（设计）10 万 m³/d（实际）	6 台水泵（3 用 3 备）	2 台格栅除污机	神华煤制烯烃工业废水、包钢工业废水
	南郊尾闾泵站	30 万 m³/d	10 台潜污泵（8 用 2 备）	2 台格栅除污机	新南郊污水厂处理后排水、九原煤制烯烃污水提升泵站排水

8.6　入河排污口（退水口）设置方案

　　按照《包头市尾闾工程入河排污口设置论证报告》进行的计算，COD、氨氮影响范围大致在排水与黄河水体交汇处下游 13.79 km 范围内，大部分持久性污染物影响的河长更短，不会对水环境、水生态、地下水和黄河磴口水源地产生明显影响。

　　目前，包头（钢铁）集团有限责任公司与包头市万水泉污水处理厂、南郊污水处理厂、神华包头煤化工有限责任公司煤制烯烃项目一期工程共用尾闾工程入黄口。包头市尾闾工程入河排污口位于二道沙河末端沿黄公路桥下，其坐标为 40°31′52.5″N，109°58′51.9″E

(WGS-84坐标系,下同),为连续排放方式,排污口位于黄河包头东河饮用、工业用水区中偏上部,属于严格限制排污水域。严格限制排污水域内严格控制新建、改建、扩建入河排污口。包头市尾闾工程纳管企业包钢以及南郊污水处理厂、万水泉污水处理厂、神华包头煤化工有限责任公司煤制烯烃项目一期工程均属于连续排污,黄河发生严重旱情或者水质恶化时其影响会加重,因此,发生严重旱情或者水质严重恶化等紧急情况时,执行黄河水量调度指令,临时限制或关停排污口。含有第一类污染物之一的废水,应采取闭路循环和回收措施,禁止稀释排放。

依据《包头钢铁(集团)有限责任公司入河排污口设置论证报告书》,为满足尾闾工程总量控制要求,包钢最大排水量按照1 285 万 m³/a、35 232 m³/d 控制。入黄主要污染物COD、氨氮浓度应按低于31.4 mg/L 和1.50 mg/L 进行控制。全盐量、氯化物、硫酸盐的最大限值分别按照1 600 mg/L、470 mg/L、530 mg/L 控制。其他污染物按照《城镇污水处理厂污染物排放标准》一级标准 A 标准(包括特别限值)控制。

化学需氧量、氨氮日排放总量分别按照1 106.285 kg/d、52.848 kg/d 进行控制,年排放总量分别按照403.79 t/a、19.29 t/a 进行控制,其他污染物排放满足《包头钢铁(集团)有限责任公司入河排污口设置论证报告书》提出的限制要求。

8.7 水资源保护措施

包钢应将清洁生产贯穿于整个生产全过程,既做到节水减污从源头抓起,又要做好末端治理工作,水资源保护措施主要从非工程措施、工程措施两方面提出。

8.7.1 非工程措施

8.7.1.1 严格落实相关法律法规要求

(1)中华人民共和国水污染防治法(2017 年 6 月 27 日第二次修正)第十条规定:"排放水污染物,不得超过国家或者地方规定的水污染物排放标准和重点水污染物排放总量控制指标。"第四十五条规定:"排放工业废水的企业应当采取有效措施,收集和处理产生的全部废水,防止污染环境。含有毒有害水污染物的工业废水应当分类收集和处理,不得稀释排放。"

(2)内蒙古自治区环境保护条例第二十五条规定:"工业排水应清污水分流,分别处理,循环使用。利用沟渠、坑塘输送或者贮存含有毒污染物的废水、含病原体的污水和其他废弃物,要采取防渗漏措施。含有国家规定的第一类污染物之一的废水,应采取闭路循环和回收措施,禁止稀释排放。"

(3)内蒙古自治区水污染防治条例第二十二条规定:"石化、化工、冶炼等排污单位,应当对本企业范围内的初期雨水进行收集处理,未经处理达标不得直接排放。"第二十三条规定:"排污单位应当建立健全高盐水污染防治设施运行管理制度,采用提盐、分盐等先进技术实现高盐水的减量化、无害化、资源化。"第二十四条规定:"含重金属的排污单位,应当落实重金属安全防控措施,根据废水所含重金属的种类和数量进行分类处理,实现含重金属污泥的减量化、无害化、资源化。"

8.7.1.2 强化废污水源头治理管理

严格按照清污分流、污污分流、源头以及分散治理的原则进行管理,加强各污水处理设施的日常运行管理,保障各污水设施的日常正常运行。

钢铁企业产生的污染物较复杂,对污水处理系统的影响比较大,生产工艺流程中产生劣质水应分流排水、单独处理,根据其处理后水质就近消纳,将污水以末端治理为主向以源头治理为主转变。

焦化、CCPP 酚氰废水下一步在焦化车间增加深度处理设施,处理后的脱盐水回用于工艺循环水补水,浓盐水用于拌料、冲渣、焖渣,确保焦化车间酚氰废水全部实现回用。脱硫废水、冷轧废水强化源头处理控制,各个车间都具备实现处理稳定达标的能力,加强在线监测,严格落实"含有国家规定的第一类污染物之一的废水,应采取闭路循环和回收措施,禁止稀释排放"的管理要求。含油、乳化液废污水禁止排放,落实按照危废处置相关措施。

生活污水分散处理,处理后废水作厂区绿化用水,产生的污泥作为农肥使用,减轻总排污水处理负担,减少绿化用水量。

8.7.1.3 强化排水管理

制定各分厂排水水质标准,建立污染物排放申报制度,加强监督检查力度,严格执行排放标准,重视源头治理,严格限制排污量。

8.7.1.4 规范水质监测

加强各类排水的水量水质进行在线或定期监测,确保车间、总排口稳定达标排放。

1. 监测标准依据

《排污许可证申请与核发技术规范 钢铁工业》(HJ 846—2017)表3、表7,对于水污染物,车间或生产设施废水排放口许可排放浓度,废水总排放口许可排放浓度和排放量;《排污许可证申请与核发技术规范 炼焦化学工业》(HJ 854—2017)表5、表12,对于水污染物,车间或生产设施废水排放口许可排放浓度,废水总排放口许可排放浓度和排放量;《钢铁工业水污染物排放标准》(GB 13456—2012)表2限值;《炼焦化学工业污染物排放标准》(GB 16171—2012)表1、表2限值;《铁矿采选工业污染物排放标准》(GB 28661—2012)表2限值;《城镇污水处理厂污染物排放标准》(GB 18918—2002)表1、表2限值;《包头市尾闾工程入河排污口设置论证报告书》水质监测要求。

2. 监测相关要求

按照《水质样品的保存和管理技术规定》(HJ 493—2009)、《水质采样技术指导》(HJ 494—2009)、《水环境监测规范》(SL 219—2013)、《泄漏和敞开液面排放的挥发性有机物检测技术导则》(HJ 733—2014)、《地表水和污水监测技术规范》(HJ/T 91—2002)、《污水监测技术规范》(HJ/T 91.1—2019)等监测技术规范等要求进行,采取全过程(采集、运输、保存、分析测试、数据平衡)质控措施。

监测分析方法的选用应充分考虑相关排放标准的规定、排污单位的排放特点、污染物排放浓度高低、所采用监测分析方法的检出限和干扰等因素,采取全过程质控措施。

监测分析方法应优先选用所执行的排放标准中规定的方法。选用其他国家、行业标准方法的主要特性参数(包括检出下限、精密度、准确度、干扰消除等)需符合标准要求。尚无国家和行业标准分析方法的或采用国家和行业标准方法不能得到合格测定数据的,可选用其他方法,但必须做方法验证和对比实验,证明该方法主要特性参数的可靠性。

　　水质监测数据采用国际计量单位,符合国家相关标准要求,列出采样日期与时间、采样人、采样方法、样品保存及运输方法、样品前处理人、样品前处理方法、分析测试人、分析方法、分析方法检出限、测定下限、水质评价结果等。一并提交采样点 GPS 定位照片、采样时间照片、采样环境照片、样品照片、采样方法照片、样品保存及运输方法照片、样品前处理方法照片、全场录像资料等。

　　3.信息上报

　　包钢应于每年 2 月 1 日前报送上年度入河排污口有关资料和报表(含日常监测及监督性监测数据,见表 8-6)。

表 8-6　包头钢铁(集团)有限责任公司水质监测监督性监测数据方案

工段	监测点位	监测指标	最低监测频次
烧结(球团)、炼铁、炼钢、轧钢	废水总排口	流量、pH、化学需氧量、氨氮	自动监测
		悬浮物、总磷、总氮、石油类、水温、DO、电导率、BOD、全盐量	周
		挥发酚、氰化物、氟化物、总铁、总锌、总铜、氯化物、硫酸盐、总锰	季度
		流量、总砷、总铬、六价铬、总铅、总镍、总镉、总汞、总银、苯并(a)芘	周
	车间或生产设施废水排放口	流量、总砷、总铬、六价铬、总铅、总镍、总镉、总汞、总银、苯并(a)芘	周
焦化	焦化分厂废水排放口	流量、pH、化学需氧量、氨氮	自动监测
		总磷、总氮	周
		悬浮物、BOD_5、石油类、挥发酚、硫化物、苯、氰化物	月
	车间或生产设施废水排放口[a]	流量、多环芳烃(PAHs)、苯并(a)芘	月
	车间或生产设施废水排放口[b]	pH、悬浮物、化学需氧量、氨氮、挥发酚、氰化物	周

续表 8-6

工段		监测点位	监测指标	最低监测频次
火电[c]	燃煤	分厂废水排放口	pH、COD、氨氮、悬浮物、总磷、石油类、氟化物、硫化物、挥发酚、溶解性总固体(全盐量)、流量	月
		脱硫废水排放口	pH、总砷、总铅、总汞、总镉、流量	月
	燃气	分厂废水排放口	pH、COD、氨氮、悬浮物、流量	季度
		循环冷却水排放口	pH、COD、总磷、流量	季度
	所有	直流冷却水排放口	水温	日
			余氯	冬、夏各监测1次

注:1.雨水排口污染物(SS、COD、氨氮、石油类)排放期间每日至少开展 1 次监测。

　　2.单独排入地表水、海水的生活污水排放口污染物(pH、COD、BOD_5、悬浮物、氨氮、动植物油、总磷、总氮)每月至少开展 1 次监测。

a.若酚氰污水处理站仅处理生产工艺废水,则在酚氰污水处理站排放口监测;若有其他废水进入酚氰污水处理站混合处理,应在其他废水混入前对生产工艺废水采样监测,环境保护部另有规定的从其规定。

b.指洗煤、熄焦和高炉冲渣的回用水池内和补水口,其中回用水池内仅监测挥发酚。

c.废水排放量(不包括间接冷却水等清净下水)大于 100 t/d 的,应安装自动测流设施并开展流量自动监测。

注:以上监测仅为常规水质监测,具体监测方案以生态环境部门要求为准。

8.7.1.5　落实雨污分流

发生降雨时,严格限制包钢雨水通过尾闾工程排放,减少尾闾工程安全运行隐患。包钢厂区各企业应落实雨污分流、污污分流管理规定,避免雨水(不包含厂区初期雨水)进入污水管道,保障污水处理厂、尾闾工程的安全运行。

8.7.1.6　建立废污水在线超标预警机制

建立系统完善的水质监测系统,以便随时掌握生产用水系统各处的水质,根据节水的要求进行有效控制。保证对各类不同水质的排水系统进行水量监测和控制。

(1)各车间加强含有国家规定的第一类污染物之一(总汞,烷基汞,总镉,总铬,六价铬,总砷,总铅,总镍,苯并(a)芘,总铍,总银,总 α 放射性,总 β 放射性)的废水重点监控,应采取闭路循环和回收措施,禁止稀释排放。

(2)在污染物排放各个车间,加强进水水质监控,当污染物浓度超出预警值时,发出警告,提前告知新旧体系污水处理厂及时调整,并采取相应措施,防止总排污水超标排放。

(3)加大对污水处理厂涉及排污企业源头控制力度,对有潜在风险的污染企业需重点监控,并对进入污水处理厂废污水实行在线监控,要求存在潜在风险的污染企业根据相关标准设置事故废污水池,当发生事故时,禁止污染废污水进入污水处理厂,污水处理厂禁止接纳超过自身处理能力的废污水。

8.7.2 工程措施

8.7.2.1 保障污水处理厂正常运行

包钢污水处理系统需重点关注焦化、烧结、球团冷轧污水处理车间,新体系污水处理站、旧体系污水处理中心,做好分散处理、源头控制的工程保障措施。

(1)污水处理厂采用双电源供电,保障污水处理厂正常运转,各岗位设置专人负责,在极端天气条件下,加大关键部位的巡检频率,注意管道、阀门的保温、防冻。污水处理厂所有设备要有备机,保障污水处理厂正常运转,在进水发生波动或设备检修时,能够合理调节,避免产生溢流。

(2)防止设备故障不运行、不按设计运行、不及时排泥,导致活性污泥变质,发生污泥膨胀或污泥解体异常、污水处理厂出水浓度不能满足出水水质要求等情况,禁止污泥随废污水一同排出污水处理厂。

(3)新旧体系污水处理厂发生事故时,应要求排水大户企业部分或全部暂时停止向管道排放废污水。排污企业重点防范企业的装置区、罐区、酸洗池、电镀池、喷漆房等存在潜在风险的区域须设有围堰等预防措施,并应经常检查和巡察,确保事故围堰能正常发挥作用,事故发生时污染物、废污水不外排。

(4)加强新体系污水处理站、旧体系污水处理中心排污企业源头管理。严格要求废污水进入包钢污水管道按照规范要求建设足够容积的应急事故水池并保持足够容量,加强监督检查和应急管理,严禁不符合纳管标准的废污水进入排水管网。

8.7.2.2 保障事故废污水池的正常运行

(1)按照《石油化工企业设计防火规范》(GB 50160—2008)、《中国石油化工集团公司液化烃球罐区安全技术管理暂行规定》等有关技术规范核定厂区事故污水的最大产生量,并对应设置满足储存事故水量的水池,确保事故状态下废污水不进入尾闾工程。

(2)包钢应急事故水池平时禁止存放废污水,确保在事故状况下废污水不得排出厂区。

8.8 水资源管理措施

为强化水资源的优化配置、高效利用和有效保护,对水资源供给、使用、排放的全过程进行管理,水资源管理主要从非工程措施、工程措施两方面提出。

8.8.1 非工程措施

8.8.1.1 加强水务管理

依据《国家节水行动方案》要求,鼓励年用水总量超过 10 万 m^3 的企业或者园区设立水务经理。包钢没有专门的水务管理机构,现有能源板块涉及水务岗位人员配置太少,不能承担全厂日常的水务管理工作。包钢目前掌握全厂或分厂用水情况专业技术人员稀少,造成用水管理工作相对滞后,应加强用水专业技术人员队伍建设,定期培训,交流经验,并建立用水管网布置、用排水环节等档案资料。

8.8.1.2　加强生产用水的计量管理

按照《用水单位水计量器具配备和管理通则》等有关要求,在主要用水工艺环节安装用水计量装置,并建立相应的资料技术档案。

8.8.1.3　完善水资源管理制度

加强排水监督检查,制定各工序用水定额及相关激励考核管理办法,实施阶梯式供水价格,制订并落实用水计划。建立完整的管网信息、技术档案,建立健全生活用水管理制度。

8.8.1.4　建立水资源管控中心管理制度

开发水量管控信息系统,实现取、用、排、退全过程实时监测管控。利用用水动态监控设施,对取、供、用、耗、排水质、水量实时监测与调控,定期考核,根据实际运行期的水量平衡图,找出节水薄弱环节,确保用水系统优化。

8.8.1.5　完善事故应急措施预案

一旦发生事故,需要采取应急措施,控制和减小事故危害。各企业在自身应急救援的基础上,积极报告有关主管部门,寻求社会救援。严格生产安全制度、严格管理、提高操作人员素质和水平,制订科学合理的工程项目应急预案。

(1)建立事故应急指挥部,由单位一把手或指定责任人负责现场的全面指挥。成立专门的救援队伍,负责事故控制、救援、善后处理等。

(2)配备事故应急措施所需的设备与材料,如防火灾、防爆炸事故等所需的消防器材或防有毒、有害物质外溢扩散的设备材料等。

(3)涉及的各职能部门要积极配合、认真组织,把事态发展变化情况准确及时地向上级汇报。规定应急状态下的通信方式、通知方式和交通保障、管制等措施。

(4)建立由专业队伍组成的应急监测和事故评估机构,负责对事故现场进行侦察监测,对事故性质、参数进行评估,为指挥部门提供决策依据。

(5)加强事故应对工程措施体系建设,落实事故应对措施,特别是三级防控体系建设等内容,确保将事故风险发生的可能性和危害性降到最低。

8.8.1.6　健全包钢厂区水污染物三级防控体系

健全灌区、车间、污水处理厂三级防控体系,实现雨污分流、清污分流,加强对含有第一类污染物的废水监控,完善废水处理、应急控制及事故水池体系。保障污水处理系统的稳定可靠运行,降低对包头市尾闾工程的潜在风险。定时组织演练,建立与地方政府和水资源管理部门的应急联动机制。

8.8.2　工程措施

由于包钢厂区旧体系供排水管网大多年代久远,腐蚀、老化、不均匀沉降、内外部应力破坏均会引起爆管。为维持供、排水管网的正常运行,保证安全供水,防止管网渗漏,必须做好以下日常的供排水管网养护管理工作。

(1)严格控制跑、冒、滴、漏损失,建立技术档案,做好检漏和修漏、水管清垢和腐蚀预防、管网事故抢修,一般每半年管网全面检查一次。

(2)防止退水管道的破坏,必须熟悉管线情况、各项设备的安装部位和性能、接管的具体位置,管线、泵站主要参数数据存档。

（3）做好日常管线的检漏和修漏,泵站、管道的清淤除垢和腐蚀预防等工作。

8.9　严格落实突发环境事件应急预案

2018 年 6 月 22 日,包钢向包头市环境保护局昆区分局上报《内蒙古包钢钢联股份有限公司突发环境事件综合应急预案》《内蒙古包钢钢联股份有限公司突发环境事件应急资源调查报告》《内蒙古包钢钢联股份有限公司突发环境事件应急预案编制说明》《内蒙古包钢钢联股份有限公司突发环境事件应急预案环境风险评估报告》,以及焦化厂等 15 件突发环境事件专项应急预案。应急预案符合相关要求,备案编号为:150203 - 2018 - 008-H。昆区分局要求包钢应急预案一年开展一到二次环境应急演练,通过演练进一步完善修改预案相关环保应急内容,满足环境应急的需求。

上述应急预案覆盖包钢股份下属 17 个分厂包含 14 个钢铁企业和 3 个矿山企业。其中 14 个钢铁企业分别为:仓储中心、焦化厂、炼铁厂、稀土钢炼铁厂、炼钢厂、薄板坯连铸连轧厂(简称"薄板厂")、稀土钢板材厂、钢管公司、轨梁轧钢厂(简称"轨梁厂")、长材厂、特钢分公司、动供总厂、运输部、内蒙古包钢利尔高温材料有限公司(简称"包钢利尔")。3 个矿山企业分别为内蒙古包钢钢联股份有限公司巴润矿业分公司(简称"巴润矿业")、包钢集团宝山矿业有限公司(简称"宝山矿业")、包钢集团固阳矿山有限公司(简称"固阳矿山")。

8.10　结论

依据《包头钢铁(集团)有限责任公司入河排污口设置论证报告书》,为满足尾闾工程总量控制要求,包钢最大排水量按照 1 285 万 m³/a、35 232 m³/d 控制[不包含外供华电内蒙古能源有限公司包头发电分公司(河西电厂)、北方联合电力有限责任公司包头第一热电厂(异地扩建工程)回用水量]。入黄主要污染物 COD、氨氮浓度应按低于 31.4 mg/L 和 1.50 mg/L 进行控制。全盐量、氯化物、硫酸盐的最大限值分别按照 1 600 mg/L、470 mg/L、530 mg/L 控制。其他污染物按照《城镇污水处理厂污染物排放标准》一级标准 A 标准(包括特别限值)控制。

化学需氧量、氨氮日排放总量分别按照小于 1 106.285 kg/d、52.848 kg/d 进行控制,年排放总量分别按照小于 403.79 t/a、19.29 t/a 进行控制,其他污染物排放满足《包头钢铁(集团)有限责任公司入河排污口设置论证报告书》提出的限制要求、生态环境部门管理要求。

第 9 章　水资源节约、保护及管理措施

9.1　水资源节约措施

包钢需加强用水管理,落实论证研究提出的近期节水措施,制定节约用水制度,成立节水工作领导小组,定期开展节水评价工作,确保论证研究核定的用水效率指标落到实处。开展节水规划专题研究,2025 年全厂用水定额达到《水利部关于印发钢铁等十八项工业用水定额的通知》(水节约〔2019〕373 号)中规定的先进值 3.9 m^3/t 用水定额要求。包钢需加强用水管理,落实论证研究提出的近期节水措施,确保核定的用水效率指标落到实处。

9.1.1　现状节水措施

(1)非工程措施。加强节水宣传教育;制订并落实用水计划;规范用水台账记录;规范生活用水管理;落实相关节水要求。

(2)工程措施。加大废污水源头治理,劣质水源头治理,就地利用;浓盐水的集中收集处理、回用;完善用水计量器具配备;杜绝跑、冒、滴、漏现象;加强绿化用水管理,推进滴灌技术改造;通过开展水平衡测试,查找节水潜力。

(3)现状水量优化措施。回用水置换选矿厂生产使用地下水;核减烧结、球团拌料使用生产水、回用水,置换使用浓盐水;酚氰废水深度处理后的脱盐水置换焦化厂生产使用地下水、澄清水、生产水等;核减炼铁厂高炉冲渣生产水、回用水,冲渣水置换使用浓盐水;核减钢管公司生活人均超定额用水量;核减绿化超定额用水量。

9.1.2　规划节水措施

(1)非工程措施。明确水资源管理职责分工;成立节水工作小组;完善水资源管理制度,加强排水监督检查;成立水控中心;加强用水专业技术人员队伍建设;建立健全水质监测机制。

(2)工程措施。推广节水技术;开展节水规划专题;充分发挥污水处理能力;优化供排水系统;精细化管理排水;改善冷却系统等措施,以及包钢规划蒸汽用水系统节水等措施。

9.2　风险点识别

9.2.1　旧体系雨水

包钢旧体系雨污未分流,在发生降雨,尤其是强降雨时,会对污水处理中心(总排口)

污水处理系统造成冲击。包钢旧体系目前仅焦化厂初期雨水收集处理,其他区域总体上雨污混流,根据统计资料分析,包钢旧体系区域日最大排水量超过 12 万 m^3(包含雨水),尾闾工程九原煤制烯烃污水提升泵站主要输送神华、包钢工业废水,泵站设计输水能力 30 万 m^3/d,实际输水能力 10 万 m^3/d。新体系雨污分流,焦化厂初期雨水收集处理,其他区域雨水通过雨水管线送往尾矿库。

9.2.2　生产污水

包钢厂区存在潜在影响环境的废污水主要有:净循环水系统排污、浊循环水系统排污、冷轧废水、CCPP 酚氰废水、焦化酚氰废水、脱硫废水等。各种废污水对环境的污染风险影响分析如下。

9.2.2.1　净循环水系统排污

正常工况下包钢净循环水系统排污水进浊循环水系统,由于其中污染物浓度相对较低,对水环境总体影响不大。

9.2.2.2　浊循环水系统排污

连铸机钢坯二次直接冷却水、轧钢厂轧机冷却水等浊环水使用后主要含 SS、石油类等污染物,经过沉淀、除油处理后循环使用,浊循环水系统为保障水质稳定有间歇性排污。该部分废水当污水处理设施出现故障,污水会排到总排污水处理中心,污水处理中心采用沉淀、过滤等处理工艺,对水环境总体影响较小。

9.2.2.3　冷轧废水

包钢旧体系薄板厂和新体系冷轧工段均设有冷轧生产线,主要有热镀锌生产线,酸洗、碱洗机组排出含酸、含碱废水,主要污染物为 pH 和 SS;主轧机轧制、平整机组、磨辊间等排放含油废水和废乳化液,主要污染物为石油类、COD_{cr};热镀锌生产线主要排放含铬废水,薄板厂冷轧产生量为 30 m^3/h,新体系冷轧工段 125 m^3/h。

酸洗、碱洗废水经中和处理,含铬废水经还原沉淀、絮凝沉淀,含油经超滤除油、生化处理后达标排放,最终处理后的乳化液、含铬污泥作为危废外运。该部分废水当污水处理设施出现故障,发生事故性排放时,会对总排污水处理中心、水环境产生一定影响。

9.2.2.4　CCPP 酚氰废水

炼铁厂、新旧体系 CCPP 产生的酚氰废水运送至焦化厂酚氰废水处理车间处理,水平衡测试期间,新旧炼铁厂酚氰废水产生量分别约 4 m^3/h,新、旧体系 CCPP 酚氰废水产生量约 120 m^3/h(旧体系 CCPP 约 80 m^3/h,新体系 CCPP 约 40 m^3/h)。

焦化厂产生的废水主要是蒸氨后的剩余氨水、脱苯塔外排的粗苯分离水和煤气管道的水封水等,统称酚氰废水,主要污染物为 COD、氨氮、挥发酚、悬浮物、氰化物和石油类,且浓度均较高,新、旧体系产生量分别为 100 m^3/h、80 m^3/h。经厌氧-好氧生物脱氮处理、生物氧化碳过滤工艺处理后,旧体系现状出水回用于旧体系炼铁高炉冲渣;新体系现状出水回用于新体系炼铁高炉冲渣、热焖渣。该部分废水由于污水处理设施出现故障,发生事故性排放,会造成二次环境污染。

9.2.2.5　脱硫废水

烧结区脱硫系统工艺水经沉淀后循环使用,沉淀泥浆脱水后,系统少量排污水排放至包钢总排污水处理中心,水平衡测试期间新、旧体系烧结区脱硫废水平均排水量为42 m³/h和37.5 m³/h;球团作业部系统工艺水经脱硫沉淀池处理后达标的脱硫废水排至包钢污水处理中心,水平衡测试期间,球团作业部脱硫废水平均排水量31 m³/h。该部分废水当污水处理设施出现故障或者发生事故性排放时,会对水环境产生一定影响。

9.2.2.6　新体系、总排废污水

新污水处理站位于包钢稀土钢总体发展规划项目区的东南角,于2012年8月19日开工建设,2014年6月9日建成投产。项目建设内容包括:格栅间、调节池及提升泵站、高密度澄清池、V形滤池、深度处理间、污泥处理间、加药间、鼓风机房等。处理出水为符合用户水质要求的生产新水和一级除盐水。装置设计进水规模2 000 m³/h,回用水量1 510 m³/h,水回收率75.5%。

包钢总排污水处理系统于2003年6月投入运行,原设计处理能力为6 000 m³/h,2010年经过扩容改造,处理能力达到8 000 m³/h。有4座预沉池,每座预沉池处理能力2 000 m³/h;4座沉淀池,每座沉淀池处理能力2 000 m³/h;24台过滤器,每台过滤器处理能力300 m³/h。

总排深度处理系统于2013年12月投产,是配套包钢"十二五"结构调整项目,设计能力为3 500 m³/h。该系统共分为调节池、预处理间、综合泵房及膜处理间四大部分。调节池总容积为15 000 m³;高密度沉淀池共有6座,每座处理能力为700 m³/h;V形滤池共有6座,每座处理能力为700 m³/h;浸没式超滤共12套,每套产水量为240 m³/h;一级反渗透共12套,每套产水量为150 m³/h;浓水反渗透5套,每套产水量为150 m³/h。

主要污水处理装置事故状态下对水环境的影响情况汇总见表9-1。

包钢部分生产工序会涉及一定量的危险化学品,根据《内蒙古包钢钢联股份有限公司突发环境事件应急预案》,涉及水环境风险的环境风险物质情况见表9-2。

根据《企业突发环境事件风险分级方法》,焦化厂水环境风险等级为"较大"级别,动供总厂水环境风险等级为"一般"级别。

由表9-2可以看出,如果生产过程中发生物料泄漏、火灾、爆炸等事故状况,对水环境影响较重的是焦化厂。

另外,在《包头钢铁(集团)有限责任公司结构调整总体发展规划本部实施项目环境影响报告》中,通过主要物质风险识别和生产过程(单元)风险识别两个方面,确定旧体系高、焦、转炉及其煤气罐、焦化厂的化产回收车间及其苯储罐均为重大危险源。其中,对水环境有影响的重大危险源是焦化厂的化产回收车间及其苯储罐。

综上分析,从污染物质的毒性及各种事故的影响程度综合考虑,包钢最大的水环境污染风险点是焦化厂,重点对焦化厂进行风险分析。

表 9-1　包钢主要污水处理设施事故排放影响情况一览表

序号	污水来源	主要污染物种类	水平衡测试期间平均排水量(m³/h)	合理性分析后平均排水量(m³/h)	处理装置或工艺	下一步排放去向	水环境影响程度
1	净循环系统排污	COD、SS	—	—		浊循环水系统	影响不大
2	浊循环系统排污	COD、SS、石油类	—	—	絮凝、沉淀	新体系污水处理站,旧体系污水处理厂	影响不大
3	旧体系薄板厂	酸碱废水、含油及乳化液废水和含铬废水	pH、SS、COD、氨氮、总氮、总磷、石油类、氟化物、总铁、总锌、总砷,共12项	30	30	冷轧废水处理站	污水处理中心	有一定影响
	新体系冷轧工段	酸碱废水、含油及乳化液废水和含铬废水	总铜、总砷、六价铬、总铬、总镍、总镉、总汞共6项	125	125	冷轧废水处理站	新体系污水处理站	有一定影响
4	旧体系焦化厂	三回收酚氰废水	悬浮物、化学需氧量(COD_{Cr})、氨氮、五日生化需氧量(BOD_5)、总氮、总磷、石油类、挥发酚、硫化物、氰化物(易释放氰化物)、多环芳烃(PAHs)、苯并(a)芘	200	300(5#、6#焦炉复产)	酚氰废水处理站	车间深度处理后全部回用	会造成二次污染
	新体系焦化厂	回收车间酚氰废水		163	163	酚氰废水处理站	酚氰废水处理站	会造成二次污染
5	炼铁	酚氰废水		8	8	酚氰废水处理站	酚氰废水处理站	有一定影响
6	火力发电	酚氰废水		120	70	酚氰废水处理站	酚氰废水处理站	会造成二次污染
7	脱硫废水	烧结脱硫废水	SS、COD、石油类、总砷	75	75	脱硫废水处理系统	新体系污水处理站,旧体系污水处理厂	有一定影响
		球团脱硫废水		25	25			
8	新体系全厂废水	SS、COD_{Cr}、BOD_5、氨氮、总磷、氰化物、挥发酚、氟化物、总铜、总锌、石油类、总砷、硫化物、阴离子表面活性剂、总有机碳TOC	426.505	331.965	新体系污水处理站	中水回用,浓盐水去全厂污水处理中心	有一定影响
9	包钢全厂废污水	SS、COD、石油类、总砷、氨氮、氰化物、硫化物、总氮、氯化物、硫酸盐、硝酸盐、总铁、总锰	2 058	1 468	总排污水处理中心	部分回用,剩余(包括浓盐水)外排尾闾工程	有一定影响

注:火力发电酚氰废水 120 m³/h,包括旧体系 CCPP 80 m³/h,新体系 CCPP 40 m³/h;合理性分析后酚氰废水 70 m³/h,包括旧体系酚氰废水 30 m³/h,新体系 CCPP 30 m³/h。

表 9-2 包钢厂区各分厂涉及水环境风险物质情况一览表

序号	分厂	储存部位	物质名称	化学文摘号（CAS 号）	最大储存量 $q_n(t)$	临界量 $Q_n(t)$	q_n/Q_n
1	仓储中心	加油站汽、柴油、润滑油、干油存放点	汽油、柴油、润滑油、干油	—	204.26	2 500	0.081 7
2	焦化厂	煤气净化部三回收粗苯工段粗苯区域	粗苯	71-43-2（纯苯）	149.6	10	14.96
3		稀土钢煤气净化部粗苯工段区域	粗苯		103		10.3
4		稀土钢煤气净化部油库区域	粗苯		1 080		108
5		副产精制部工业萘区域	工业萘	91-20-3（萘）	48.48	5	9.70
6	炼铁厂	废油暂存点	废矿物油		30	2 500	0.012
7		烧结一部、二部油品暂存点	润滑油、液压油、变压器油	—	37.24	2 500	0.014 896
8		炼铁一部、二部油品暂存点	润滑油、液压油		35.7	2 500	0.014 28
9	稀土钢炼铁厂	废矿物油暂存点	废矿物油		40	2 500	0.016
10	炼钢厂	—	—	—	—	—	—
11	薄板厂	冷轧废水处理站	硝酸	7697-37-2	4	7.5	0.533
12		废油暂存库	废油	—	30	2 500	0.012
13	稀土钢板材厂	酸再生区域	氨水	1336-21-6	7.5	10	0.75
14		废油暂存库	废油	—	50	2 500	0.02
15	钢管公司	废矿物油暂存点	废矿物油	—	150	2 500	0.06
16	轨梁厂	1#、2#线油品暂存点	液压油、润滑油	—	4.32	2 500	0.001 7
17	长材厂	线材、棒材、带钢作业区油品暂存点	液压油、润滑油	—	7.51	2 500	0.003
18	特钢分公司	液压油暂存点	液压油、润滑油	—	1.7	2 500	0.000 68
19	动供总厂	ClO_2 加药间	固体 $NaClO_3$	7681-52-9	0.75	5	0.15
20		污水处理硫酸区域	H_2SO_4	7664-93-9	21.7	10	2.17
21		火力发电氨水罐区	氨水	1336-21-6	0.9	10	0.09
22		3#、4#厂房氨水罐区	氨水	1336-21-6	3.6	10	0.36

续表 9-2

序号	分厂	储存部位	物质名称	化学文摘号（CAS 号）	最大储存量 $q_n(t)$	临界量 $Q_n(t)$	q_n/Q_n
23	动供总厂	黄河新水处理系统硫酸罐区	H_2SO_4	7664-93-9	21.6	10	2.16
24		新污水处理系统酸罐区	H_2SO_4	7664-93-9	22.1	10	2.21
25		废油暂存点	废矿物油	—	50	2 500	0.02
26	运输部	润滑油库	润滑油	—	148	2 500	0.059 2

9.2.3　焦化厂水污染风险识别及防控措施

9.2.3.1　焦化厂水污染风险识别

依据《危险化学品重大危险源辨识》（GB 18218—2018）对焦化厂存在的影响水环境的危险化学品重大危险源进行辨识，见表 9-3。由表可见，焦化厂的化产回收车间和苯储罐，新体系的煤气净化部粗苯工段和油库区域均构成危险化学品重大危险源。

表 9-3　包钢厂区危险化学品重大危险源辨识结果

序号	生产单元	主要危险化学品名称	临界量 $Q_n(t)$	最大储存量 $q_n(t)$	存在量/临界量	$\Sigma q/Q$	是否为重大危险源
1	旧体系 回收车间	粗苯	50	149.6	2.992	2.992 > 1	是
2	副产精制部	工业萘	5	48.48	9.696	9.696 > 1	是
3	稀土钢 煤气净化部粗苯工段	粗苯	50	103	2.06	2.06 > 1	是
4	煤气净化部油库区域	粗苯	50	1 080	21.6	21.6 > 1	是

根据焦化厂各工序使用的物料危险特性及毒性，生产工艺操作参数温度、压力等进行生产装置风险识别，分工序进行水污染风险分析，见表 9-4。

分析认为，焦化厂化产回收车间主要是将炼焦过程中得到的干馏煤气回收、净化，同时将其中所含的化学物质进行分离、精制，生产工艺多为简单的物理分离，没有极端工艺条件。旧体系生产装置区最大风险源为回收车间的粗苯工段，储罐区最大风险源为 3×400 m^3 的粗苯罐区；新体系生产装置区最大风险源为煤气净化部粗苯工段，储罐区最大风险源为 2×900 m^3 的粗苯罐区。

表 9-4　主要生产装置水污染事故风险排污识别

名称		工段名称	主要液体物料	温度（℃）	压力（MPa）	事故类型	事故水量（m³）	暂存池容积（m³）	最终去向
旧体系	三回收车间	粗苯工段	粗苯、洗油	洗苯塔25	常压	火灾、爆炸、泄露	3 440	225	焦化厂事故池（9 000 m³）
		焦油工段	轻油、蒽油、萘	蒸馏塔	常压	火灾、爆炸、泄露	2 954		
	罐区	粗苯罐区	粗苯	常温	常压	火灾、爆炸、泄漏	892		
		轻油罐区	轻油、蒽油	常温	常压	火灾、爆炸、泄漏	1 019		
新体系	回收车间	粗苯工段	粗苯、洗油	洗苯塔25	常压	火灾、爆炸、泄露	3 675	400	焦化厂事故池（4 600 m³）
	罐区	粗苯罐区	粗苯	常温	常压	火灾、爆炸、泄漏	1 789		

9.2.3.2　焦化生产事故统计分析

（1）焦化厂同类装置生产事故统计分析。国外 100 起特大事故按装置分布统计，见表 9-5。

表 9-5　国外 100 起特大事故按装置分布统计

装置	罐区	橡胶	乙烯加工	电厂	乙烯	加氢	烷基化
比率（%）	16.8	1.1	8.7	1.1	7.3	7.3	6.3
装置	油轮	蒸馏	焦化	催化空分	聚乙烯	天然气	脱沥青
比率（%）	6.3	3.16	4.2	7.3	9.5	8.4	3.16

由表 9-5 可见，罐区事故率最高占比 16.8%，焦化装置事故率占比 4.2%。表 9-6 给出了发生事故原因分类，其中阀门管线泄漏占首位，达 35.1%，其次是泵设备故障，占 18.52%。

表 9-6　国外 100 起特大事故原因分布

事故原因	阀门	雷击	操作	泵	突沸	仪表
比例（%）	35.1	8.2	15.6	18.2	10.4	12.4

（2）项目运行以来事故调查回顾。

根据包钢公司提供的资料显示，公司十分重视安全生产，装置自运行以来未发生火灾爆炸事故,未产生伴生事故废水。

9.2.3.3 焦化厂水污染风险分析

(1)物料泄漏。焦化生产过程中涉及毒性原料和产品,当焦化厂储罐、设备和管道泄漏时,存在火灾和化学灼伤危害,其中粗苯发生事故产生的危害较大,苯的泄漏事故发生原因见表9-7。

表9-7 苯的泄漏事故发生的原因

序号	发生事故的装置	事故原因	持续时间(h)
1	洗苯塔	火灾爆炸,泄漏	3
2	苯罐(或苯储槽)	火灾爆炸,泄漏	4

由前述分析可知,焦化罐区的事故发生率最高,通常是由阀门管线的泄漏造成的,最大的风险源是新、旧体系的粗苯罐区。

(2)废水排放。化产回收车间的高浓度含酚氰废水,主要来自冷鼓工段、蒸氨工段和粗苯工段,各工序废水排放受厂内生产操作、管理水平影响,废水浓度波动范围较大,导致生化处理工段发生故障或生化水循环不正常时,将发生生产用水、排水不平衡,造成酚氰废水超标外排。包钢的酚氰废水处理后,全部用泵送至炼铁工序用于冲渣,没有对外排放口,因此一旦水处理设施出水出现问题,会影响冲渣水的水质,造成二次污染。

9.2.3.4 焦化厂事故排放源强

本论证基于上述分析,在各个事故风险中选择生产装置区与罐区的最大事故废水源强进行估算(计算过程见焦化厂风险事故污水应急储存能力核算),事故废水排放源强见表9-8。

表9-8 焦化厂事故排放源强核算

事故情景		事故污水最大产生量(m³)						污染物[①]
		V1	V2	V3	V4	V5	泄漏水量	
旧体系	粗苯装置火灾爆炸(3 h 消防)	170(粗苯)	3 240	0	0	38.72	3 421	粗苯 163 m³ 苯 780(mg/L)
	粗苯罐火灾爆炸(粗苯全泄漏,4 h 消防)	350(粗苯)	668	0	0	102.07	1 047	粗苯 348 m³ 苯 780(mg/L)
新体系	粗苯装置火灾爆炸(3 h 消防)	120(粗苯)	3 240	0	0	87.99	3 360	粗苯 113 m³ 苯 780(mg/L)
	粗苯罐火灾爆炸(粗苯全泄漏,4 h 消防)	800(粗苯)	989	0	0	204.14	1 947	粗苯 796 m³ 苯 780(mg/L)

注:①苯在水中溶解度很低,且密度比水低,故排放的事故废水由浮于水面的粗苯及溶于水中的苯组成。

依据《钢铁冶金企业设计防火标准》(GB 50414—2018)、《石油化工企业设计防火规范》(GB 50160—2018)、《化工建设项目环境保护设计规范》(GB 50483—2018)等有关技术规范核定厂区事故污水的最大产生量未超过厂区事故污水应急储存能力。

9.3　风险影响模拟

依据《包头钢铁(集团)有限责任公司入河排污口设置论证报告》,模型选取三参数正态分布水质输移模型,来预测事故废污水由尾闾工程排污口入黄后到达磴口水源地取水口后一定时段内污染物浓度的变化情况。风险影响预测使用的模型参数见表9-9。

表9-9　风险影响预测使用的模型参数

黄河来水流量	头道拐90%保证率最枯月平均流量	87 m³/s
黄河来水水质	地表水Ⅲ类	COD:20 mg/L,氨氮:1 mg/L
尾闾工程排水量	不含包钢排水量	8 898.67 m³/h(2.472 m³/s)
包钢排水量	尾闾工程工业预留水量(不含神华水量)	1 468 m³/h(0.407 8 m³/s)

包钢事故排放源选取最严重事故情景,旧体系和新体系的粗苯装置和苯罐火灾爆炸全泄露,薄板厂含铬废水、焦化厂酚氰废水、稀土钢焦化厂酚氰废水均未处理事故状态排放,包钢总排废污水事故排放。包钢最严重事故情景污水排放源强核算见表9-10。

表9-10　包钢最严重事故情景污水排放源强核算

分厂	事故情景	污染物种类	污染物浓度(mg/L)	事故污水最大产生量(m³)	备注
旧体系	粗苯装置火灾爆炸	苯	1 780	9 775	3 h 消防
	粗苯罐火灾爆炸				粗苯全泄漏,4 h 消防
新体系	粗苯装置火灾爆炸				3 h 消防
	粗苯罐火灾爆炸				粗苯全泄漏,4 h 消防
薄板厂	含铬废水事故排放	铬	1 033	31	2020 年 5 月实测最大值
		六价铬	906		
焦化厂	二生化事故排放	苯并(a)芘	0.092	200	①
		COD	2 754		2020 年 5 月实测最大值
		氨氮	508.33		
稀土钢焦化厂	三生化事故排放	苯并(a)芘	$8.4×10^{-4}$	166	2020 年 5 月实测最大值
		COD	2 486		
		氨氮	56.9		
包钢总排	总排事故排放	COD	433.6	6 680.51	2014 年 1 月包钢总排口环保在线数据最大值
		氨氮	22.82		

注:①来自文献报道:倪磊,魏宏斌,唐秀华等,强化生物脱碳脱氮(QWSTN)工艺处理包钢西区焦化废水,中国给水排水,2015 年 1 月第 31 卷,第 2 期,80-83 页。

包钢事故水排放对磴口水源地取水口风险预测结果见表 9-11,包钢事故水叠加尾闾工程其他企业排水对磴口水源地取水口风险预测结果见表 9-12。

表 9-11 包钢事故水排放对磴口水源地取水口风险预测结果 （单位:mg/L）

输移时间(h)	COD	氨氮	苯并(a)芘(μg/L)	铬	六价铬	苯
6.797 7	0	0	0	0	0	0.000 9
6.997 7	0.14	0.01	0.000 33	0.000 6	0.000 5	0.310 9
7.197 7	1.28	0.07	0.002 93	0.005 1	0.004 4	2.740 9
7.397 7	4.00	0.22	0.009 13	0.015 8	0.013 8	8.550 9
7.597 7	7.81	0.43	0.017 83	0.030 8	0.026 9	16.680 9
7.797 7	11.84	0.65	0.027 03	0.046 6	0.040 8	25.270 9
7.997 7	15.45	0.85	0.035 23	0.060 8	0.053 2	32.980 9
8.197 7	18.39	1.01	0.041 93	0.072 3	0.063 3	39.240 9
8.397 7	20.63	1.13	0.047 03	0.081 1	0.071 0	44.010 9
8.597 7	22.27	1.22	0.050 73	0.087 5	0.076 6	47.500 9
8.797 7	23.44	1.28	0.053 33	0.092 1	0.080 6	49.980 9
8.997 7	24.25	1.32	0.055 23	0.095 3	0.083 4	51.720 9
9.197 7	24.81	1.35	0.056 53	0.097 5	0.085 3	52.920 9
9.397 7	25.20	1.37	0.057 41	0.099 0	0.086 6	53.750 9
9.597 7	25.47	1.38	0.058 01	0.100 0	0.087 5	54.320 9
9.797 7	25.65	1.39	0.058 42	0.100 7	0.088 1	54.710 9
9.997 7	25.77	1.40	0.058 70	0.101 2	0.088 5	54.970 9
10.197 7	25.86	1.41	0.058 89	0.101 5	0.088 8	55.150 9
10.397 7	25.92	1.41	0.059 02	0.101 7	0.089 0	55.270 9
10.597 7	25.96	1.41	0.059 11	0.101 9	0.089 1	55.360 9
10.797 7	25.99	1.41	0.059 17	0.102 0	0.089 2	55.420 9
10.997 7	26.01	1.41	0.059 21	0.102 1	0.089 3	55.460 9
11.197 7	26.02	1.41	0.059 24	0.102 1	0.089 3	55.490 9
11.397 7	26.03	1.41	0.059 26	0.102 1	0.089 4	55.510 9
11.597 7	26.03	1.42	0.059 28	0.102 2	0.089 4	55.520 9
11.797 7	26.03	1.42	0.059 28	0.102 2	0.089 4	55.520 9
11.997 7	26.03	1.42	0.059 28	0.102 2	0.089 4	55.520 9
12.197 7	26.03	1.42	0.059 28	0.102 2	0.089 4	55.520 9
12.397 7	26.03	1.42	0.059 28	0.102 2	0.089 4	55.520 9
12.597 7	26.03	1.42	0.059 28	0.102 2	0.089 4	55.520 9

表 9-12　叠加各企业排水对磴口水源地取水口风险预测结果　　　（单位:mg/L）

输移时间(h)	COD	氨氮	苯并(a)芘(μg/L)	铬	六价铬	苯
6.797 7	0	0	0	0	0	0.000 9
6.997 7	0.15	0.01	0.000 33	0.000 6	0.000 5	0.310 9
7.197 7	1.31	0.07	0.002 92	0.005 1	0.004 4	2.740 9
7.397 7	4.09	0.21	0.009 11	0.015 8	0.013 8	8.550 9
7.597 7	7.98	0.42	0.017 77	0.030 8	0.026 9	16.680 9
7.797 7	12.09	0.63	0.026 92	0.046 6	0.040 8	25.270 9
7.997 7	15.78	0.82	0.035 13	0.060 8	0.053 2	32.980 9
8.197 7	18.77	0.98	0.041 80	0.072 3	0.063 3	39.240 9
8.397 7	21.05	1.10	0.046 90	0.081 1	0.071 0	44.010 9
8.597 7	22.72	1.19	0.050 60	0.087 5	0.076 6	47.500 9
8.797 7	23.91	1.25	0.053 25	0.092 1	0.080 6	49.980 9
8.997 7	24.74	1.29	0.055 10	0.095 3	0.083 4	51.720 9
9.197 7	25.31	1.32	0.056 38	0.097 5	0.085 3	52.920 9
9.397 7	25.70	1.34	0.057 26	0.099 0	0.086 7	53.750 9
9.597 7	25.97	1.36	0.057 86	0.100 0	0.087 6	54.320 9
9.797 7	26.15	1.37	0.058 27	0.100 8	0.088 2	54.710 9
9.997 7	26.28	1.37	0.058 55	0.101 2	0.088 6	54.970 9
10.197 7	26.37	1.38	0.058 74	0.101 6	0.088 9	55.150 9
10.397 7	26.43	1.38	0.058 87	0.101 8	0.089 1	55.270 9
10.597 7	26.47	1.38	0.058 96	0.102 0	0.089 3	55.356 9
10.797 7	26.50	1.38	0.059 02	0.102 1	0.089 4	55.415 9
10.997 7	26.52	1.39	0.059 06	0.102 1	0.089 4	55.456 9
11.197 7	26.53	1.39	0.059 09	0.102 2	0.089 5	55.485 9
11.397 7	26.54	1.39	0.059 12	0.102 2	0.089 5	55.505 9
11.597 7	26.55	1.39	0.059 13	0.102 3	0.089 5	55.519 9
11.797 7	26.55	1.39	0.059 13	0.102 3	0.089 5	55.519 9
11.997 7	26.55	1.39	0.059 13	0.102 3	0.089 5	55.519 9
12.197 7	26.55	1.39	0.059 13	0.102 3	0.089 5	55.519 9

　　从上表 9-11 中可以看出,包钢事故状态下废污水各种污染物在短时间内可达到排污口下游 19.7 km 的磴口水源地取水口,COD 浓度为 26.03 mg/L,超标 0.301 5 倍;氨氮 1.42 mg/L,超标 0.42 倍;苯并(a)芘 0.059 28 μg/L,超标 0.976 倍;铬 0.102 2 mg/L,超标

0.022 倍；六价铬 0.089 4 mg/L，超标 0.788 倍；苯 55.520 9 mg/L。污染物浓度均严重超标。

从表 9-12 中可以看出，包钢事故状态下废污水叠加尾闾工程其他企业排水后到达磴口水源地取水口后污染物浓度均严重超标，其中，COD 浓度 26.55 mg/L，超标 0.327 5 倍；氨氮浓度 1.39 mg/L，超标 0.39 倍；苯并（a）芘浓度 0.059 13 μg/L，超标 0.971 倍；铬浓度 0.102 3 mg/L，超标 0.023 倍；六价铬浓度 0.089 5 mg/L，超标 0.79 倍；苯浓度 55.520 9 mg/L。

论证中仅就污染物的浓度进行了预测，实际对水环境造成的影响还需考虑苯、苯并（a）芘等污染物的物理特性和生物毒性。苯不易溶于水，密度比水小，泄露至水体后会在水体表面形成油膜状，加上苯易挥发，易流动，易燃，对生物体有毒性等特性，将会对社会和生态环境造成严重的危害。

焦化厂和包钢厂区有较为完善的三级防控体系，可有效确保事故废水不出厂，发生苯罐火灾爆炸（苯全泄露）、污水处理设施发生事故时，事故废水排出厂区的可能性较低。

包钢做好日常点检和设备维护，对重大风险源加强监管，严格执行污染物排放标准，建设足够大的事故应急水池，完善三级防控体系，按照应急预案一年开展一到二次环境应急演练，禁止事故状态下不达标废水排入黄河。

9.4　现有风险防范措施

9.4.1　焦化厂

9.4.1.1　焦化厂水污染三级防控体系

调查显示焦化厂建设了水污染三级防控体系，风险事故水三级防控系统示意见图 9-1，三级防控措施汇总见表 9-13。

第一级防控系统：由装置区围堰、罐区围堤组成，装置区出现一般事故时，围堰有效容积能够收集泄漏的物料，防止轻微事故泄漏造成的水环境污染；罐区储罐发生泄漏时，围堤有效容积能够满足收集堤内最大储罐泄漏量的需求。

第二级防控系统：新、旧体系装置区均设有一个 225 m³ 的污水池，可收集初期污染雨水，进入污水系统处理；在围堰内设置地漏和闸板，可将污染物质回收或进入污水系统处理。

正常工况时，污水排入水处理装置进行处理，焦化厂对废水中主要指标流量、COD、氨氮进行监控，当污染物浓度超出预警值时，及时调整，一旦超设计进水浓度要求，将该废水引入污水事故缓冲池，防止对废水生化处理装置产生冲击，影响外排水质。非正常工况时，污水首先排入缓冲池，然后逐步配入调节池，进入水处理装置处理，出水经检测达标，用泵送至炼铁工序冲渣，否则，重新排入装置再处理，确保泄漏物、受污染的消防水、不合格废水不排出厂外。

第三级防控系统：新、旧体系在污水处理装置区各建了一个应急事故储存池，容积分别为 5 000 m³、10 800 m³，且新体系事故废水可送至旧体系应急事故水池。

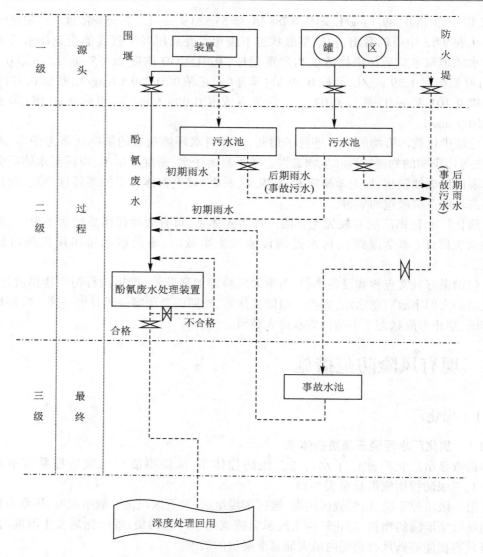

图 9-1 焦化厂风险事故水三级防控系统示意图

表 9-13 焦化厂与稀土钢焦化厂事故废水三级防控装置汇总

一级防范措施						
序号	工段		装置名称	储罐个数×容积（m³）	围堰所围体积（m³）	有效容积（m³）
2-1	焦化厂三回收	鼓冷工段	焦油槽	2×1 100 m³ 储槽	462	230①
2-2			循环氨水槽	2×160 m³ 储槽	2 750	2 450
			剩余氨水槽	3×260 m³ 储槽		

续表 9-13

一级防范措施

序号	工段		装置名称	储罐个数×容积（m³）	围堰所围体积（m³）	有效容积（m³）
2-3	焦化厂三回收	脱硫工段	脱硫装置	脱硫塔×2 再生塔×2 2×190 m³ 反应槽 1×900 m³ 事故槽	1 485	945
2-4		粗苯工段	碱液槽	1×18 m³ 储槽	26	18
2-5			粗苯槽	4×50 m³ 储槽	450	270
			洗油槽	1×50 m³ 储槽		
2-6		硫铵工段	浓酸槽	2×550 m³ 储槽	1 300	1 200
			浓碱槽	2×150 m³ 储槽		
2-7	焦化厂一回收	脱硫工段	脱硫装置	脱硫塔×2 再生塔×2 2×125 m³ 反应槽 1×450 m³ 事故槽	1 115	883
2-8		粗苯工段	碱储罐	1×15 m³ 储槽	800	732
			轻苯储槽	4×30 m³ 储槽		
			洗油储槽	2×105 m³ 储槽		
2-9		硫铵工段	碱液储槽	2×70 m³ 储槽	350	破损
			硫酸储槽	2×170 m³ 储槽		
2-10	焦化厂二回收	鼓冷工段	焦油槽	2×300 m³ 储槽	6 000	破损
			循环氨水槽	3×178 m³ 储槽		
			剩余氨水槽	3×178 m³ 储槽		
2-11		洗涤区域	碱储罐	1×60 m³ 储槽	70	60
2-12		粗苯工段	轻苯	4×50 m³ 储槽	1 500	1 420
			洗油	1×100 m³ 储槽		
焦化厂围堰体积合计					15 846	7 978
2-13	稀土钢焦化厂	鼓冷工段	机械化澄清槽、焦油分离器	6×300 m³ 储槽 2×140 m³ 储槽	1 000	500
2-14		粗苯工段	粗苯装置及储槽	洗苯塔×2 脱苯塔×1 管式炉×1 3×45 m³ 储槽	410	350
			浓酸槽	1×45 m³ 储槽		

一级防范措施

序号	工段	装置名称	储罐个数×容积(m³)	围堰所围体积(m³)	有效容积(m³)
2-15	硫铵工段	浓酸槽	2×25 m³ 储槽	37.6	37
2-16	稀土钢焦化厂 油库区域	粗苯储槽	2×900 m³ 储槽	1 825	1 565
		焦油储槽	4×1 850 m³ 储槽	3 720	2 870
		硫酸储槽	2×550 m³ 储槽	1 188	997
		碱液储槽	2×170 m³ 储槽	864	780
		精重苯储槽	2×100 m³ 储槽	465	420
		洗油储槽	2×130 m³ 储槽	585	500
稀土钢焦化厂围堰体积合计				10 094.6	8 019
2-17	原料库区	原料焦油槽	4×5 000 m³ 储槽	8 167	6 942
		无水焦油槽	1×50 m³ 储槽		
		分离水槽	1×50 m³ 储槽		
		酚水储槽	1×260 m³ 储槽		
2-18	蒸馏区域	开停工焦油中间槽	3×100 m³ 储槽	504	428
		蒽油储槽	2×100 m³ 储槽		
		轻油槽	2×45 m³ 储槽		
		酚水槽	1×45 m³ 储槽		
2-19	副产精制部 改质沥青区域	改质沥青中间槽	1×25 m³ 储槽	24	24[②]
		改质沥青高置槽	2×180 m³ 储槽	691	691
		改质沥青大库	1×1 080 m³ 储槽	2 700	2 700
		反应釜	7×20 m³ 反应釜	288	288
		闪蒸油槽	1×45 m³ 储槽		
		清洗槽	2×50 m³ 储槽	24	24[③]
2-20	洗涤区域	未洗馏分槽	2×200 m³ 储槽	1 011	860
		中性酚钠槽	3×45 m³ 储槽		
		碱性酚钠槽	2×45 m³ 储槽		
		粗酚槽	1×45 m³ 储槽		
		净酚钠槽	1×45 m³ 储槽		
		清洗槽	1×50 m³ 储槽		

续表 9-13

一级防范措施

序号	工段		装置名称	储罐个数×容积(m³)	围堰所围体积(m³)	有效容积(m³)
2-20	副产精制部	洗涤区域	酸碱储槽	2×105 m³ 储槽 1×45 m³ 储槽 2×130 m³ 储槽 1×45 m³ 储槽	480	408
2-21		工业萘区域	已洗馏分槽	3×190 m³ 储槽	472	401
			洗油槽	1×45 m³ 储槽		
			酚油槽	1×65 m³ 储槽		
2-22		成品库	蒽油槽	4×350 m³ 储槽	2 887	2 454
			闪蒸油槽	1×350 m³ 储槽		
			粗酚槽	1×350 m³ 储槽		
			洗油槽	6×350 m³ 储槽		
			甲基萘洗油槽	1×350 m³ 储槽		
			轻油槽	1×80 m³ 储槽		
			清洗槽	1×50 m³ 储槽		
副产精制部围堰体积合计					17 248	15 172

二级防范措施

装置	尺寸(m×m×m)	容积(m³)
焦化厂三回收地下酚水收集池	5×5×10	225
稀土钢焦化地下酚水收集池	5×5×10	225

三级防范措施

装置	容积(m³)
焦化厂应急事故池	9 000
稀土钢焦化厂应急事故池	4 600

注:①煤气净化部三回收鼓冷工段焦油槽泄漏时通过泵打到副产精制部焦油槽,计算事故泄漏油品量时,与序号2-18原料焦油槽作为一个系统范围;
②副产精制部改质沥青区域改质沥青中间槽泄漏时通过泵打到高置槽,计算事故泄漏油品量时,与序号2-30高置槽作为一个系统范围;
③副产精制部改质沥青区域清洗槽泄漏时引到闪蒸油槽,计算事故泄漏油品量时,与序号2-33闪蒸油槽作为一个系统范围。

发生重大事故时,装置区泄漏的高浓度污水、危险化学品以及消防水可进入围堰、污水池中,罐区泄露的危险化学品以及消防水可进入防火堤内,这些应急措施能够紧急截流。将闸板关闭后可用临时泵回收物料或排入污水系统进行处理。

　　二级防控措施不能满足要求时,将物料及消防水等引入事故应急池,以确保事故状态下废污水不外排;另外,为防止焦化厂出现火灾,消防废水挟带的焦化有机污染物一并排入全厂的雨水管网,将焦化厂雨水排放系统从全厂单独隔离,并设置雨污切换系统,在发生火灾时,将该焦化区的雨水外排阀门切换至事故排水池,使消防废水、初期雨水(大约20 min)等流入事故水池,逐步进入酚氰废水处理站进行处理,处理达标的酚氰废水用泵全部回用于冲渣工序,不设外排口,从而消除了焦化生产过程中的事故废水排放对地表水的影响。

　　依据《钢铁冶金企业设计防火标准》(GB 50414—2018)、《石油化工企业设计防火规范》(GB 50160—2018)、《化工建设项目环境保护设计标准》(GB/T 50483—2019)等有关技术规范核定厂区事故污水的最大产生量未超过厂区事故污水应急储存能力。

9.4.1.2　风险事故污水应急储存能力核算

1.消防水量计算标准

　　消防水量计算依据《钢铁冶金企业设计防火标准》(GB 50414—2018)和《石油化工企业设计防火规范》(GB 50160—2018)具体如下:

　　(1)火灾处数。厂区同一时间内的火灾处数见表9-14。

表9-14　厂区同一时间内的火灾处数

厂区占地面积(m²)	同一时间内的火灾处数
≤1 000 000	1处:厂区消防用水量最大处
>1 000 000	2处:一处为厂区消防用水量最大处,另一处为厂区辅助生产设施

　　(2)工艺装置、辅助生产设施的消防用水量计算,见表9-15。

表9-15　工艺装置、辅助生产设施的消防用水量

装置类型	装置规模		供水时间	
	中型	大型	GB 50160—2018	最终取值
石油化工	150~300 L/s	300~600 L/s	不小于3 h	3 h
炼油	150~230 L/s	230~450 L/s	不小于3 h	3 h

　　(3)罐区的消防用水量计算。

　　①应按火灾时消防用水量最大的罐组计算,启用水量应为配置泡沫混合液用水及着火罐和邻近罐的冷却水用量之和。

　　②当着火罐为立式储罐时,距着火罐罐壁1.5倍着火罐直径范围内的邻近罐应进行冷却。

　　③当邻近立式储罐超过3个时,冷却水量可按3个罐的消防用水量计算。

　　④可燃液体地上立式储罐应设固定或移动式消防冷却水系统,其供水范围、供水强度和设置方式应符合表9-16的规定。

表 9-16　消防冷却水的供水范围和供水强度

项目	储罐型式		供水范围	供水强度[L/(s·m)]
移动式水枪冷却	着火罐	固定顶罐	罐周全长	0.8
		浮顶罐、内浮顶罐	罐周全长	0.6
	邻近罐		罐周全长	0.7

2.消防水量计算结果

本项目最大消防水量计算结果见表 9-17。

表 9-17　最大消防用水量计算结果

类别		最大用水处	最大用水量(m³/h)	消防历时(h)	消防水量(m³)
旧体系	生产装置区	粗苯工段	1 080	3	3 240
	储罐区	粗苯罐区	167	4	668
新体系	生产装置区	粗苯工段	1 080	3	3 240
	储罐区	粗苯罐区	247	4	989

3.可能进入收集系统的雨水量计算

《水体污染防控紧急措施设计导则》中,进入事故收集水池的初期雨水量计算公式:

$$V = 10 \times q \times F$$

式中　q——降雨强度,mm,按平均日降雨量;此处取包头市青山区近 50 年(1961~2010
年)最大日降水量 90.6 mm;

　　　F——必须进入事故废水收集系统的雨水汇水面积,hm²。

可能进入旧体系粗苯装置区的雨水量为 38.72 m³,进入罐区的雨水量为 102.07 m³,
旧体系雨水量合计 140.79 m³;可能进入新体系粗苯装置区的雨水量为 87.99 m³,进入副
产精制部的雨水量为 204.14 m³。

4.事故污水储存能力核算

(1)事故污水应急储存能力。厂区应急储存设施一览表见表 9-18。

表 9-18　厂区应急储存设施一览表(有效容积)

位置	名称	单个容积(m³)	数量	总容积(m³)
事故水池	旧体系事故应急池	9 000	1	9 000
	新体系事故应急池	4 600	1	4 600

(2)储存能力核算。本项目发生风险事故时,事故污水的产生量按照下式进行核算。

$$V_总 = (V_1 + V_2 - V_3)_{max} + V_4 + V_5$$

式中　V_1——收集系统范围内发生事故时储罐或装置的物料量;

　　　V_2——发生事故时储罐或装置的消防水量,m³;

　　　V_3——发生事故时可以转输到其他储存或处理设施的物料量,m³;

　　　V_4——发生事故时仍必须进入该收集系统的生产废水量,m³;

V_5——发生事故时可能进入该收集系统的降雨量，m^3。

本项目厂区风险事故污水处理能力可行性分析见表9-19。

表9-19　包钢焦化厂区域事故污水处理能力可行性分析

区域	事故污水总量（m^3）				事故水总容纳量（m^3）				是否满足存储要求
	消防水量	雨水量	泄露物料量	合计	防火堤容量	事故池容量	酚氰废水处理站富余处理能力	合计	
旧体系	3 908	140.79	2 963	7 011.79	7 978	9 000	1 500	18 478	满足
稀土钢区域	3 240	87.99	4 070	7 397.99	8 019	4 600	1 350	13 969	满足
副产精制部	989	204.14	7 380	8 573.14	15 172	9 000	1 500	25 672	满足

由表9-19可知，厂区事故污水的最大产生量未超过厂区事故污水应急储存能力，事故池平时不得占用。

9.4.2　包钢厂区主要废水处理防控措施

9.4.2.1　包钢厂区事故排水收集措施

包钢在新、旧体系冷轧废水处理站分别设置了 $1×500 \ m^3$、$2×500 \ m^3$ 的事故水池；包钢旧体系焦化厂设置有 $9\ 000 \ m^3$ 事故池，新体系焦化厂设置有 $4\ 600 \ m^3$ 事故池，且新、旧体系的应急事故水池可互为备用。新体系污水处理站建有事故水池，事故水量按照1座高密度澄清池和V形滤池检修1 d考虑，1套系统污水处理规模为 $1\ 000 \ m^3/h$，现设有事故水池容积为 $24\ 000 \ m^3$，具体配置情况见表9-20。焦化厂、稀土钢焦化厂、薄板厂和稀土钢板材厂的事故池均为地上式，废水需要使用泵打入事故池。《化工建设项目环境保护设计规范》（GB/T 50483—2019）中应急事故水池设计时，宜采取地下式。

旧体系设置沉淀池4座，单池处理能力 $2\ 000 \ m^3/h$，由于旧体系总排出水（来水）水质完全满足总排污水深度处理系统对进水水质的要求，当旧体系污水处理系统出现故障时，可直接将污水送入总排污水深度处理系统。另外，全厂污水处理中心还设有 $15\ 000 \ m^3$ 的调节池，可对事故状态下的污水进行缓冲和储存。包钢全厂水污染防控体系见图9-2。

表9-20　包钢事故排水收集措施配置情况

序号	分厂	事故排水收集措施名称	收集区域	措施个数及有效容积	截流措施配置及管理情况描述
1	焦化厂	二生化事故池	焦化厂老区生化上游异常水质来水	$1×9\ 000 \ m^3$	废水通过泵打入事故池，收集的废水通过泵打入废水处理系统处理
		三生化事故池	焦化厂稀土钢区生化上游异常水质来水	$1×4\ 600 \ m^3$	废水通过泵打入事故池，收集的废水通过泵打入废水处理系统处理

续表 9-20

序号	分厂		事故排水收集措施名称	收集区域	措施个数及有效容积	截流措施配置及管理情况描述
2	薄板厂		冷轧废水处理站事故池	冷轧废水处理系统发生故障时冷轧部产生的生产废水、各危化品暂存区域泄漏物	1×500 m³	废水通过泵打入事故池,收集的废水通过泵打入废水处理系统处理
3	稀土钢板材厂		废水处理站调节池	稀土钢板材厂厂区废水	2×500 m³	废水通过泵送往废水处理系统处理
4	动供总厂	旧体系	火力发电区域事故池	酸池泄漏时的酸液	1×200 m³ 1×300 m³	发生泄漏时,通过地沟槽排到事故池中,酸碱中和后排入包钢总排
				碱池泄漏时的碱液	1×200 m³ 1×300 m³	
			污水处理系统调节池	包钢各分厂来水	1×15 000 m³	废水自流进入调节池,防止污水溢流
			事故池	矿浆主管线或其他管线发生泄漏事故时产生的矿浆	1×8 000 m³	将泄漏的矿浆通过泵排入事故池进行临时存放,不间断运行
		稀土钢区域	事故池	火力发电酸碱罐区	1×600 m³	用于收集混床中酸、碱罐泄漏的酸、碱液,收集的酸、碱液中和到 pH 7~9 后,外排至包钢总排
			事故池	污水处理系统酸碱罐罐区	2×2 500 m³	用于收集酸、碱罐泄漏的酸、碱液,收集的酸液送废水处理站中和处理后,排入包钢总排

9.4.2.2　事故废水排放管理措施

　　包钢入尾闾管道上设置有多个检修蝶阀,在进入九原泵站前有一紧急切断蝶阀,一旦出现事故,可关闭尾闾工程阀门,事故废水不会排入尾闾工程。

9.5　水资源保护措施

　　包钢应将清洁生产贯穿于整个生产全过程,既做到节水减污从源头抓起,又要做好末端治理工作,水资源保护措施主要从非工程措施、工程措施两方面提出。

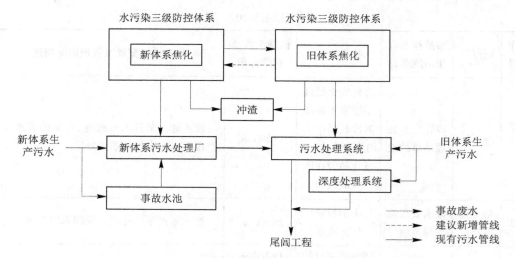

图 9-2　包钢全厂水污染防控体系示意图

9.5.1　非工程措施

9.5.1.1　严格落实相关法律法规要求

(1)《中华人民共和国水污染防治法》(2017 年 6 月 27 日第二次修正)第十条规定：
"排放水污染物,不得超过国家或者地方规定的水污染物排放标准和重点水污染物排放
总量控制指标。"第四十五条规定："排放工业废水的企业应当采取有效措施,收集和处理
产生的全部废水,防止污染环境。含有毒有害水污染物的工业废水应当分类收集和处理,
不得稀释排放。"

(2)《内蒙古自治区环境保护条例》第二十五条规定："工业排水应清污水分流,分别
处理,循环使用。利用沟渠、坑塘输送或者贮存含有毒污染物的废水、含病原体的污水和
其他废弃物,要采取防渗漏措施。含有国家规定的第一类污染物之一的废水,应采取闭路
循环和回收措施,禁止稀释排放。"

(3)《内蒙古自治区水污染防治条例》第二十二条规定："石化、化工、冶炼等排污单
位,应当对本企业范围内的初期雨水进行收集处理,未经处理达标不得直接排放。"第二
十三条规定："排污单位应当建立健全高盐水污染防治设施运行管理制度,采用提盐、分
盐等先进技术实现高盐水的减量化、无害化、资源化。"第二十四条规定："含重金属的排
污单位,应当落实重金属安全防控措施,根据废水所含重金属的种类和数量进行分类处
理,实现含重金属污泥的减量化、无害化、资源化。"

9.5.1.2　强化废污水源头治理管理

严格按照清污分流、污污分流、源头以及分散治理的原则进行管理,加强各污水处理
设施的日常运行管理,保障各污水设施的日常正常运行。

钢铁企业产生的污染物较复杂,对污水处理系统的影响比较大,生产工艺流程中产生
劣质水应分流排水、单独处理,根据其处理后水质就近消纳,将污水以末端治理为主向以
源头治理为主的转变。

焦化、CCPP 酚氰废水下一步在焦化车间增加深度处理设施,处理后的脱盐水回用于工艺循环水补水,浓盐水用于拌料、冲渣、焖渣,确保焦化车间酚氰废水全部实现回用。脱硫废水、冷轧废水强化源头处理控制,各个车间都具备实现处理稳定达标的能力,加强在线监测,严格落实"含有国家规定的第一类污染物之一的废水,应采取闭路循环和回收措施,禁止稀释排放"的管理要求。含油、乳化液废污水禁止排放,落实按照危废处置相关措施。

生活污水分散处理,处理后废水作厂区绿化用水,产生的污泥作为农肥使用,减轻总排污水处理负担,减少绿化用水量。

9.5.1.3　强化排水管理

制定各分厂排水水质标准,建立污染物排放申报制度,加强监督检查力度,严格执行排放标准,重视源头治理,严格限制排污量。

9.5.1.4　规范水质监测

加强各类排水的水量水质进行在线或定期监测,确保车间、总排口稳定达标排放。

1.监测标准依据

《排污许可证申请与核发技术规范　钢铁工业》(HJ 846—2017)表3、表7,对于水污染物,车间或生产设施废水排放口许可排放浓度,废水总排放口许可排放浓度和排放量;《排污许可证申请与核发技术规范　炼焦化学工业》(HJ 854—2017)表5、表12,对于水污染物,车间或生产设施废水排放口许可排放浓度,废水总排放口许可排放浓度和排放量;《钢铁工业水污染物排放标准》(GB 13456—2012)表2限值;《炼焦化学工业污染物排放标准》(GB 16171—2012)表1、表2限值;《铁矿采选工业污染物排放标准》(GB 28661—2012)表2限值;《城镇污水处理厂污染物排放标准》(GB 18918—2002)表1、表2限值;《包头市尾闾工程入河排污口设置论证报告书》水质监测要求。

2.监测相关要求

按照《水质样品的保存和管理技术规定》(HJ 493—2009)、《水质采样技术指导》(HJ 494—2009)、《水环境监测规范》(SL 219—2013)、《泄漏和敞开液面排放的挥发性有机物检测技术导则》(HJ 733—2014)、《地表水和污水监测技术规范》(HJ/T 91—2002)、《污水监测技术规范》(HJ/T 91.1—2019)等监测技术规范等要求进行,采取全过程(采集、运输、保存、分析测试、数据平衡)质控措施。

监测分析方法的选用应充分考虑相关排放标准的规定、排污单位的排放特点、污染物排放浓度高低、所采用监测分析方法的检出限和干扰等因素,采取全过程质控措施。监测分析方法应优先选用所执行的排放标准中规定的方法。选用其他国家、行业标准方法的主要特性参数(包括检出下限、精密度、准确度、干扰消除等)需符合标准要求。尚无国家和行业标准分析方法的,或采用国家和行业标准方法不能得到合格测定数据的,可选用其他方法,但必须做方法验证和对比实验,证明该方法主要特性参数的可靠性。

水质监测数据采用国际计量单位,符合国家相关标准要求,列出采样日期与时间、采样人、采样方法、样品保存及运输方法、样品前处理人、样品前处理方法、分析测试人、分析方法、分析方法检出限、测定下限、水质评价结果等。一并提交采样点 GPS 定位照片、采样时间照片、采样环境照片、样品照片、采样方法照片、样品保存及运输方法照片、样品前处理方法照片、全场录像资料等。

3.信息上报

包钢应于每年 2 月 1 日前报送上年度入河排污口有关资料和报表(含日常监测及监督性监测数据,见表 9-21)。

表 9-21　包头钢铁(集团)有限责任公司水质监测方案

工段	监测点位	监测指标	最低监测频次
烧结(球团)、炼铁、炼钢、轧钢	废水总排口	流量、pH、化学需氧量、氨氮	自动监测
		悬浮物、总磷、总氮、石油类、水温、DO、电导率、BOD、全盐量	周
		挥发酚、氰化物、氟化物、总铁、总锌、总铜、氯化物、硫酸盐、总锰	季度
		流量、总砷、总铬、六价铬、总铅、总镍、总镉、总汞、总银、苯并(a)芘	周
	车间或生产设施废水排放口	流量、总砷、总铬、六价铬、总铅、总镍、总镉、总汞、总银、苯并(a)芘	周
焦化	焦化分厂废水排放口	流量、pH、化学需氧量、氨氮	自动监测
		总磷、总氮	周
		悬浮物、BOD_5、石油类、挥发酚、硫化物、苯、氰化物	月
	车间或生产设施废水排放口[a]	流量、多环芳烃(PAHs)、苯并(a)芘	月
	车间或生产设施废水排放口[b]	pH、悬浮物、化学需氧量、氨氮、挥发酚、氰化物	周
火电[c]	燃煤 分厂废水排放口	pH、COD、氨氮、悬浮物、总磷、石油类、氟化物、硫化物、挥发酚、溶解性总固体(全盐量)、流量	月
	脱硫废水排放口	pH、总砷、总铅、总汞、总镉、流量	月
	燃气 分厂废水排放口	pH、COD、氨氮、悬浮物、流量	季度
	所有 循环冷却水排放口	pH、COD、总磷、流量	季度
	直流冷却水排放口	水温	日
		余氯	冬、夏各监测 1 次

注:1.雨水排口污染物(SS、COD、氨氮、石油类)排放期间每日至少开展 1 次监测。

2.单独排入地表水、海水的生活污水排放口污染物(pH、COD、BOD_5、悬浮物、氨氮、动植物油、总磷、总氮)每月至少开展 1 次监测。

a.若酚氰污水处理站仅处理生产工艺废水,则在酚氰污水处理站排放口监测;若有其他废水进入酚氰污水处理站混合处理,应在其他废水混入前对生产工艺废水采样监测,环境保护部另有规定的从其规定。

b.指洗煤、熄焦和高炉冲渣的回用水池内和补水口,其中回用水池内仅监测挥发酚。

c.废水排放量(不包括间接冷却水等清净下水)大于 100 t/d 的,应安装自动测流设施并开展流量自动监测。

注:以上监测仅为常规水质监测,具体监测方案以生态环境部门要求为准。

9.5.1.5　落实雨污分流

发生降雨时,严格限制包钢雨水通过尾闾工程排放,减少尾闾工程安全运行隐患。包钢厂区各企业应落实雨污分流、污污分流管理规定,避免雨水(不包含厂区初期雨水)进入污水管道,保障污水处理厂、尾闾工程的安全运行。

9.5.1.6　建立废污水在线超标预警机制

建立系统完善的水质监测系统,以便随时掌握生产用水系统各处的水质,根据节水的要求进行有效控制。保证对各类不同水质的排水系统进行水量监测和控制。

(1)各车间加强含有国家规定的第一类污染物之一(总汞,烷基汞,总镉,总铬,六价铬,总砷,总铅,总镍,苯并(a)芘,总铍,总银,总 α 放射性,总 β 放射性)的废水重点监控,应采取闭路循环和回收措施,禁止稀释排放。

(2)在污染物排放各个车间,加强进水水质监控,当污染物浓度超出预警值时,发出警告,提前告知新旧体系污水处理厂及时调整,并采取相应措施,防止总排污水超标排放。

(3)加大对污水处理厂涉及排污企业源头控制力度,对有潜在风险的污染企业需重点监控,并对进入污水处理厂废污水实行在线监控,要求存在潜在风险的污染企业根据相关标准设置事故废污水池,当发生事故时,禁止污染废污水进入污水处理厂,污水处理厂禁止接纳超过自身处理能力的废污水。

9.5.1.7　落实污染物排放限制

依据《包头钢铁(集团)有限责任公司入河排污口设置论证报告书》,为满足尾闾工程总量控制要求,包钢最大排水量按照 1 285 万 m^3/a、35 232 m^3/d 控制;入黄主要污染物 COD、氨氮浓度应按低于 31.4 mg/L 和 1.50 mg/L 进行控制;全盐量、氯化物、硫酸盐的最大限值分别按照 1 600 mg/L、470 mg/L、530 mg/L 控制;其他污染物按照《城镇污水处理厂污染物排放标准》一级标准 A 标准(包括特别限值)控制。

化学需氧量、氨氮日排放总量分别按照 1 106.285 kg/d、52.848 kg/d 进行控制,年排放总量分别按照 403.79 t/a、19.29 t/a 进行控制,其他污染物排放满足《包头钢铁(集团)有限责任公司入河排污口设置论证报告书》提出的限制要求。

9.5.2　工程措施

9.5.2.1　保障污水处理厂正常运行

包钢污水处理系统需重点关注焦化、烧结、球团冷轧污水处理车间,新体系污水处理站、旧体系污水处理中心做好分散处理、源头控制的工程保障措施。

(1)污水处理厂采用双电源供电,保障污水处理厂正常运转,各岗位设置专人负责,在极端天气条件下,加大关键部位的巡检频率,注意管道、阀门的保温、防冻。污水处理厂所有设备要有备机,保障污水处理厂正常运转,在进水发生波动或设备检修时,能够合理调节,避免产生溢流。

(2)防止设备故障不运行、不按设计运行、不及时排泥,导致活性污泥变质,发生污泥膨胀或污泥解体异常、污水处理厂出水浓度不能满足出水水质要求等情况,禁止污泥随废污水一同排出污水处理厂。

（3）新旧体系污水处理厂发生事故时,应要求排水大户企业部分或全部暂时停止向管道排放废污水。排污企业重点防范企业的装置区、罐区、酸洗池、电镀池、喷漆房等存在潜在风险的区域须设有围堰等预防措施,并应经常检查和巡察,确保事故围堰能正常发挥作用,事故发生时污染物、废污水不外排。

（4）加强新体系污水处理站、旧体系污水处理中心排污企业源头管理。严格要求废污水进入包钢污水管道按照规范要求建设足够容积的应急事故水池并保持足够容量,加强监督检查和应急管理,严禁不符合纳管标准的废污水进入排水管网。

9.5.2.2 保障事故废污水池的正常运行

（1）按照《石油化工企业设计防火规范》（GB 50160—2008）、《中国石油化工集团公司液化烃球罐区安全技术管理暂行规定》等有关技术规范核定厂区事故污水的最大产生量,并对应设置满足储存事故水量的水池,确保事故状态下废污水不进入尾闾工程。

（2）包钢应急事故水池平时禁止存放废污水,确保在事故状况下废污水不得排出厂区。

9.6　水资源管理措施

为强化水资源的优化配置、高效利用和有效保护,对水资源供给、使用、排放的全过程进行管理,水资源管理主要从非工程措施、工程措施两方面提出。

9.6.1　非工程措施

9.6.1.1　加强水务管理

依据《国家节水行动方案》要求,鼓励年用水总量超过 10 万 m^3 的企业或者园区设立水务经理。包钢没有专门的水务管理机构,现有能源板块涉及水务岗位人员配置太少,不能承担全厂日常的水务管理工作。包钢目前掌握全厂或分厂用水情况专业技术人员稀少,造成用水管理工作相对滞后,应加强用水专业技术人员队伍建设,定期培训,交流经验,并建立用水管网布置、用排水环节等档案资料。

9.6.1.2　加强生产用水的计量管理

按照《用水单位水计量器具配备和管理通则》等有关要求,在主要用水工艺环节安装用水计量装置,并建立相应的资料技术档案。

9.6.1.3　完善水资源管理制度

加强排水监督检查,制定各工序用水定额及相关激励考核管理办法,实施阶梯式供水价格,制订并落实用水计划。建立完整的管网信息、技术档案,建立健全生活用水管理制度。

9.6.1.4　建立水资源管控中心管理制度

开发水量管控信息系统,实现取、用、排、退全过程实时监测管控。利用用水动态监控设施,对取、供、用、耗、排水质、水量实时监测与调控,定期考核,根据实际运行期的水量平衡图,找出节水薄弱环节,确保用水系统优化。

9.6.1.5　完善事故应急措施预案

一旦发生事故,需要采取应急措施,控制和减小事故危害。各企业在自身应急救援的基础上,积极报告有关主管部门,寻求社会救援。严格生产安全制度、严格管理、提高操作人员素质和水平,制订科学合理的工程项目应急预案。

(1)建立事故应急指挥部,由单位一把手或指定责任人负责现场的全面指挥。成立专门的救援队伍,负责事故控制、救援、善后处理等。

(2)配备事故应急措施所需的设备与材料,如防火灾、防爆炸事故等所需的消防器材或防有毒、有害物质外溢扩散的设备材料等。

(3)涉及的各职能部门要积极配合、认真组织,把事态发展变化情况准确及时地向上级汇报。规定应急状态下的通信方式、通知方式和交通保障、管制等措施。

(4)建立由专业队伍组成的应急监测和事故评估机构,负责对事故现场进行侦察监测,对事故性质、参数进行评估,为指挥部门提供决策依据。

(5)加强事故应对工程措施体系建设,落实事故应对措施,特别是三级防控体系建设等内容,确保将事故风险发生的可能性和危害性降到最低。

9.6.1.6　健全包钢厂区水污染物三级防控体系

健全灌区、车间、污水处理厂三级防控体系,实现雨污分流、清污分流,加强对含有第一类污染物的废水监控,完善废水处理、应急控制及事故水池体系。保障污水处理系统的稳定可靠运行,降低对包头市尾闾工程的潜在风险。定时组织演练,建立与地方政府和水资源管理部门的应急联动机制。

9.6.2　工程措施

由于包钢厂区旧体系供排水管网大多年代久远,腐蚀、老化、不均匀沉降、内外部应力破坏均会引起爆管。为维持供、排水管网的正常运行,保证安全供水,防止管网渗漏,必须做好以下日常的供排水管网养护管理工作。

(1)严格控制跑、冒、滴、漏损失,建立技术档案,做好检漏和修漏、水管清垢和腐蚀预防、管网事故抢修,一般每半年管网全面检查一次。

(2)防止退水管道的破坏,必须熟悉管线情况,各项设备的安装部位和性能,接管的具体位置,管线、泵站主要参数数据存档。

(3)做好日常管线的检漏和修漏;泵站、管道的清淤除垢和腐蚀预防等工作。

9.7　严格落实突发环境事件应急预案

2018 年 6 月 22 日,包钢向包头市环境保护局昆区分局上报《内蒙古包钢钢联股份有限公司突发环境事件综合应急预案》《内蒙古包钢钢联股份有限公司突发环境事件应急资源调查报告》《内蒙古包钢钢联股份有限公司突发环境事件应急预案编制说明》《内蒙古包钢钢联股份有限公司突发环境事件应急预案环境风险评估报告》,以及焦化厂等 15 件突发环境事件专项应急预案。应急预案符合相关要求,备案编号为:150203－2018－008－H。昆区分局要求包钢应急预案一年开展一到二次环境应急演练,通过演练进一步完善修改预案相关环保应急内容,满足环境应急的需求。

上述应急预案覆盖包钢股份下属 17 个分厂包含 14 个钢铁企业和 3 个矿山企业。其中 14 个钢铁企业分别为:仓储中心、焦化厂、炼铁厂、稀土钢炼铁厂、炼钢厂、薄板坯连铸连轧厂(简称薄板厂)、稀土钢板材厂、钢管公司、轨梁轧钢厂(简称轨梁厂)、长材厂、特钢分公司、动供总厂、运输部、内蒙古包钢利尔高温材料有限公司(简称包钢利尔)。3 个矿山企业分别为内蒙古包钢钢联股份有限公司巴润矿业分公司(简称巴润矿业)、包钢集团宝山矿业有限公司(简称宝山矿业)、包钢集团固阳矿山有限公司(简称固阳矿山)。

9.8　小结

在建立起严格的水务管理制度、设置完备的事故应急处理体系、培养精干的水务管理队伍、对水资源供给使用以及排放全过程进行监控的情况下,包钢可以实现水资源的高效利用和有效保护。

按照包头市环境保护局昆区分局"突发环境事件应急预案备案告知书"要求,内蒙古包钢钢联股份有限公司要按照应急预案一年开展一到二次环境应急演练,通过演练进一步完善修改预案相关环保应急内容,满足环境应急的需求。

在满足论证研究提出的水资源节约、保护、管理措施的情况下,包钢风险总体可控,但包钢厂区污染源多,潜在风险大,应定期开展总排口的跟踪评估,对各排污企业加强日常监管,对含有第一类污染物的废水实施源头重点监控,确保总排口废污水稳定达标排放,并满足环保部门的管理要求。

第 10 章　论证研究结论与建议

10.1　结论

10.1.1　当地水资源开发利用状况

包头市多年自产平均水资源总量 7.26 亿 m^3,其中地表水资源量为 2.13 亿 m^3,地下水资源量为 6.13 亿 m^3,重复计算量为 1.00 亿 m^3。包头市 2018 水平年年取用水量为 10.702 8亿 m^3,2020 年控制指标为 10.65 亿 m^3,现状水平年取用水量距离 2020 年控制指标尚有一定的差距。包头市属于水资源紧缺地区,当地水资源短缺,水资源供需矛盾突出,需采取节水措施,加大非常规水回用力度,提高水资源的利用效率和效益,以适应当地经济社会发展的用水需求。

10.1.2　取用水量

2016 年包钢取得黄河干流地表水取水许可证[取水(国黄)字〔2015〕第 411007 号,有效期 2016 年 1 月 1 日至 2020 年 12 月 31 日],许可取水量 12 000 万 m^3/a,取水用途:工业,退水量:2 126 万 m^3/a,退水地点:昆都仑河下游,退水方式:管道,退水水质要求:稳定达标排放,事故污水不得入黄。

包钢 2015~2019 年取用黄河新水量(通过一次净化设施)为 9 172.55 万~10 401.25 万 m^3/a,包钢 2016~2019 年上报取用黄河原水量为 10 227.30 万~11 441.38 万 m^3/a(包钢从 2015 年 6 月开始上报黄河取水量增加了 10%的黄河原水处理损失),取水许可证有效期内未超指标取水。水平衡测试期间,2018 年 12 月取用黄河水量 11 746.91 m^3/h,2019 年 6 月取用黄河水量 13 410.42 m^3/h,平均取水量 12 578.665 m^3/h、11 018.911 万 m^3/a。

2018 年包钢黄河原水取水量 11 441.38 万 m^3(上报数据),黄河原水经在取水口附近的平流式沉淀池和辐流式沉淀池一次净化处理后得到黄河新水,2018 年新水用水量 10 401.25万 m^3(电磁流量计计量数据)。

水平衡测试期间,2018 年 12 月黄河新水取水量 10 679.06 m^3/h,合 9 354.86 万 m^3/a,黄河原水量 11 746.91 m^3/h,合 10 290.23 万 m^3/a;2019 年 6 月黄河新水取水量 12 191.35 m^3/h,合 10 679.62 万 m^3/a,黄河原水量 13 410.42 m^3/h,合 11 747.528 万 m^3/a。

10.1.3　用水合理性

水平衡测试期间,包头钢铁(集团)有限责任公司 2018 年 12 月吨钢取水量 4.64 m^3/t,2019 年 6 月吨钢取水量 4.51 m^3/t,平均值为 4.575 m^3/t。

2018 年 12 月钢铁旧体系联合企业吨钢取水量 5.31 m^3/t;2019 年 6 月吨钢取水量

4.75 m³/t;平均值为 5.03 m³/t。内蒙古包钢金属制造有限公司（新体系）2018 年 12 月吨钢取水量 3.44 m³/t;2019 年 6 月吨钢取水量 4.06 m³/t;平均值为 3.75 m³/t。

旧体系钢铁联合企业取用水不满足《水利部关于印发钢铁等十八项工业用水定额的通知》（水节〔2019〕373 号）中的通用值 4.8 m³/t 用水定额要求，新体系满足先进值 3.9 m³/t 用水定额要求。

钢铁联合企业各分厂用水定额平均值除旧体系焦化、钢管公司 φ159 作业区和 φ460 作业区外，其他分厂用水定额平均值均满足通用值，其中稀土钢分厂除炼铁满足通用值外，其他均满足先进值，部分满足领跑值。

火力发电（旧体系热电厂发电作业部、二机二炉、CCPP，新体系 CCPP）用水定额平均值不满足通用值，选矿厂用水定额平均值满足《内蒙古自治区行业用水定额标准》（2019年）用水定额领跑值。

外供用水户北方联合电力有限责任公司包头第一热电厂（老厂）、白云鄂博矿区使用包钢黄河水;北方联合电力有限责任公司包头第一热电厂（异地扩建工程）、华电内蒙古能源有限公司包头发电分公司（河西电厂）使用包钢回用水完善取水许可审批手续。

10.1.4　取水方案及水源可靠性

包钢现有水源为黄河地表水，其取水系统于 1958 年建成，取水口位于黄河昭君坟渡口段。西海子是包钢备用水源地，位于包钢主体取水口附近的西海湖（黄河改道形成的岸边洼地）。

综合黄河来水情况、包钢取水工程布置情况、包钢取水总量控制指标以及取水口下游西柳沟高含沙洪水入河对于河床的影响情况等，包钢取水保证程度大致为 85%～90%，建议包钢设置适当容积的调蓄水池以提高供水保证程度。

黄河沿岸工业长期用水情况表明，黄河水质可以满足工业用水水质要求。取水河段主槽位置经常变迁，现有取水口会偏离主流，下游西柳沟高含沙水流进入黄河淤积河道，取水口处含沙量显著升高，淤堵取水、净化设施，冰凌对取水影响等，均降低取水保证程度。鉴于河心式桥墩取水口适用于清水河流，但对于主槽摆动、河床冲淤变化河底高程变化剧烈的黄河适应性较差，建议配置挖泥疏浚和浮坞取水设施以提高取水保证程度。应设置适当容积的排泥场，综合利用泥沙，确保取水后挟带泥沙不回排黄河。

综合考虑头道拐断面预警流量约束以及下游生态流量的保障，在黄河枯水时期，包钢取水需服从《黄河水量调度条例》，遇到重大旱情以及其他需要限制取水的情形时，包钢应紧急限制取水，甚至停止取水。

10.1.5　节水潜力分析

现状节水评价水量优化措施主要包括:回用水置换选矿厂生产使用地下水;核减烧结、球团拌料使用生产水、回用水，置换使用浓盐水;酚氰废水深度处理后的脱盐水置换焦化厂生产使用地下水、澄清水、生产水等;核减炼铁厂高炉冲渣生产水、回用水，置换使用浓盐水,核减稀土钢炼铁厂、核减钢管公司生活人均超定额用水量;核减绿化超定额用水量。

考虑包钢实际用水情况，通过用水合理性分析和节水评价后，旧体系用水定额达到

《水利部关于印发钢铁等十八项工业用水定额的通知》(水节约〔2019〕373号)中规定的通用值4.8 m³/t用水定额要求,新体系满足先进值3.9 m³/t用水定额要求。

节水潜力分析后,包头钢铁(集团)有限责任公司2018年12月吨钢取水量4.02 m³/t,6月吨钢取水量4.50 m³/t,平均值为4.26 m³/t。

12月钢铁旧体系联合企业吨钢取水量4.50 m³/t;6月吨钢取水量5.08 m³/t;平均值为4.79 m³/t。内蒙古包钢金属制造有限公司(新体系)12月吨钢取水量3.17 m³/t;6月吨钢取水量3.40 m³/t;平均值为3.285 m³/t。

包钢应加强用水管理,落实报告书提出的近期节水措施,制定节约用水制度,成立节水工作领导小组,定期开展节水评价工作,精细化管理取用水,大力投入节水设施,提高中水回用率,确保节水评价后核定的全厂、分厂用水定额指标落到实处。

10.1.6　退水方案及可行性

依据水质监测评价结果,旧体系焦化、新体系焦化酚氰废水处理站排水采样8次,其中第一类污染物苯并(a)芘检出率87.5%,超标率75%,最大超标倍数分别为1.93倍、1.87倍;旧体系焦化酚氰废水处理站排水悬浮物超标率37.5%,最大超标倍数0.18倍;石油类超标率12.5%,最大超标倍数为0.15倍。新体系焦化酚氰废水处理站排水COD超标率12.5%,最大超标倍数为0.05倍;BOD$_5$超标率100%,最大超标倍数0.28倍;挥发酚超标率100%,最大超标倍数5.47倍。薄板厂热轧生产废水排水口采样8次,氟化物超标率100%,最大超标倍数1.52倍。宽厚板车间排水采样8次,氟化物超标率100%,最大超标倍数1.15倍。

包钢总排口巴歇尔槽废污水采样8次,除氟化物有2次超标外,其他监测因子满足《钢铁工业水污染物排放标准》(GB 13456—2012)直接排放标准,但距离尾闾工程纳管控制要求的水质标准还存在一定的差距。

包钢排水通过污水处理中心总排口巴歇尔槽(坐标为109°46′3.90″E,40°36′54.90″N)(WGS1984坐标系)排至九原煤制烯烃污水提升泵站,后接入尾闾工程管线。

依据《包头钢铁(集团)有限责任公司入河排污口设置论证报告书》(未正式批复),为满足尾闾工程总量控制要求,包钢最大排水量按照1 285万 m³/a、35 232 m³/d控制(不包含外供河西电厂、包头第一热电厂异地扩建工程回用水量)。入黄主要污染物COD、氨氮浓度应按低于31.4 mg/L和1.50 mg/L进行控制。全盐量、氯化物、硫酸盐的最大限值分别按照1 600 mg/L、470 mg/L、530 mg/L控制。其他污染物按照《城镇污水处理厂污染物排放标准》一级标准A标准(包括特别限值)控制。

化学需氧量、氨氮日排放总量分别按照1 106.285 kg/d、52.848 kg/d进行控制,年排放总量分别按照403.79 t/a、19.29 t/a进行控制,其他污染物排放满足《包头钢铁(集团)有限责任公司入河排污口设置论证报告书》提出的限制要求。

10.1.7　尽快完成问题整改

根据报告书中识别的主要问题及整改建议,包钢应尽快落实问题整改。其存在问题主要包括:退水量、退水地点与原取水许可证要求不一致;外供水用水户未办理取水许可审批手续;取水后泥沙回排黄河;排水水质不能实现稳定达标排放;用水计量表整体安装率低;工业、喷洒用水使用地下水;火力发电用水定额偏高;绿化用水缺乏有效监管;部分分厂用水不满足用水定额要求;旧体系雨污未分流;分厂烧结、球团、焦化废污水未完全回用等问题。

10.1.8　核发取水许可证建议

包钢需加强用水管理,落实报告书提出的近期节水措施,制定节约用水制度,成立节水工作领导小组,定期开展节水评价工作,确保报告书核定的用水效率指标落到实处。专题研究节水规划,2025 年全厂用水定额达到《水利部关于印发钢铁等十八项工业用水定额的通知》(水节约〔2019〕373 号)中规定的先进值 3.9 m^3/t 用水定额要求。

结合包钢现状取用水量,考虑包钢未来技改、规划项目合理用水需求,建议按照原许可取水量 12 000 万 m^3/a 核发取水许可证,规划项目用水应由相应的建设项目水资源论证进行核定,外供用水户完善取水许可审批手续,严格落实计划用水。

由于《包头钢铁(集团)有限责任公司入河排污口设置论证报告书》尚未审查,鉴于排水量以生态环境部门为准,建议按照原取水许可证[退水量:2 126 万 m^3/a;退水地点:包头市尾闾工程(目前实际退水地点);退水方式:管道;退水水质要求:稳定达标排放,事故性污水不得入黄]换发取水许可证。《包头钢铁(集团)有限责任公司入河排污口设置论证报告书》正式批复后,再变更相关手续。

10.2　建议

10.2.1　定期开展水平衡测试工作

根据《内蒙古自治区节约用水条例》等相关要求,每 3~5 年开展一次水平衡测试,通过系统测试,查清企业用水现状,分析用水的合理性,查找用水管理中的薄弱环节和节水潜力。

10.2.2　加强尾矿库、料场管理

加强尾矿库、综合料场防渗管理,尾矿库防渗满足环评以及目前等有关要求,在尾矿库附近加强地下水水质监测,防止尾矿库渗漏污染区域地下水。

10.2.3　危险废物储存

危险废物存放于符合《危险废物贮存污染控制标准》(GB 18597—2001)所要求的危险废物储存处置场所,防止污染水体。同时按照危险废物处置管理的有关规定和要求,申请办理危险废物处置或转移联单。加快开展固体废物的综合利用研究工作,合理开发利用可回收利用的资源,做好防风抑尘措施。

参 考 文 献

[1]水利部黄河水利委员会.黄河流域综合规划(2012—2030年)[M].郑州:黄河水利出版社,2013.

[2]水利部水资源司,水利部水利水电规划设计总院.全国重要江河湖泊水功能区划手册[M].北京:中国水利水电出版社,2013.

[3]中华人民共和国水利部.建设项目水资源论证导则:GB/T 35580—2017[S].北京:中国标准出版社,2017.

[4]Basak P, Basak I, Balakrishnan N. Estimation for the three-parameter lognormal distribution based on progressively censored data [J]. Computational Statistics & Data Analysis, 2009, 53 (10):3580-3592.

[5]Brunner, Gary W. HEC-RAS River Analysis System Hydraulic Reference Manual Version 5.0: CPD-69 [R]. US Davis: Hydrologic Engineering Centre, 2016.

[6]Colorado Department of Public Health and Environment Water Quality Control Division, 2002. Colorado Mixing Zone Implementation Guidance [EB/OL]. [2012-01-30]. http://www.colorado.gov.

[7]国家发展和改革委员会资源节约和环境保护司,国家标准化管理委员会工业一部,全国节约用水办公室.企业水平衡测试通则:GB/T 12452—2008[S].北京:中国标准出版社,2008.

[8]全国节水标准化技术委员会.节水型企业评价导则:GB/T 7119—2018[S].北京:中国标准出版社,2019.

[9]中华人民共和国水利部.水利部关于印发钢铁等十八项工业用水定额的通知:水节约〔2019〕373号[A/OL].(2019-12-11)[2020-02-01]. http://www.mwr.gov.cn/zwgk/index.html.

[10]内蒙古自治区水利厅.内蒙古自治区水利厅关于印发《内蒙古自治区行业用水定额(2019年版)》的通知:内水资〔2019〕165号[A/OL].(2020-01-12)[2020-01-20]. http://www.nmg.gov.cn/art/2020/1/12/art_1571_294750.html.

[11]国家环境保护局科技标准司.地表水环境质量标准:GB 3838—2002[S].北京:中国环境科学出版社出版,2002.

[12]国家环境保护局科技标准司.污水综合排放标准:GB 8978—1996[S].北京:中国环境科学出版社,1997.

[13]环境保护部科技标准司.钢铁工业水污染物排放标准:GB 13456—2012[S].北京:中国环境科学出版社,2012.

[14]环境保护部科技标准司.炼焦化学工业污染物排放标准:GB 16171—2012[S].北京:中国环境科学出版社,2013.

[15]中华人民共和国卫生部,中华人民共和国建设部,中华人民共和国水利部,等.生活饮用水卫生标准:GB 5749—2006[S].北京:中国标准出版社,2007.

[16]中华人民共和国住房和城乡建设部.污水排入城镇下水道水质标准:GB/T 31962—2015[S].北京:中国标准出版社,2016.

[17]Kilpatrick, F A. Dosage requirements for slug injections of rhodamine BA and WT dyes [R/OL]//Geological Survey Research, 1970 Chapter B: U.S. Geological Survey Professional Paper 700-B. [2016-07-11]. Washington: United States Government Printing Office, 1970. http://pubs.usgs.gov/pp/0700b/report.pdf.

[18] Kilpatrick, F A and Wilson, J F, Jr. Measurement of time of travel in streams by dye tracing (rev.): U.S. Geological Survey Techniques of Water-Resources Investigations, Book 3, Chapter A9 [R/OL]. [2016-07-11]. United States Government Printing Office, 1989. http://pubs.usgs.gov/twri/twri3-a9/pdf/twri_3-A9.pdf.

[19] Kilpatrick, F.A., 1993, Simulation of soluble waste transport and buildup in surface waters using tracers: U.S. Geological Survey Techniques of Water-Resources Investigations, Book 3, Chapter A20 [R/OL]. [2016-07-14]. United States Government Printing Office, 1993. http://pubs.usgs.gov/twri/twri3-a20/html/pdf.html.

[20] 倪磊,魏宏斌,唐秀华,等. 强化生物脱碳脱氮(QWSTN)工艺处理包钢西区焦化废水[J]. 中国给水排水,2015,31(2):80-83.

[21] 孙照东. 河流一维溶质输移模型的分析与设计[D]. 郑州:解放军信息工程大学,2005.

[22] 孙照东,高传德,刘永峰,等. 黄河安宁渡—头道拐河段枯水径流特征[J]. 人民黄河,2006,28(Sup):88-90.

[23] 孙照东,王任翔,孙晓懿,等. 环境数据质量评价统计方法[M]. 郑州:黄河水利出版社,2014.

[24] 可素娟,王敏,饶素秋,等. 黄河冰凌研究[M]. 郑州:黄河水利出版社,2002.

[25] 张学成,潘启民. 黄河流域水资源调查评价[M]. 郑州:黄河水利出版社,2006.

[26] 孙照东,高传德,徐志修,等. 黄河刘家峡大坝运行对兰州河段水流情势的影响评价[C]// 水电国际研讨会. 中国水力发电工程学会;中国水利学会;中国大坝委员会,2006.

[27] 孙照东,孙鸿,宋张杨,等. 包头市尾闾工程入河排污口设置论证报告[R]. 郑州:黄河水资源保护科学研究院,2018.

[28] 孙照东,孙鸿,宋张杨. 黄河内蒙古王大汉浮桥——麻地壕扬水站河段示踪试验报告:包头市尾闾工程入河排污口设置论证报告专题四[R]. 郑州:黄河水资源保护科学研究院,2018.